广州中小学校园微改造设计

朱 明 刘名瑞 江 涛 骆 茜 编著

中国建筑工业出版社

图书在版编目（CIP）数据

广州中小学校园微改造设计／朱明等编著．—北京：中国建筑工业出版社，2020.10
ISBN 978-7-112-24879-7

Ⅰ.①广…　Ⅱ.①朱…　Ⅲ.①中小学－校园－改造－建筑设计－研究－广州　Ⅳ.①TU244.2

中国版本图书馆CIP数据核字（2020）第028199号

责任编辑：郑淮兵　王晓迪
责任校对：王　瑞

广州中小学校园微改造设计
朱　明　刘名瑞　江　涛　骆　茜　编著
*
中国建筑工业出版社出版、发行（北京海淀三里河路9号）
各地新华书店、建筑书店经销
北京锋尚制版有限公司制版
北京富诚彩色印刷有限公司印刷
*
开本：787毫米×1092毫米　1/16　印张：19¾　字数：491千字
2021年1月第一版　2021年1月第一次印刷
定价：130.00元
ISBN 978-7-112-24879-7
（35419）

编委会

序

“教育兴则国家兴，教育强则国家强”。自党的十八大以来，党中央高度重视国家教育问题，习近平总书记多次强调发展教育的重要意义，为教育强国事业指明了发展方向。而在推进教育强国事业的道路上，中小学教育是教育强国建设的根基和发展的关键。

广州是秉持崇文重教悠远传统的历史文化名城，也是国家腾飞中绽放异彩的标杆与先锋，历史沉淀与青春朝气在这座不断焕发新活力的老城市中并存。这样的城市在发展进程中，若干年代较早的校园，其设施和环境条件已不可避免地和新标准、新要求逐渐拉开差距，暴露出不少问题，如设施不符合现代教育需求、校园环境水平参差、存在安全隐患等。为贯彻国家战略，应对现存问题，广州正大力推进中小学校园环境设施改善工作，以实现教育资源品质提升。

为助力广州市基础教育事业，促进中小学校园环境设施改善工作有序开展，广州市教育局组织广州市设计院编著了《广州中小学校园微改造设计》一书，本书通过校园功能微改造这一路径，为广州市存量中小学提供专业、细致的改造设计指导。

本书通过深入调研，以教育空间和校园环境为研究对象，以完善校园功能、消除安全隐患、优化功能布局为三大工作重点，以四大环节构成工作框架，融合城乡规划学、建筑学、景观学、生态学、心理学、教育学等多个相关学科，构建了由板块到要素的基础架构，同时引入设计清单、实践案例、新技术应用三大特色模块，形成了自上而下、层层深入、内容扎实、重点突出的设计指引成果。

我们相信，校园微改造工作的不断深入，必有助于将教育公平与质量落实到建设层面，将老城市的新活力落实到校园层面，以校园“旧貌换新颜”的活力，触发城市“老树出新芽”的勃勃生机。我们希望本书能发挥建设指引作用，产生更多社会效益，也期待广州的基础教育建设事业取得更丰硕的成果。

是为序。

广州市副市长

2020年1月20日

目 录

1 引言

2 定义与分类

3 校园微改造总体风貌定位与布局

4 校园建筑微改造设计

5 校园安全卫生设施微改造设计

6 校园景观环境微改造设计

7 校园体育设施微改造设计

广州执信中学

I

引言

1.1 背景与意义

1.1.1 发展历程

广州市中小学的建设发展史是广州社会发展和城市建设变迁历史的缩影。从中华人民共和国成立后的起步建设，到改革春风下的建校热潮，再到新时代背景下现有校园的品质提升，广州中小学的建设随着社会的发展，向着更高的要求不断迈进。

- **中华人民共和国成立后至改革开放前**

中华人民共和国成立初期，由于经济低迷，百业待兴，中小学教育基建资金投入少，校舍多建造简易式建筑，仅能满足办学最低需求。直至20世纪60年代中期，随着国家对国民经济格局的调整，教育基础建设的投入加大，各地政府推动校园的新建和扩建，使得校园建设质量有一定程度的提高。

- **改革开放至20世纪90年代初**

全国工作重点转向现代化经济建设，国家将教育列为战略发展重点之一，教育财政支出逐年提升，全国中小学校办学条件得到极大改善，我国进入中小学集中建设时期。其中，1987颁布的《中小学校建筑设计规范》GBJ99-86，使校园规划建设有章可循，标志着我国中小学建设进入标准化时代。在此期间，广州市新建了一百多所公办学校，涌现出一批教学用房齐备、配套功能完善的中小学建筑。

- **21世纪初至今**

随着科技的飞速发展和我国综合国力的全面提升，我国教育事业的发展迎来新的机遇和挑战。基础教育的重点从应试教育转变为素质教育。教育理念和教育手段的革新，对中小学建筑的内容和形式产生了深刻的影响。

广州作为改革开放的前沿城市，在全国深化改革中走在前列。在进行教育深化改革的过程中，广州市教育局先行先试，在部分有条件的学校开展具有素质教育意义的教学模式试验，如引入知名校长、知名教师的名师工作室，培育学生科技创新能力的创客空间和体现教育信息化实力的智慧校园等。然而，广州市现存的中小学校多数建成于20世纪90年代初，为适应应试教育，按照旧的教学模式而建设。受到现有校园的条件限制，新教学模式的全面推广难以实现。同时，校园建筑环境面临着风貌陈旧、设施缺乏等问题。如何有效更新旧校园的建筑环境，是广州市推进素质教育改革过程中急需解决的关键问题。

北京师范大学广州实验学校
手工陶艺创意坊实景

广州市新港路小学（新苑校区）
航模创客空间（选修课堂）实景

广州市培正小学
录播教室实景

1.1.2 微改造的提出

随着社会的进步和发展，我国城镇化进程正逐步从增量发展的粗放扩张模式转向存量发展的品质提升模式，稳健、循序渐进、以人为主体的城市更新模式正逐步成为主流。

“微改造”是广州首创的城市更新模式，首次出现在2015年12月颁布的《广州市城市更新办法》中。“微改造”是指“在维持现状建设格局基本不变的前提下，通过建筑局部拆建、建筑物功能置换、保留修缮，以及整治、改善、保护、活化，完善基础设施等办法实施的更新方式，主要适用于建成区中对城市整体格局影响不大，但现状用地功能与周边发展存在矛盾、用地效率低、人居环境差的地块[1]。”

中小学校“微改造”模式的出现，旨在颠覆过去以全面改造（拆除重建）为主的改造方式，在更新理念和目标上，强调以人为本，突出保障城市和人的安全，对建成区中存在安全隐患的建筑实施局部拆建和整治，缓解、消除安全隐患，提升人居环境和社区品质。“微改造”的理念更加注重微观尺度，以精细化、品质化为重要抓手，对广州的城市更新工作具有重要意义和深远影响。

1.1.3 政策与形势

- **顺应国家方针政策，以“质量”和“公平”两大主题促进教育事业发展**

2017年10月，“努力让每个孩子都享有公平而有质量的教育”是习近平总书记在党的十九大报告中提出的，此重要指示为新形势下做好教育工作指明了奋斗目标和正确方向。如何满足人民群众的愿望与需求，全面实现教育公平，提升教育质量，是一项艰巨的任务。各级政府通过制定相关政策，优化教育资源配置，加大教育经费投入，继续坚持“保基本、补短板、促公平、提质量”，努力保障人民群众都能享有接受优良教育的机会。

- **抢抓大湾区建设机遇，以实际行动助力广州焕发老城区新活力**

2018年10月，习近平总书记来广州视察时，明确要求广州要实现老城市新活力，着力在综合城市功能、城市文化综合实力、现代服务业、现代化、国际化营商环境方面出新出彩[2]。城市规划和建设不急功近利，不大拆大建，要突出地方特色，注重人居环境改善，更多采用“微改造”的“绣花”功夫，注重文明传承和文化延续，让城市留下记忆[3]。

- **响应党中央的重要部署，以校园功能微改造推进广州教育资源优化配置**

2017年，广州市在《政府工作报告》中提出“优化教育资源配置”以及“推进校园功能微改造”的要求，广州市教育局开展中小学校园功能微改造的工作。计划从2017年至2020年，对全市符合改造条件的中小学校的校园进行分批升级微改造，重点完善校园功能设施，消除安全隐患，美化校园环境，打造干净、整洁、平安、有序的校园，为学生提供安全、方便、舒适的学习生活环境。

实现教育公平，提升教育质量，是关系到国家发展和社会和谐的重要举措。以“微改造”模式促进广州市焕发老城市新活力，既是习近平总书记对广州城市建设的要求，也是城市发展新形势的需要。因此，应抓住改造机遇，积极开展中小学校园微改造工作。校园微改造将教育公平与质量落实到建设层面，将老城市新活力落实到校园层面，以校园“旧貌换新颜”的活力，焕发城市“老树出新芽”的勃勃生机。

1.1.4 广州市中小学校园微改造目标

完善校园功能，美化校园环境

从学生的使用角度出发，适应学生素质教育需求的同时，结合广州市中小学校园的建设现状，提出广州市中小学校校园功能微改造的目标——完善校园功能，美化校园环境。通过微改造，完善校园的教学和使用功能，消除安全隐患，优化功能布局，更好地满足新时代教育的新需求、新理念。通过微改造，美化校园环境，打造“干净、整洁、平安、有序”的校园，提升学生在校的学习生活品质，提高学生对学校的认同感和荣誉感。

广东华侨中学（金沙洲校区）实景

1.2.1 中小学校园微改造的建设理念

建设理念
——从“校园修葺”到“品质校园”

长久的校园改造工作以“查漏补缺”为主，即出现问题和缺漏时才进行改造，缺乏改造建设的整体性。校园微改造以“整体规划、分步实施”为路径，以“综合整治、延续文脉”为内核，打造具有国际视野、国内领先、高品质的广州市中小学校校园环境，实现从“校园修葺”到“品质校园”建设理念的转变。

结合本次广州市中小学校校园微改造的目标，广州市中小学校园微改造主要围绕“特色性”“整体性”“实用性”和“引领性”四大实现路径展开。

四大实现路径关系示意图

特色性

从“基础完善”到“特色校园”—— 打造“一校一品”的特色校园

通过广州市中小学校园微改造，实现从“基础完善”到“特色校园”的特色营造。通过挖掘校园的内涵文化特色，打造“一校一品”的特色校园。

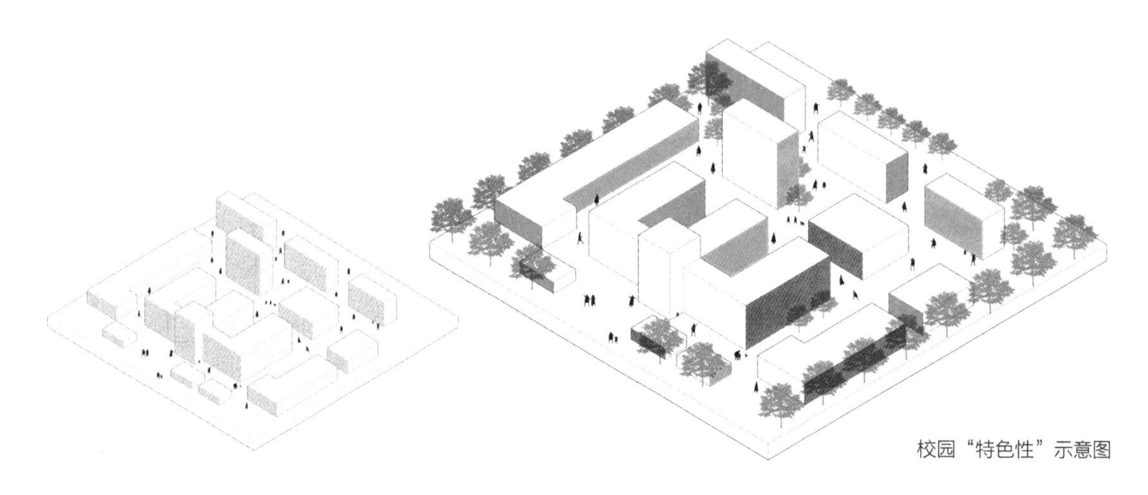

校园“特色性”示意图

整体性

从“零星修缮”到“整体优化”——制定“协调统一”的提升方案

通过广州市中小学校园微改造，以“整体规划，分步实施”为路径，实现从“零星修缮”到“整体优化”的布局。通过校园的整体设计，结合校园风貌特色，对校园的各功能要素如校舍、校门、风雨连廊、景观环境等进行统一设计改造，营造整体统一的校园环境。

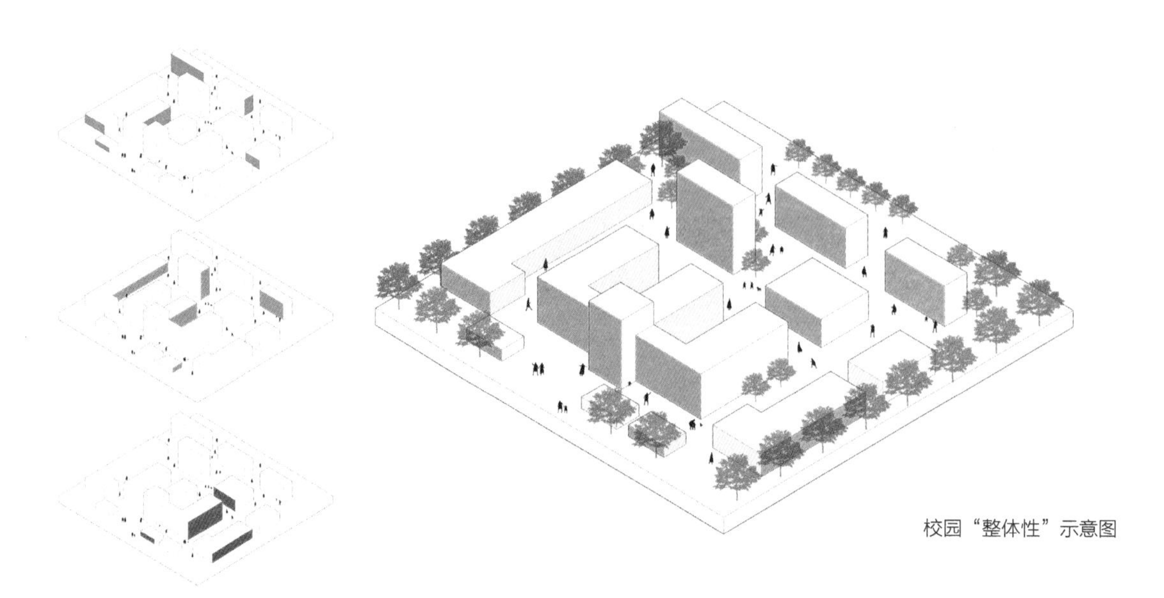

校园“整体性”示意图

实用性

从“规划蓝图”到“建成项目”——开展“现实可行”的改造设计

通过广州市中小学校园微改造，实现从“规划蓝图”到“建成项目”的转变。针对校园建设工期短的难点，提出具有针对性的现实可行的改造方案，将设计方案建设落地。

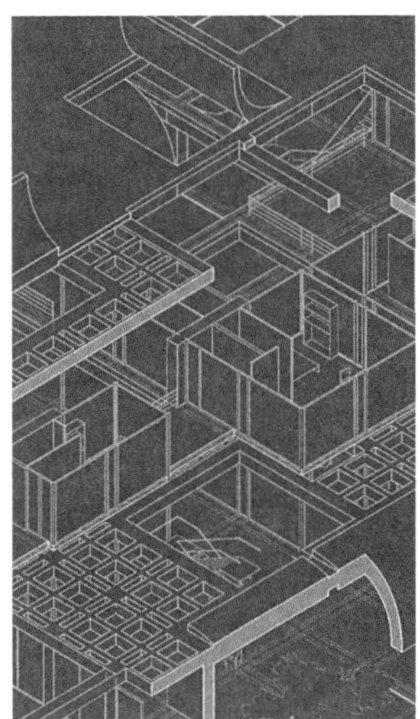

某校园鸟瞰效果图

引领性

从“指标设计”到“品质设计”——秉持“品质校园”的设计理念

通过广州市中小学校园微改造，实现从原来的“指标设计”到“品质设计”的提升。首次提出的“必要改造内容、提升优化建议、不建议改造方案”三大改造项目清单，对改造内容做出品质控制的同时也让校方发挥设计的主观能动性。

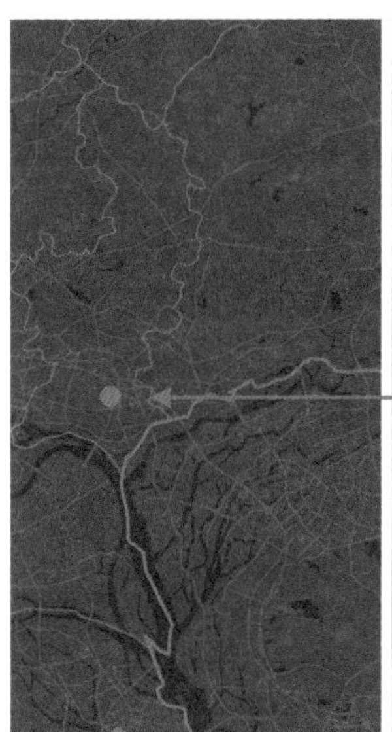

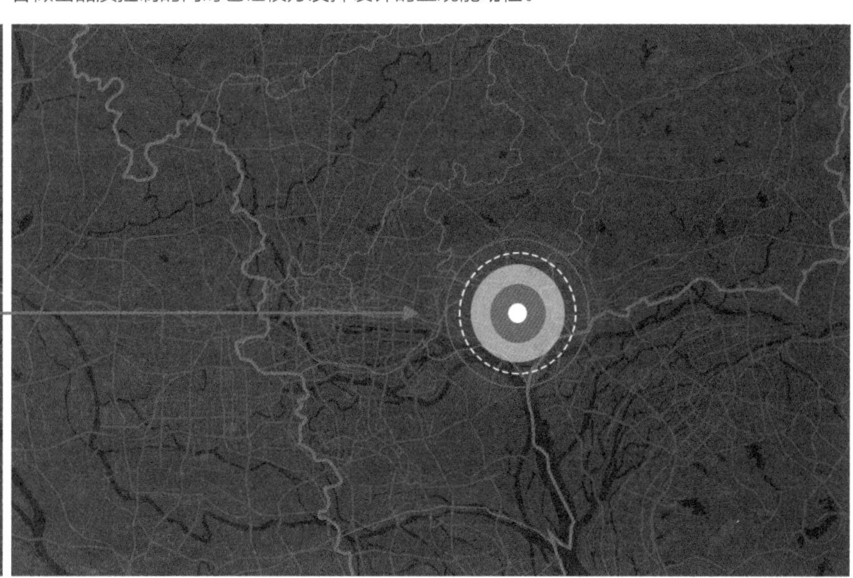

校园“引领性”示意图

1.2.2 中小学校园微改造中的技术理念

从“满足功能性”到“可持续发展”

为实现低碳发展、推动节能减排、对接高新技术、提高管理效率，校园微改造提出在满足校园功能需求的基础上进一步推进绿色的生活方式和生产方式。在微改造中引入城市建设中海绵城市、绿色建筑、智慧城市的理念及实施手法，以打造绿色校园、智慧校园为进阶目标，顺应时代发展的要求。

（1）海绵城市

▪ 渗、滞、蓄、净、用、排

海绵城市是指城市像海绵一样，在适应环境变化和应对自然灾害等方面具有良好的“弹性”功能，降雨时城市地表能够吸水、蓄水、渗水、净水，在需要时将蓄存的水“释放”并回收利用。

在校园景观微改造中引入海绵城市的技术理念，通过可渗透铺装、植被缓冲带等设施将自然途径与人工措施相结合，最大限度地利用园区的自然排水力量，建设自然存积、自然渗透、自然净化的新型海绵校园。

雨水收集利用分析图

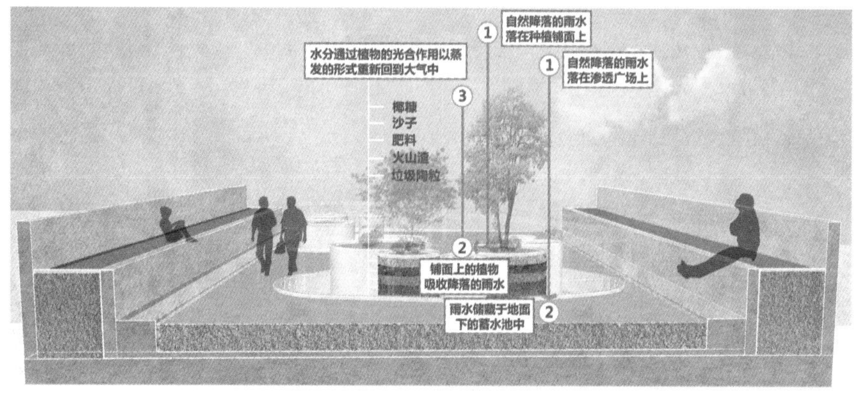

植物池雨水收集利用分析剖面图

（2）被动式节能

被动式建筑节能技术是指通过非机械电气设备干预手段，降低建筑能耗的节能技术。具体指在建筑规划设计中通过对建筑朝向的合理布置、建筑窗户遮阳的设计、建筑墙结构的保温隔热技术、自然通风的建筑开口设计等节约建筑所需的采暖、空调、通风等能源[4]。

微改造中，在校园建筑外立面改造中引入被动式建筑节能技术，如通过改造建筑外立面和屋顶等表皮系统，提升建筑自身节能性和气候合理性，为师生营造舒适的室内热工学环境。

被动房保温层厚度可达22cm，而普通房子仅为5~7cm，被动房门窗传热系数小于1，是普通门窗的1/3。

利用新风热回收系统以及浅层地源，被动房不需要空调及暖气，就能保持室内20℃左右恒温。

建筑面积为10000m²的被动房，同比可比普通住宅减排$CO_2$103. 43吨/年。

国内目前居住建筑节能设计标准为65%，广东省被动房技术逐渐成熟，节能率达90%以上。

被动式节能说明图

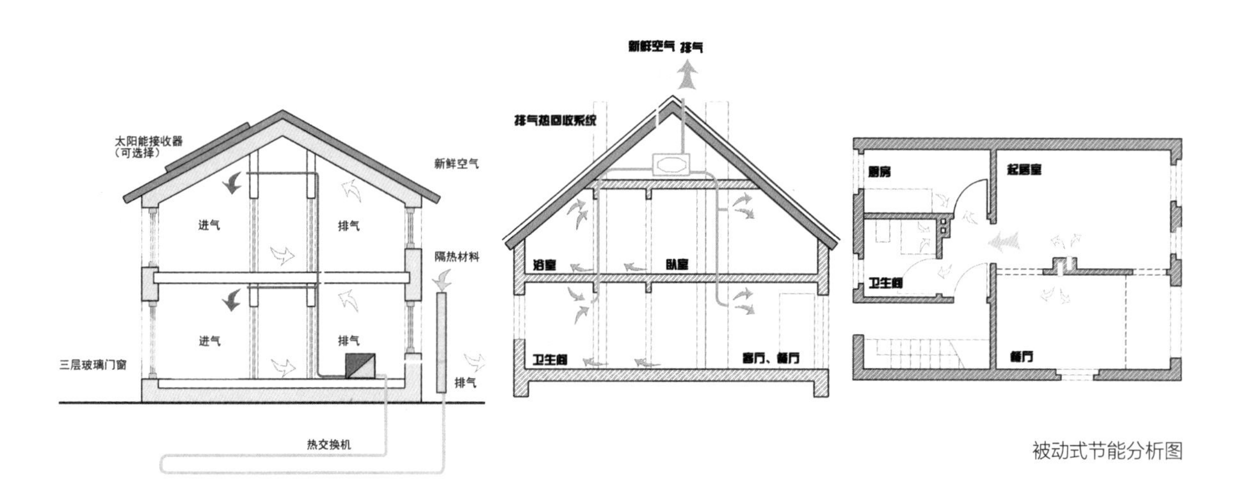

被动式节能分析图

（3）生态建材

生态建材，又称绿色建材、环保建材和健康建材，泛指健康型、环保型、安全型的建筑材料。生态建材的分类方式有很多种，根据性能可以分为节约能源型、安全舒适型、保健型、特殊环境型以及利用废弃物环保型等。

生态建材是绿色建筑的重要基础，校园绿色建设由于生态建材的积极使用而显著提升了“绿色可持续”水平。在校园建筑外立面改造中引入生态建筑材料，可对师生的健康安全起到重要保障作用。

校园中可广泛应用的生态建材有高性能生态建材、健康生态建材、再生生态建材、生态绿色建材等。

高性能生态建材实景

健康生态建材实景

再生生态建材实景

生态绿色建材实景

（4）智慧校园

所谓“智慧校园”是以促进信息技术和教育教学融合、优化教与学的效果为目的，以物联网、云计算、大数据分析等新技术为核心技术，提高环境全面感知，提供智慧型、数据化、网络化、协作型一体化教学、科研、管理和生活服务，并能对教育教学、教育管理进行洞察和预测的智慧学习环境[5]。

具体应用体现在校园综合管理、校园保卫、校园教学管理、校园数字班牌、家校互联、课程辅导、信息化基础环境七个方面。智慧校园的实施有赖于多种技术手段和终端设备采集上，需要落实智能建筑、智能化系统建设、公共安全系统等方面。

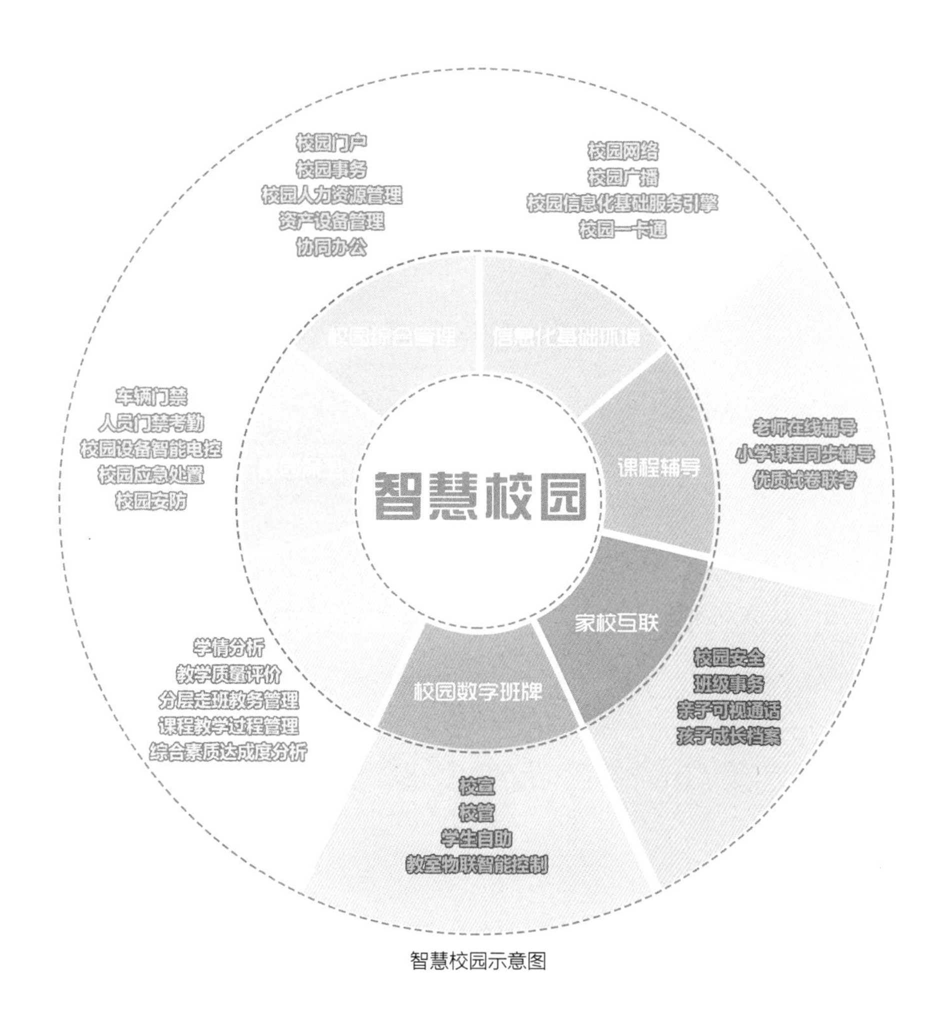

智慧校园示意图

1.3 指导与应用

1.3.1 读者对象

本书主要应用于校园微改造工作的设计阶段，适用于有校园微改造需求的中小学校业主、教育行政主管部门相关业务的管理者及专业设计人士。

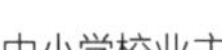

中小学校业主

教育行政主管部门管理者

专业设计人士

1.3.2 适用范围

本书适用于广州市完全小学、非完全小学、初级中学、高级中学、完全中学、九年制学校、中职和幼儿园等各类有微改造需求的学校。

1.3.3 本书功能

本书在中小学校园微改造中主要起到为改造方案提供设计指导的作用。

通过“必要改造内容、提升优化建议、不建议改造方案”三大改造项目清单将设计要素进行分类列举，形成设计要素检索，并对要素进行重点和一般的梳理，有侧重地给出设计指引，为专业设计人士提供方向的把握和参考。指引以图示为主，文字为辅的编制方式，让非专业人士也能够清楚微改造设计工作。

1.3.4 应用阶段

- **应用阶段**

完整的校园功能微改造包括项目策划立项、整体规划、方案设计深化、项目报建、施工以及验收竣工等阶段，其中整体规划和方案设计深化部分是本书的主要应用阶段。

广州市培英中学

2

定义与分类

2.1 微改造的定义

2.1.1 微改造定义

2016年，广州市印发实施的《广州市城市更新办法》，提出“微改造”这一城市更新创新模式。微改造是以综合改造为目标，强调延续历史脉络，以多元改造主体，强调社会力量参与并以修缮提升为工作中心的改造方式。微改造避免了对老城区大拆大建，通过循序渐进的修复、活化、培育，让老城老而不衰、魅力常在。

微改造更新模式遵循“重民意、重传承、重未来”的原则，坚持以人民需求为中心，加强对老城区历史文化的保护，并积极推动社区“共建共享共治”。

校园微改造，正是以微改造的基本思路为指引，在遵循校园建设发展规划原则的基础上，为了满足教育教学需要，给师生创造更加安全、舒适的教学科研及学习生活环境，在保留原有校园风格、特色和记忆的基础上，注重“以生为本”“环境育人”，逐步提升整体办学条件所实施的系列举措，其实施重点是完善校园功能、消除安全隐患、美化校园环境。

- **完善校园功能**

完善校园的教学和使用功能。如加建风雨连廊及改造建筑的架空层以提供全天候的活动场地；对游泳池进行改造；设置家长接送区；对校园缺失的功能性区域进行补充和完善；优化教学、住宿、活动场地的功能分区，满足学生全天候在校园内学习、锻炼和生活的需求。

- **消除校园安全隐患**

对涉及安全项目的问题如校园供水、供电、消防通道、人车分流、无障碍设施、安全台阶、室外地面防滑进行整改，消除安全隐患，打造平安校园。

- **美化校园环境**

根据学校实际情况，对校园建筑风格、立面进行统一；合理改造学校门楼、围墙、文化墙等设施；优化校内景观、绿化配置，形成独特的校园风格。

2.1.2 微改造构成要素

中小学校园微改造构成要素分为建筑、景观、体育设施三大板块，各板块的设计均要考虑对校园功能和校园风貌两方面的影响。

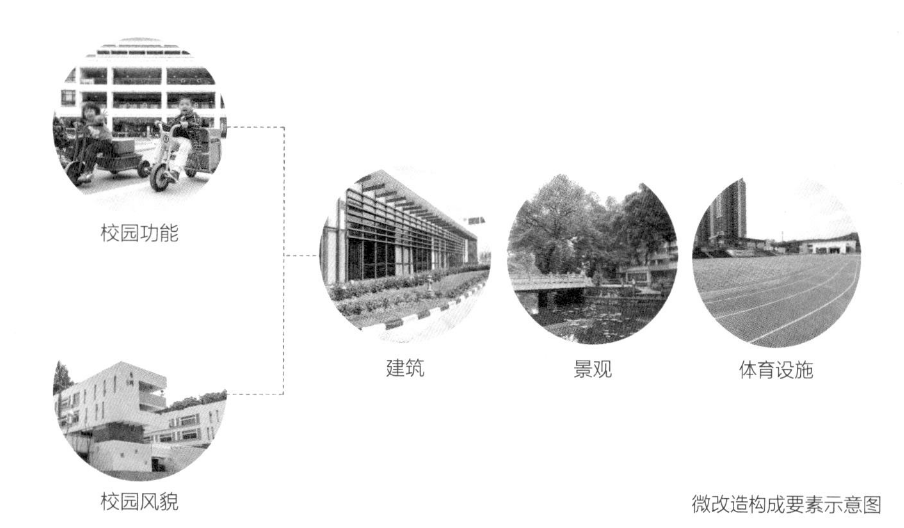

微改造构成要素示意图

2.1.3 改造项目类型清单

中小学校园微改造的所有改造项目，可总结归纳为三类清单：基础清单——必要改造内容、提升清单——提升优化建议、负面清单——不建议改造方案。

（1）基础清单——必要改造内容

基础清单是以“消除校园安全隐患、完善校园功能”为目标而提出的必要改造内容。

- **消除校园安全隐患**

①人车分流设计

中小学校园的人车分流设计包括校园入口区、家长等候区、校园停车区的人行及车行流线设计。

人车分流设计实景

②消防设计

消防安全设计应保证校园消防通道及建筑消防通道可顺畅通行。

消防设计实景

③无障碍设计

中小学校园的无障碍设计包括建筑入口处的无障碍坡道设计以及卫生间内的扶手设计等。

无障碍设计实景

④防滑防摔设计

中小学校园防滑防摔设计包括建筑内部、校园道路、广场的铺装材料选择以及建筑台阶的防滑防摔设计等。

防滑防摔设计实景

⑤防撞设计

中小学校园防撞设计包括对桌角、柱子等容易对学生造成伤害的物体进行包裹的设计等。

防撞设计实景

⑥校园安全信息化建设

校园安全信息化建设主要包括校园安全监控安装和校园信息化管理，以达到校园安全无死角的设计目标。

校园安全信息化建设实景

完善校园功能

①打造全天候活动场地

打造全天候校园活动场地，如建筑的架空层改造、风雨连廊加建等。

打造全天候活动场地实景

②体育场馆改造

对露天泳池（如有）进行加盖顶改造。

体育场馆改造实景

（2）提升清单——提升优化建议

提升清单是以美化校园环境为目标的改造设计项目清单，分为建筑及构筑物、校园景观环境、体育设施三部分，校方应根据自身实际情况进行改造项目的选择及设计。

建筑及构筑物

①建筑物立面提升设计

建筑物立面提升设计包括建筑色彩、材质等，以及建筑立面的各组成部分，如建筑物入口、墙体、柱子、门窗洞口、屋顶、楼梯间、栏杆扶手等细节。

建筑物立面提升设计实景

②架空层的景观设计

架空层的景观设计是指除满足全天候活动条件外，结合美观要求进行的提升改造。

架空层的景观设计实景

③大门与围墙优化

大门与围墙的优化内容包括校门、校名校徽、保安亭、围栏等，以及门前广场、宣传栏等拓展要素的提升改造。

大门与围墙优化实景

▪ 校园景观环境

①景观空间设计

校园景观空间设计包括校园内入口空间、庭院空间、屋顶空间、交通空间、广场空间、架空层空间的景观优化。

景观空间设计实景

②植物配置

植物配置主要包括植物种类的选择，以及在不同景观空间条件下对植物配置进行合理化设计。

植物配置实景

③文化体现

挖掘校园风貌特点，提升校园整体风貌品质，主要体现在校园内园林建筑、铺装、标识系统、休闲娱乐设施、照明设施、校园小品等方面的设计。

文化体现实景

▪ 体育设施

①露天运动场优化

为提升学生在校园中运动时安全性，中小学露天体育场的提升优化改造项目包括增加照明设施、增加遮阳设施、增加地面防滑设计、增加防护设施等。

露天运动场优化实景

②体育附属设施优化

对于有条件的校园，应提升校园内的体育附属设施丰富性，如增加双杠、高低杠、爬杆等设施，以及部分新型体育设施如拆装式泳池等。

体育附属设施优化实景

（3）负面清单——不建议改造方案

该清单为在本次微改造中不应采用的改造手法，如不适合的建筑立面配色、不恰当的组合设计等。本书在各相关章节中将有针对性地对各种不推荐的改造项目及设计手法进行详细说明。

2.2 微改造设计思路指引

2.2.1 现状摸查

■ **挖掘自身校园特色，确定改造方向**

对校园现状进行仔细摸查，挖掘每座校园的特色，对需改造的项目进行记录，将现状调研结果成文。考虑如何通过微改造体现或强化校园特色，结合校园建设现状条件，确定校园整体改造方向。

2.2.2 总体规划

根据确定的改造方向，对照微改造清单，确认改造项目及对应的校园总体风貌，将改造项目具体落实到校园组成要素的三大板块——建筑、景观、体育设施上。以总体风貌为定位，以组成要素的三大板块为主体，细化改造方案。

本节将以校园风貌及三大板块的微改造设计为重点作介绍。

（1）校园风貌微改造重点

挖掘或强化校园自身风貌特色，同时了解校方意愿，从学校办学理念、文化背景等方面出发，确定本校风貌类型及表现方式，建筑、景观、体育设施板块设计的风格要与校园风貌统一。

传统书院影响下的学校
广东广雅中学实景

国际学校
广州市美国人学校实景

现代新建学校
北京师范大学广州实验学校实景

（2）校园建筑微改造重点

建筑方面，微改造的重点应放在建筑安全性提升以及外立面改造上。安全性包括栏杆的维护、校园风雨连廊的加建、室外无障碍坡道的设置等方面。外立面改造则包括建筑色彩、外立面材质、外立面形式等方面。对这些项目进行改造能够美化校园外观，凸显校园风格。

无障碍坡道实景

风雨连廊实景

立面形式实景

立面材料实景

（3）校园景观微改造重点

在微改造中，对各种不同的公共空间如校园入口空间、校园广场空间、庭院空间、交通空间等都应进行相应的设计。应结合空间的使用功能及空间使用感受，对植物选择、设施设置等进行配合设计。在景观绿化方面，微改造的重点则应与现有格局结合，针对想要营造的校园风貌，进行提升设计。

植物选择实景

设施设置实景

（4）校园体育设施微改造重点

在微改造中，由于学生所需的体育活动空间与一般的公共空间存在差异，因此校园内体育活动场地（室内及室外）的微改造，应有针对性地对专门的体育设施或是体育活动空间进行再次设计，对学生在日常生活中反映出的不足之处给予回应。如体育特长类学校，应根据校园特色风貌的营造方向，对体育设施进行强化设计。

运动场地的整理实景

游泳池加盖实景

2.2.3 分步实施

整体改造方案稳定后，校方应根据自身的资金情况、项目实施难度、实施时长对各改造项目进行精细合理分期，有计划地动工并进行后续改造项目经费申报。

广东广雅中学

3

校园微改造总体风貌定位与布局

3.1 校园微改造总体风貌的定义与组成要素

校园微改造总体风貌的定义与组成要素如下：

定义

校园总体风貌即指校园整体呈现的风格和面貌。校园风貌是地上建筑、构筑物之间形成的空间艺术，是一门联系着建筑、工程、风景园林和城市规划的艺术。学校以其独特的精神和面貌给人吸引力和感染力，使学校的成员获得归属感，它以独有的表象与内涵凝聚着力量，感召着人们。

同时，校园风貌反映出一个学校特有的景观面貌、风采和神态，表现出学校的气质和性格。校园风貌是表现学校办学理念、学校气质的物质形态，是校园外部因素和校园活动综合作用的结果。

组成要素

校园风貌的组成要素是展现校园整体风貌的载体，也是人们对校园风貌形成评价的主体，具有较强的可识别性，容易使人形成对校园的整体印象。

校园风貌的组成要素在物质层面上分为如下三个部分。

校园总体布局：包括校园整体的空间划分、对空间和单体建筑的控制以及对建筑内外空间的整合。

建筑风貌：由建筑风格、色彩、材质、造型等共同作用于建筑物所产生的整体视觉效果。

景观环境：由景观设施、景观小品、园林建筑、园林植物等要素营造场所氛围的外部开敞空间。

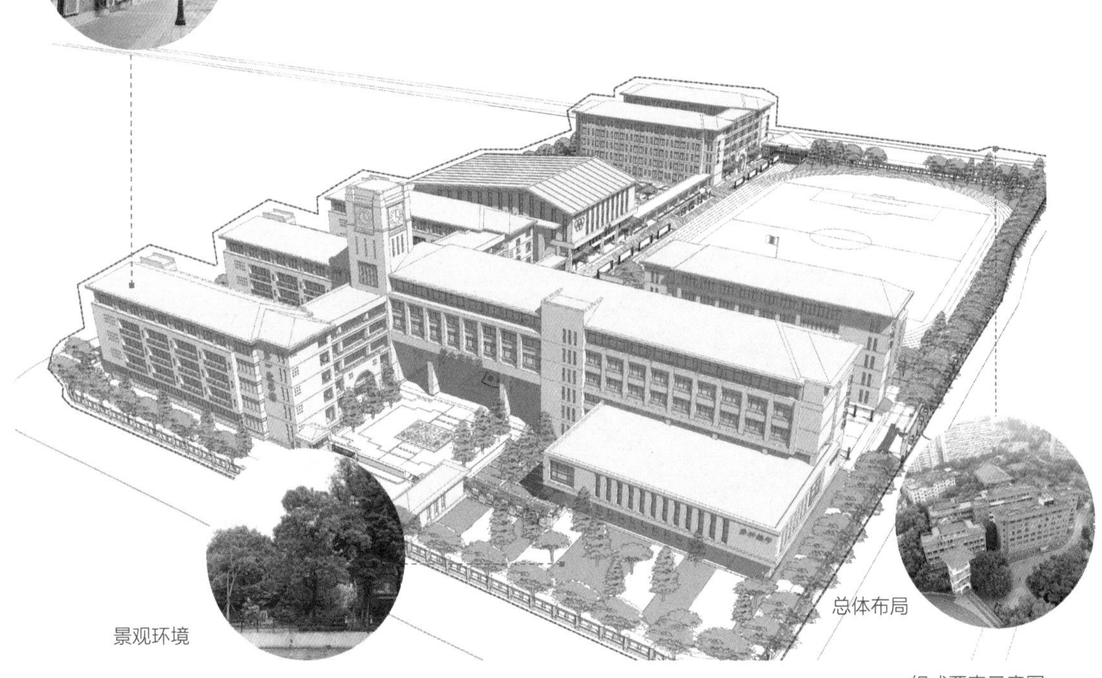

组成要素示意图

3.2 校园微改造总体风貌的分类与提升手段

3.2.1 校园总体风貌分类

校园风貌的形成经过了长期沉淀，是基于自然基础本底、历史文化内涵，以教学育人为目的的。在自然环境、历史环境、人文环境、技术环境的不断综合作用之下，一所学校形成了区别于另一所学校的特有气质。

不同的校园设计特质作用在校园风貌组成要素上，展现出特色各异的校园整体风貌。校园整体风貌按其设计特质分类，主要分为结合自然地理特征、结合区域人文特征、结合办学理念与办学特色三种。

- **结合自然地理特征**

自然地理特征包括山、水、地形、地貌、周边自然环境等自然要素，是最基础的场地条件。在设计时，将自然要素和山水文化融于校园风貌之中，顺应并尊重自然环境，打造与自然融为一体的山水校园。

- **结合区域人文特征**

校园风貌与校园所处的区域风貌紧密联系，在某段时间内建设的校园体现了该时期该区域的人文特征以及文化特性。校园风貌会受到该地区历史、文化、政治等背景因素与主流理念的影响。

- **结合办学理念与办学特色**

学校办学理念及办学特色贯穿整个校园建设过程，校园风貌主要受学科特色、办学理念及校史文脉影响。

结合自然地理特征

结合区域人文特征

结合办学理念与办学特色

3.2.2 结合自然地理特征

拥有优良自然风景资源的校园，其得天独厚的山水环境应与校园建设相结合，为师生亲近山水、营造学术氛围提供优越的校园环境。

校园环境对自然规律的遵从具体表现在校园总体布局、建筑风貌及景观环境三个方面。

（1）校园总体布局

■ 依山傍水

聚日月之精华，吸山水之灵气，是读书求学环境的至高境界。自然地理特征中，最为突出的是对地形和水体的利用。山水格局在很大程度上影响了校园的选址和总体布局。

传统的中国书院，例如商丘古城南湖畔的应天书院，傍水而建；嵩山南麓的嵩阳书院，山岚环拱，双溪环绕，充分运用了钟灵毓秀的山水。现代校园的建设，在具备山水环境的条件下，应当将其充分融合利用，顺应自然。

■ 因山就势，开放水景

对于有高差的地形，校园总体布局需因山就势，将远处优美的自然山景和水景引入其中，因地制宜地营造富有山地特色的自然景观。

水景富有亲和性，校园总体布局应关注建筑体量与水景的关系，大体量建筑应适当避让水体，水体周边布置小体量建筑和亲水设施，提高水体的开放性。

案例分析：

广州科学城中学

丘陵地形的充分利用

充分尊重和利用现状山脉和谷地的走向，改变对自然场地“三通一平”的传统做法，将人工建设与复杂的自然山体有机结合，将生态本底由限制条件转化为景观优势。

校园内结合地形与建筑物，布置活动平台和坡道台阶，使得校园空间更活泼，也丰富了校园内的视线交流，为学生的在校生活提供了更多的公共活动空间。

与地形结合的校园建筑实景

教学楼的新中式建筑风格实景

（2）建筑风貌

在校园设计中要注重建筑与自然环境的和谐统一。建筑物要在满足空间及功能分区的基础之上，反映场地的特质，即场地的独特性，设计应与场地特征保持一致，反映出每一个场地独有的“场所精神”。

对于偏重自然生态的建筑外环境设计来说，建筑色彩、建筑材质和建筑造型是首先需要考虑的建筑风貌元素。

- 建筑色彩

整体用色不宜过分夸张出挑，宜清新简约，以配合自然环境；局部可选取跳色以丰富校园趣味性。

- 建筑材质

多选用粗糙质感的原生态材质，以表现质朴的效果（如木质、裸露混凝土等），衬托自然感，与自然共生。

- 建筑造型

简约低调，和谐地融入山水框架。建筑要更加注重整体的通透性，形成建筑室内与室外自然的对话。

建筑色彩：清新主调搭配跳色
广州市开发区第一幼儿园实景

建筑材质：仿古砖等粗糙纹理
广州市协和中学实景

建筑造型：造型简约低调、通透
广州市科学城中学实景

案例分析：

广州市培英中学

环境幽雅怡人的百年学府

广州市培英中学于1879年创办，坐落在珠江之滨白鹤洞，是一所历史悠久、环境幽雅、治学严谨、成绩卓越、名扬海内外的寄宿制百年名校。

中式风格的校史博物馆，琉璃瓦顶的新建的教学楼，体现了学校沉厚的历史底蕴。校园环境中有斗栱的休憩亭、石板拱桥、涓涓溪流、弯曲的园路展现了中国古典园林的营造手法。校内绿树成荫、芳草如茵、花香鸟语。

校园内的传统休憩亭实景

中式风格的校史博物馆实景

古典园林“小桥流水”实景

朱红色琉璃瓦顶的教学楼实景

（3）景观环境

在与自然地理特征结合的校园设计中，外部景观环境的营造与自然的结合尤为突出和重要。围合空间、半围合空间和开放空间的营造，给自然环境和校园风貌的结合提供了条件。自然要素在景观环境中的操作手法主要为视线联系、环境引入、边界融合等。

■ 视线联系

充分利用优美的周边自然环境，将其作为校园景观的延伸，面向主要景观，开放校园空间，远眺视线可达，形成开阔的景观格局，强化对校园周边自然环境的认知。

■ 环境引入

校园场地中，利用原本保留的基地景观要素，例如特色树木、水体、地形等，围绕这些原有的景观要素，设置环境景观节点，尊重自然。

■ 边界融合

边界处理整合室内外功能，将开敞空间置于边界处，形成校园与外围环境的自然过渡。

视线联系：校园背靠山，以其为景
北京师范大学广州实验学校实景

环境引入：保留场地原生树种，做景观围合
广州市开发区第一幼儿园实景

边界融合：边界绿化与山体相接一体
广州市科学城中学实景

3.2.3 结合区域人文特征

校园风貌与校园所处的区域风貌紧密联系，在某段时间内建设的校园体现了该时期该区域的人文特征以及文化特性。如校园风貌会受到该地区的历史背景、文化背景、政治背景、主流理念的影响，具体表现在校园总体布局、建筑风貌及景观环境上。

（1）校园总体布局

近现代中国校园总体布局体现了强烈的区域性与时间性。近代至民国时期，西学盛行，在当时的历史文化背景下，一些城市特别是在重要的港口城市，如上海、广州等，校园总体布局受到外来文化的影响。直至近现代，各区域的背景文化不同，逐渐形成了自身的特色校园布局。

校园总体布局的形式主要有轴线式、院落式及轴线与院落结合式。

轴线式

特点：

体现学校严谨庄严的人文氛围，仪式感较强。空间呈规律性排列，等级分明，流线清晰，充满仪式感。

设计要点：

采用轴线式布局，建筑沿轴线大致对称。中西方学校布局都存在轴线式布局的形式，有的是借鉴西方学院式的轴线布局形式。

院落式

特点：

传统文化影响下的校园，受传统建筑群布局影响，往往会形成院落式布局，以此体现区域传统的人文文化。

设计要点：

院落式布局常见于强调建筑秩序的古代书院，为强调理性构成的、肌理均质的庭院单元。校园运用院落式布局，体现传统的书院文化。区域传统文化由于地理环境不同，体现出明显的地域性，如江南地区的书院特色与鲁地的书院特色有一定的差别，所以在运用传统书院的院落式布局时，要结合当地区域文化特征，展现特色风貌。通常以主入口为起点，主要功能建筑沿轴线大致对称，贯穿在主轴线上，对空间有明确的导向性。

轴线与院落结合式

特点：

轴线有强烈的聚集性和导向性，将一定的空间要素沿轴线布置，有利于形成有节奏的空间序列。轴线结合尺度宜人的院落则有利于营造亲切的空间体验。

设计要点：

空间轴线分为可见和不可见，可见轴线的常用元素有线性道路、绿化带、水体等，不可见的轴线主要通过建筑分布来限定。设计时可将建筑与绿化、水体、道路相结合，表现丰富的中轴空间序列。建筑尺度需与院落尺度相协调。院落尺度过大，则亲切感不足；尺度过小，则过于压抑。

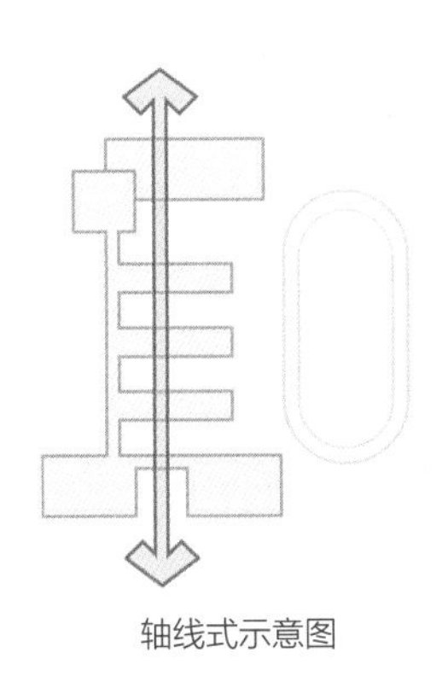

轴线式示意图

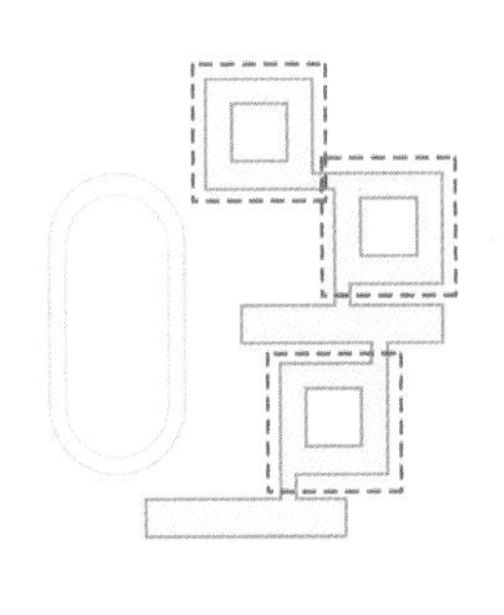

院落式示意图

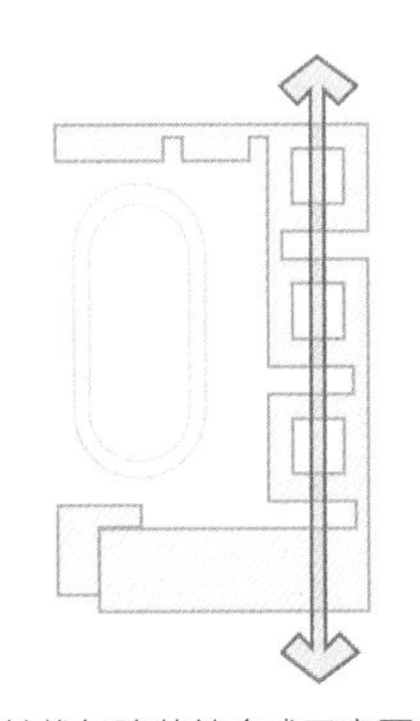

轴线与院落结合式示意图

（2）建筑风貌

建筑风貌是校园风貌最直观的表现，也是区域文化的直接载体。

从时间上来说，若校园建筑与区域周边建筑建于同时期，那么该区域会明显表现出特定的建筑风貌，如有些校园处于历史特色明显的区域，其建筑风貌表现有别于其他校园建筑的建筑特色。若校园建筑后建于区域周边建筑，且区域人文历史环境明显，则校园建筑与周边建筑风貌相协调，或者结合区域文化与新的建筑设计理念，形成新的建筑风貌。

按区域人文特征可将校园建筑风貌分为受区域传统文化影响下的建筑风貌、受西风东渐影响的建筑风貌、结合新理念的建筑风貌三类。

区域传统文化影响下的建筑风貌

这类学校建筑其风格往往会表现出明显的时代特征及区域文化特征，较常见的是新中式风格，吸取了传统中式建筑的神韵和精髓，提取中式元素，简化装饰，运用现代材料和建造手法，表现出内敛含蓄的气质和古朴大方的形象。亦有保留传统建筑风格、表现丰厚历史文化底蕴的做法。

新中式建筑风格
广州市科学城中学实景

保留了传统建筑风格
广州市协和中学实景

西风东渐影响的建筑风貌

在岭南地区，20世纪最先受到西方文化影响的校园建筑结合了岭南文化与西方文化的特点，形成一种新的建筑风格——中式古典岭南风格。中式古典岭南风格设计思路作为一种复兴的思潮，与传统的岭南设计还是有所区别的，前者更加强调实用性与艺术性的结合。

20世纪上中叶华侨捐资建设的校园建筑及同时期的本土校园建筑，风格深受西风东渐的影响，如广州培正中学早期历史建筑群、广州执信中学的文物建筑群，这类建筑有着明显的时代特征和岭南地区特征。

受西风东渐影响的学校在进行校园微改造时，需注意新建筑与原有建筑的协调性，可提取原建筑中的元素，具体表现或抽象表达，目的是使新建筑在有新风貌的同时，能回应历史建筑的风格，在新的概念中表现出对历史的尊重。

历史建筑
广东广雅中学实景

后期新建建筑
广东广雅中学实景

■ 结合新理念的建筑风貌

随着教育理念的不断改进，现代新建学校风格多样化，结合区域现代人文特色，吸收现代新理念，突破传统限制，提倡创新、与时俱进，注重功能和空间组成。建筑形式活泼多样，风格多为现代主义风格，造型简洁，比例适度。

轻盈的建筑形体
广州市美国人学校实景

简洁的体量
广州市玉泉中学实景

层次丰富的建筑入口
北京师范大学广州实验学校实景

（3）景观环境　区域人文特征除了在建筑主体上有明显表达外，在景观环境，特别是景观设施、景观小品、园林建筑等方面也有明显表达，并且这些要素共同组成的空间场所氛围也体现了区域人文特性。

校园外部景观环境的设计除了融入岭南特色风格，也可融入西方及现代风格。表现活泼氛围的现代风格，从外部环境空间的组织到景观设施的设计、元素应用与工艺技法，都可融入对区域人文特征新的理解。

广东广雅中学校园景观环境，表现出浓厚的岭南园林特色。

曲径通幽实景

园林建筑实景

广东广州华侨中学（金沙洲校区）校园景观环境深受西方造园手法影响。

几何式大草坪实景

借鉴西方园林造园手法实景

3.2.4 结合办学理念与办学特色

学校的办学理念与办学特色是学校文化实力的重要组成部分，主要包含学科特色、办学理念、校史文脉等，这些抽象的概念会在一定程度上表现在校园总体布局、建筑风貌和景观环境中。

（1）校园总体布局

主要体现在功能布局上。

如体育学校由于功能上的需求，训练场地成为校园布局中的最主要元素。田径、篮球、射击射箭、游泳、自行车等运动的室内、室外场地要求，加上文化课需求，使体育学校的功能布局具有鲜明的特点。再如音乐学校需要更多的训练场地及比赛表演场地，在进行学校的总体布局上也会重点考虑这方面功能区的设置。

（2）建筑风貌

教育建筑除了满足基本的教学功能之外，应着力营造人文气息，保证教育的功能得到充分的发挥。空间设计上要与人的行为、社会文化相结合，使传统的授课式空间和现代的主动式空间融会贯通，相互影响、相互作用，更好地为学生服务。

例如，语言类的外国语学校等国际学校，应体现学校与国际接轨的办学理念、开放创新的办学特色和严格的纪律要求，建筑风貌往往呈现欧式古典风格。体育类或舞蹈类的学校，会表现出轻盈的建筑体量、活泼的校园风格，体现跳动、悦动的校园主题。音乐学校建筑立面大多会强调一种韵律感，体现音乐主题。

案例分析：

广州美术中学

大小尺度的交织融合

学校根据自身性质，秉承“与美同行”校训，培养有创新意识、有创造能力和有审美自信的美术人才，所以营造艺术氛围显得尤为重要。汲取中国传统建筑中廊院巷台组合的设计手法，以开放性和灵活性为原则，通过对空间的充分利用，将各项功能有机结合在一起，以院落为中心集中布置，创造丰富多彩的户外学习、艺术展示和互动空间，将建筑、室内和景观融合在一起，创造一种“浸润式”的教学空间体验。

传统中式风格庭院实景

层次丰富的架空层艺术展示空间实景

（3）景观环境

景观环境是校园风貌元素中可塑性最强的元素，并且能直观体现学校的办学理念及办学特色，让学生在繁杂的学习间歇享受宜人的文化环境，身心得到休养。因此，可以通过园景小区、广场文化、道路文化、文化墙等提升学校的文化品位，达到良好的视觉效果和环境效果，营造人性化的空间[5]。

如国际学校景观设计会结合西方园林布局的形式及特点，表现国际学校的办学特色；体育学校中的体育设施有明显优势，雕塑小品等构筑物也更有动感；美术学校会注重营造学校的艺术氛围等。

西方园林
华工国际校区实景

体育小品
广州市华侨学校实景

美术学校
广州美术中学实景

案例分析：

广州美国人国际学校

打开的礼物盒

广州美国人国际学校的设计从“打开的礼物盒”这一概念出发，将该概念拓展到各个空间中。

建筑外观上，考虑到礼堂建筑在校园中所处位置的特殊性——正处于整个校园的交通流线中心，设计者希望通过造型赋予该建筑新的意义，激发校园活力。

建筑立面上，通过延伸的手法尽可能地模糊室内外的界限，让原本局促的前厅与室外连接。通过空间的重组改造，让学生可以自由自在地在校园中找到让自己感到舒适的角落，同时通过建筑内部各个灵活可变的空间给学生创造交流的空间与展示的平台。

图书馆门口实景

礼堂内部实景

校园活动广场实景

建筑前厅实景

3.3 校园微改造建筑布局优化的定义与分类

中小学校园的建筑布局形式主要有线型式、围合式、集中式和分子式，决定建筑布局形式的因素主要有用地规模、地块形状、地形条件等，其中用地的充裕程度对布局形式的选择有较为直接的影响。广州市大部分中小学多采用集中式、围合式等相对紧凑的布局形式。

线型式建筑布局

以交通干道或者人行主流线为纽带联系教学、生活等主要活动空间。校园整体功能分区明确，交通流线清晰。适用于建筑规模较大、用地面积较为充裕的校园。

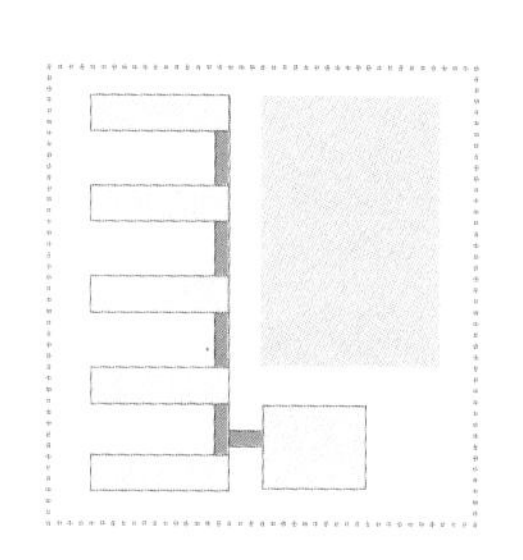

广州市华南师范大学附属中学番禺学校实景

围合式建筑布局

校园用地面积较小时，既要保持教学楼的建筑间距，又要提供整体性较强的体育活动空间，多采用建筑中庭与校园主要活动空间结合设置的方式布局校园，形成围合式的空间模式。此类模式主要出现在老城区的小学中。

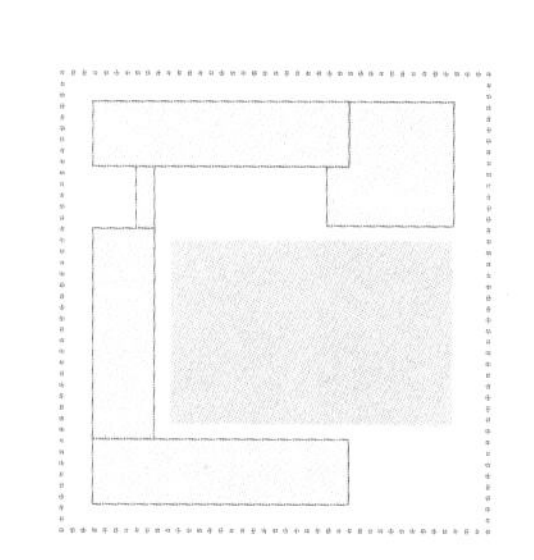

广州市越秀区农林下路小学实景

集中式建筑布局

校园用地极其紧缺时，为了保证校园使用功能的完整性，形成突破建筑密度、建筑层数、建筑容积率的功能复合体，常采用集中式建筑布局，将各功能分区在垂直方向叠加。此类布局方式主要出现在土地价值高昂的城市中心区域。

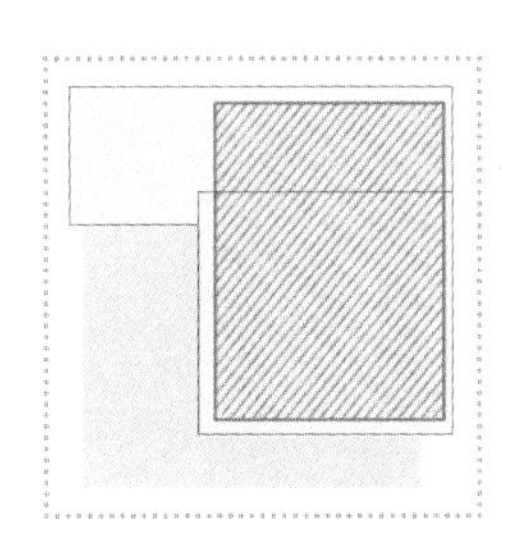

广州市天河外国语学校实景

分子式建筑布局

分子式建筑布局适用于巨型校园及山地丘陵地形。为方便交通及建设，多以学院为单位，采用单元式的分散性的布局形式，形成教学生活相对独立的组团。

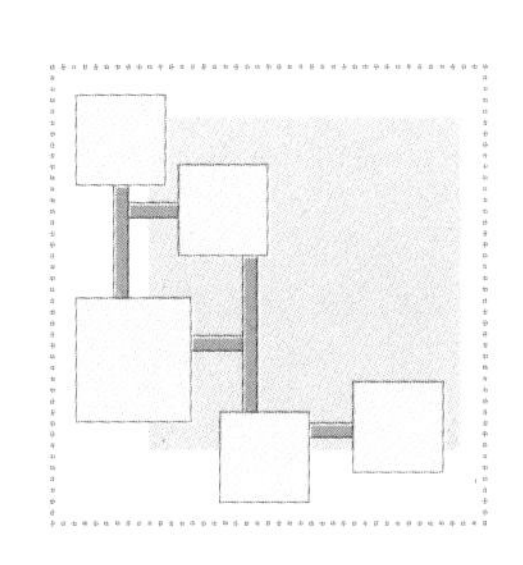

北京师范大学广州实验学校实景

混合式建筑布局

校园的建筑布局形式可以根据校园用地面积、功能分区、地形地貌特点等，采用两种或者三种建筑布局结合的方式，进行规划设计。

广东华侨中学

4

校园建筑微改造设计

4.1 校园建筑微改造的定义与范围

4.1.1 定义

①校园建筑

校园建筑是位于校园之中的各类建筑物及构筑物，建筑物包括教学楼（普通课室）、实验楼（实验及专业教室）、行政楼、学生宿舍、食堂、体育馆（风雨操场）、图书馆、礼堂（报告厅）等，构筑物包括校门、围墙、风雨连廊等。

②校园建筑微改造

校园建筑微改造指在不影响校园周边地块日照、消防等的基础上，对校园建筑进行立面改造、无障碍改造、建筑功能优化、结构加固、消除安全隐患等功能性工程类改造。

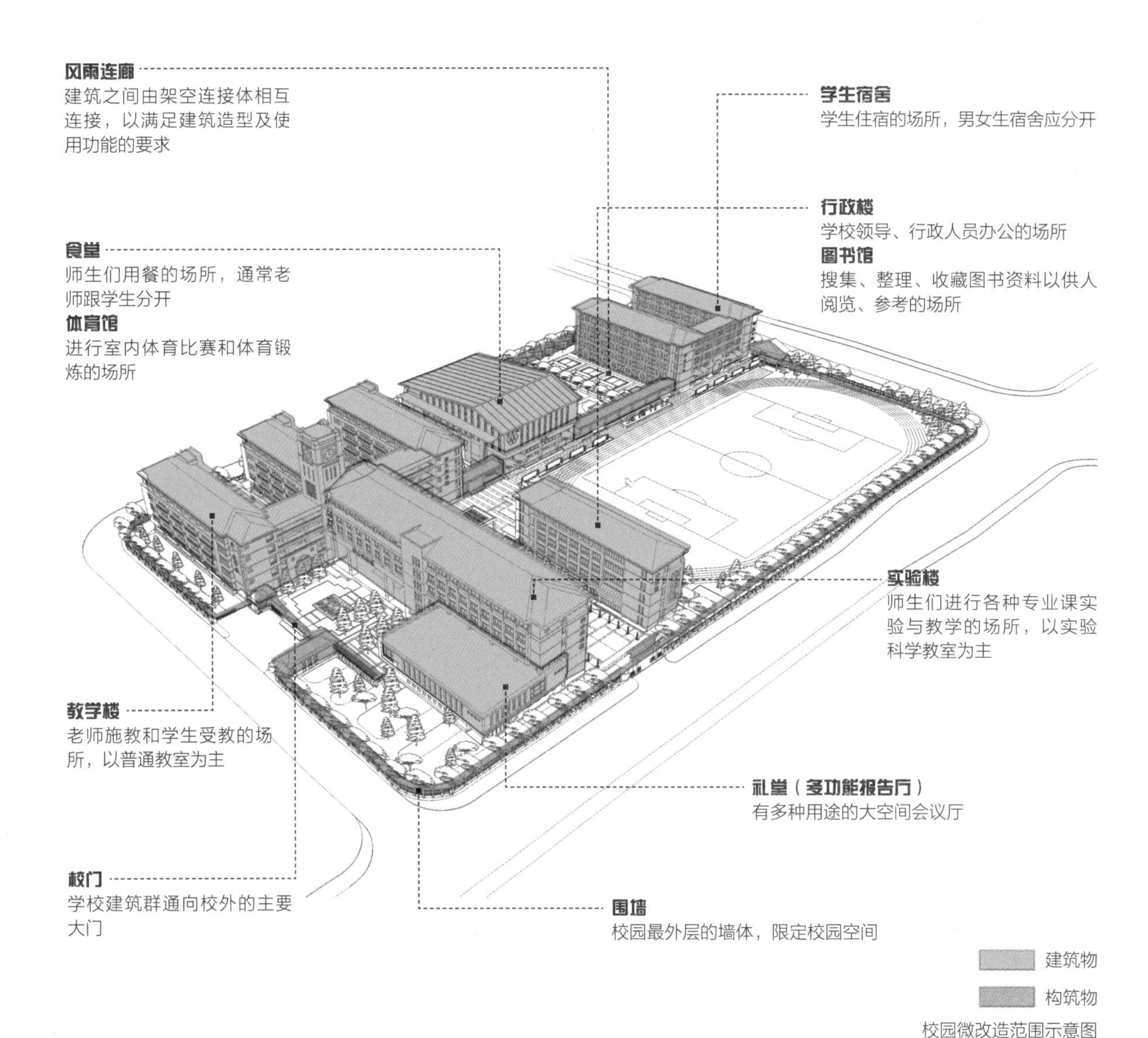

校园微改造范围示意图

4.1.2 范围 校园建筑微改造是对校园建筑立面、结构、屋顶等建筑元素进行整治与改造，不包括对校园建筑物的重建、扩建以及单纯的室内装修等内容。

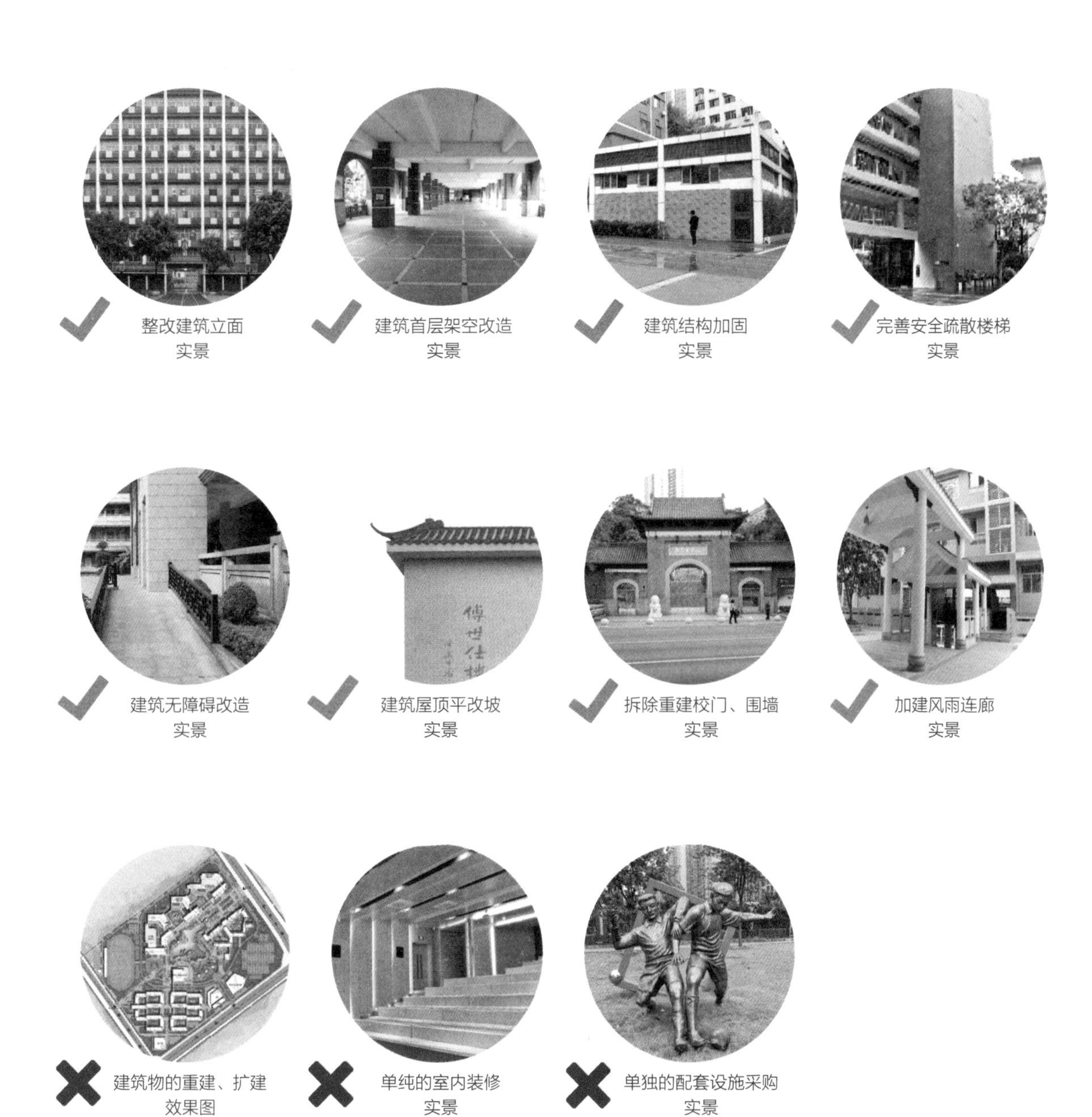

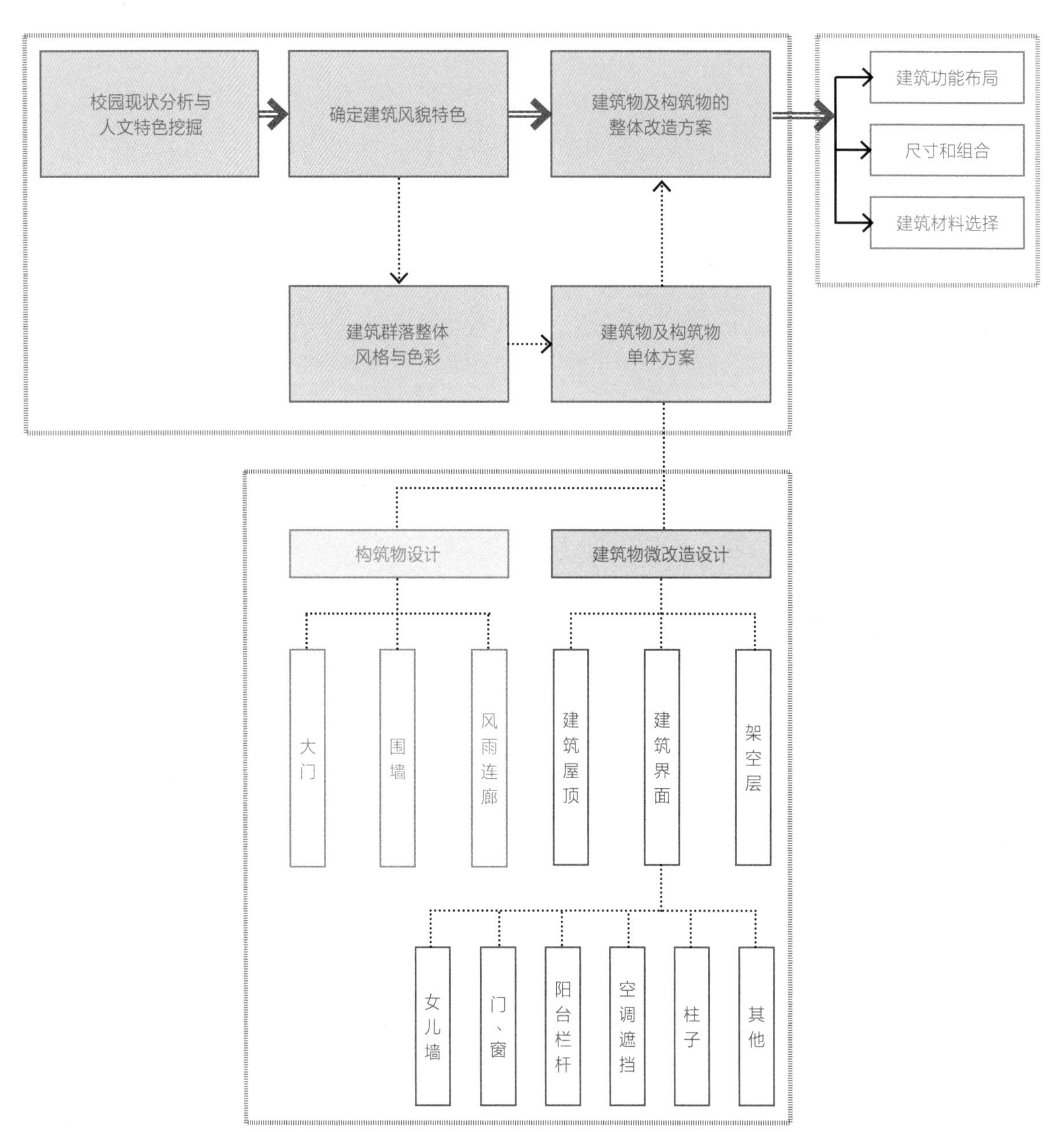

建筑微改造思路及要素构成分析图

4.2 校园建筑风格

4.2.1 概念

建筑风格指建筑设计在内容和外观方面所反映的文化特征，主要表现为建筑在平面布局、形态构成、艺术处理和手法运用等方面所显现的独创性和完美意境，是建筑风貌的一个重要组成部分。校园建筑应有校园的特色和品质，适合学生学习和生活，应在特色中求统一，在统一中求变化，达到和谐统一的效果。在不同时代政治、社会、经济、地域、建筑材料和建筑技术等因素的制约以及建筑设计思想、观点和艺术素养等的影响下，产生了不同的建筑风格类型[6]。

4.2.2 分类

本节归纳了广州现有常用校园建筑风格，内容如下。

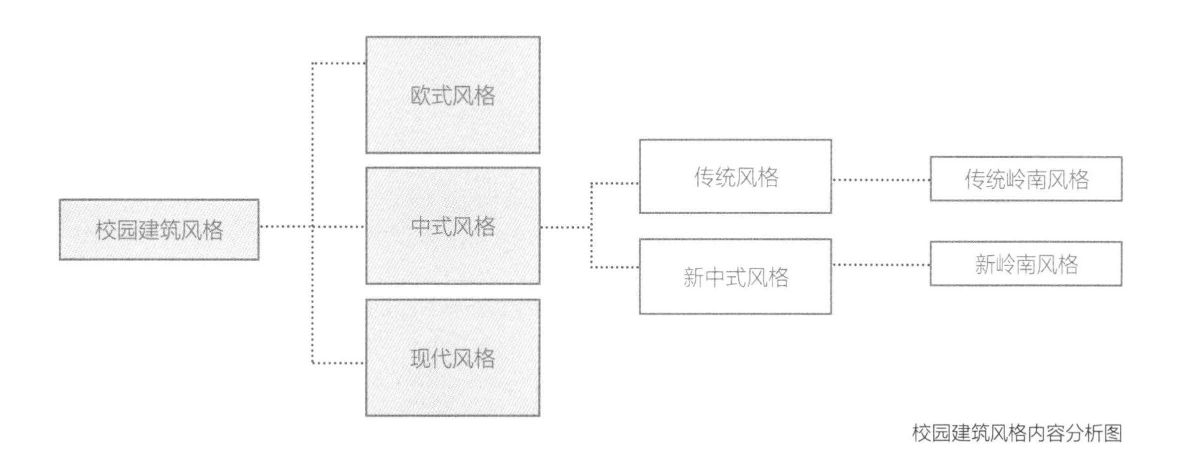

校园建筑风格内容分析图

（1）欧式风格

主要指从欧式古典风格中提炼屋顶、柱式、窗形、线条收分等元素而打造的校园建筑风格。此类风格在广州的教育建筑中使用较为广泛，常用于外国语学校、企业或私人资助的民办学校中，以提升学校的贵族气质和国际化氛围。

钟塔

白色线脚　拱券　罗马柱式　暗红主色调　柱脚　广东华侨中学金沙洲校区实景

（2）中式风格

中式风格由于地区、气候、环境、生活习惯、风俗、宗教信仰以及当地建筑材料和施工方法不同，常具有独特的民族形式和风格，主要反映在布局、形体、外观、色彩、质感和处理手法等方面[7]。广州地区的传统风格校园建筑基本采用现代材料和工艺来仿照传统外形与色彩，达到中式古典风格的效果，通常体现为传统岭南风格。

■ **风格特征**[8]

①务实性：岭南建筑的本质，就是真实，以最本质的形式表达建筑的属性。

②兼容性：岭南建筑博各家之长，丰富自己的做法，吸收采纳多种中式特色建造手法。

③世俗性：岭南建筑注重民间建筑、大众化思想的表达。

④创新性：岭南建筑的主要特色和根本，是一切以创新为主，在创新中求变。

■ **建筑形态特征**

岭南风格建筑的形态特征主要体现为以下三点[8]。

①开敞通透的平面与空间布局：建筑平面布局要考虑建筑的朝向，以便获得良好的通风条件。通透的空间，包括室内外空间过渡相结合的敞廊、敞窗、敞门以及室内的敞厅、敞梯、支柱层、敞厅大空间等。

②轻巧的外观造型：建筑设计的艺术组成有四个要素——体型、材料、细部和色彩，其中体型是关键。建筑物的造型若要美观悦目，首先要体型得当，即比例恰当、优美，和谐优美的比例是形成建筑自然美的必要条件。其次是材料，它是建筑形成的物质基础。

③明朗淡雅的色彩：岭南建筑在色彩选择上常用比较明朗的浅色淡色，用青、蓝、绿等纯色作为色彩基调，以减少重量感，营造建筑外貌的轻巧感。

■ **建筑细节表现**

①山墙与封火墙

山墙一般称为“外横墙”，是建筑物两端的横向外墙。封火墙特指高于两山墙屋面的墙垣及山墙的墙顶部分。封火墙在中国各地区有着不同的造型，一般分为“人”字形、锅耳形和波浪形。在岭南地区，还根据其形状的不同，用“金、木、水、火、土”五行来命名。

“人”字形山墙实景

锅耳形山墙实景

波浪形山墙实景

金形马背

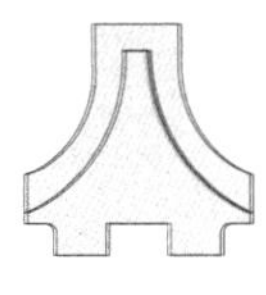

木形马背

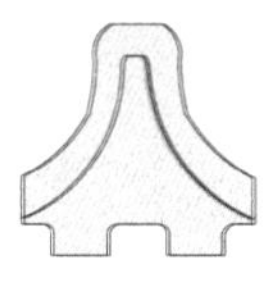

水形马背

火形马背

土形马背

各种样式山墙示意图

②坡屋顶

传统建筑的坡屋顶形式主要分为单坡屋顶、悬山屋顶、硬山屋顶、庑殿屋顶、歇山屋顶、重檐屋顶等。现代校园建筑设计根据实际情况，对原有传统坡屋顶形式进行创新设计。校园建筑设计中常用的坡屋顶形式有以下7种：

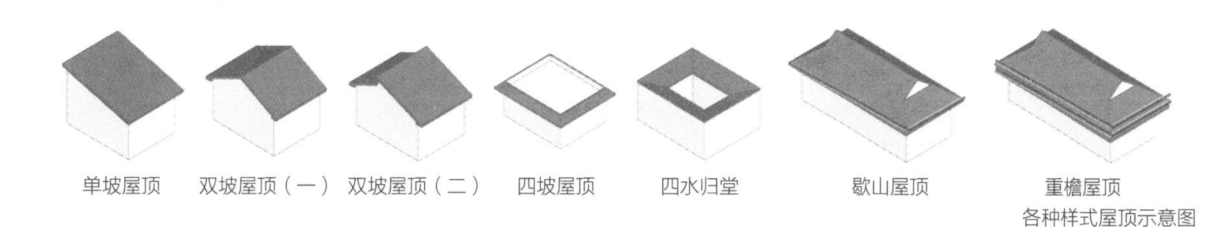

各种样式屋顶示意图

③漏窗

岭南园林的漏窗讲究通透，通常设置在夹墙或隔墙上，形成层层递进、相映成趣的视觉空间效果。其材料丰富，有石湾陶艺镶嵌、铸铁铁花、木格或瓦片等。漏窗在岭南风格校园建筑上的运用手法主要有两种：一种作为玻璃窗饰；另一种则墙体化，不再保留窗户的特性。新式漏窗可根据实际需求选择现代建筑中常用的建材，如铝板、陶板等。

窗饰漏窗实景

墙体化漏窗实景

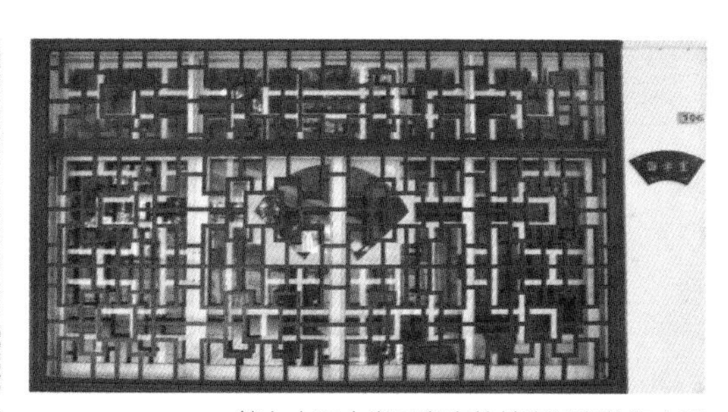

第七十五中学国学室的岭南漏窗装饰实景

④彩色玻璃

岭南工匠在引进彩色玻璃之后加以本地特色的改良和创作，形成了独特的岭南彩色玻璃窗，这种彩色玻璃窗成为岭南建筑风格的重要点缀。

岭南地区常见的彩色玻璃形式实景

传统岭南风格的中小学基本延续了中式建筑的特色，形成朱砂色配琉璃瓦屋顶这一独特的学院式建筑风格。

朱砂色斗拱装饰实景

绿色琉璃瓦屋顶实景

蓝色彩画装饰实景

案例分析：

广州市执信中学

古色古香的岭南书院文化

广州市执信中学坐落在黄花岗畔，校内的文物建筑群古色古香，文化氛围浓郁。建于1923年的旧图书馆和东座、南座教师办公楼均为两层红墙绿瓦建筑，其外貌至今尚保持完好。

三座建筑分立三面，互相响应，绿琉璃瓦顶，贯通一、二层的朱红色圆柱烘托出执信中学校园优美的自然景观和人文景观，古朴浓郁的书院文化给人留下了深刻的印象。

执信中学校门实景

执信中学执信楼实景

（3）新中式风格

新中式风格，也称作“现代中式风格”，是对中国传统风格在当前时代背景下的演绎，中式元素与现代材质巧妙兼容，以自由、造型简洁、注重功能、经济合理、没有装饰或少量装饰的特点而成为时代的新风格。

新中式建筑通过现代材料和手法修改了传统建筑中的各个元素，并在此基础上进行必要的演化和抽象化，外观上看不到传统建筑原来的模样，但在整体风格上仍然保留着中式建筑的神韵和精髓[9]。

延续传统建筑一贯采用的白墙青瓦、高大马头墙、飞檐出挑，但不循章守旧，以简单的直线条表现中式的古朴大方，采用柔和的中性色彩，给人优雅温馨、自然脱俗的感觉。

月亮门通道口实景　　漏窗式立面实景　　马鞍墙式楼梯间实景

案例分析：

广州科学城中学

现代建筑展示东方古典美学

设计借鉴中国传统建筑文化和地域特色，以“东方教育，羊城书院”的形态打造教学环境。设计提炼传统建筑出挑檐口、突出式马头墙、窗格等形式，营造东方韵味。

檐口出挑实景

山墙窗洞口实景

走廊实景

广州科学城中学实景

■ **现代岭南风格**

现代岭南风格建筑将其自身的特征与现代风格紧密结合，在形态与色彩上传承岭南风格建筑的细节，如屋顶装饰、开敞布局等，提倡与自然相结合，保留独有的意境与韵味，但是造型更为轻巧简洁，也注重结构的表达。现代岭南建筑的特征如下[10]。

①开敞通透的平面与空间布局。

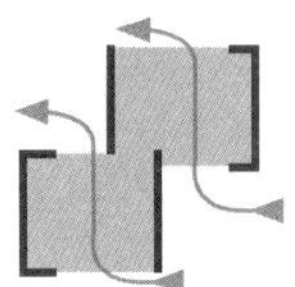

万松园小学架空层

科学城中学架空层

②轻巧的外观造型。

华侨中学连廊

番禺实验中学教学楼

③明朗淡雅的色彩。

培正中学校门

科学城中学教学楼

④建筑结合自然。

美国人国际学校立面绿化

协和小学中庭绿化

⑤传统地方特色细部和装饰装修的运用。

广雅中学中式屋顶

协和小学中式亭

现代岭南建筑的特征示意图

案例分析：

广州培英中学图书馆

新岭南建筑的体现

利用架空层、中庭、双重挑檐、屋顶遮阳花架等设计手法，使建筑充分适应南方气候。同时通过形体、色调、材质和细节，使图书馆与校园其他建筑相呼应，形成和谐统一的建筑群。

广州培英中学图书馆实景

（4）现代风格

现代主义是工业社会的产物。现代风格的建筑提倡突破传统、创造革新，重视功能和空间组织；注重展现结构本身的形式美，造型简洁，反对多余的装饰，崇尚合理的构成工艺；尊重材料的特性，讲究材料的质地和色彩的配置效果；强调设计与工业生产的联系[11]。

西关外国语学校实景——自然流线的设计

安徽省蚌埠第二中学实景——时尚的表皮

香港中文大学深圳校区实景——现代的地域表达

香港中文大学深圳校区实景——多元化的色彩

案例分析：

美国人国际学校

现代简约风格突出环境打造

校园建筑采用简约派现代风格，突出开放性的绿化环境空间，打造“开放式结构的花园学校”，为孩子们营造开放包容、积极向上的学习氛围和舒适的学习空间。

活泼的建筑色彩实景

简约的校门实景

轻盈的入口形象实景

通透的建筑空间实景

4.2.3 微改造设计指引

（1）提升优化建议

对广州市现状校园建筑风格进行抽样走访调研以及类别梳理，总结出校园建筑微改造在建筑风格方面的设计建议如下：

①挖掘学校的文化内涵，确定建筑风格

建筑风格多种多样，从建筑的文化性来说，每个领域的建筑都有自己的建筑风格。学校要根据自身的特色选择合适的建筑风格，可以根据学校的教学理念、校训、办学目标等进行定位。

②强调整体，注重协调

改造过程中，学校的建筑风格应做到统一协调。对于用地面积较小的学校，建筑应做到风格统一；对于用地面积较大的学校，可以按功能分区选择不多于两种且相互协调的建筑风格；对于有历史建筑的学校，选择与历史建筑相协调的建筑风格。

③结合地方特色，刻画细节

充分考虑地域特色，结合校园历史，以学生为本，进行校园细节设计。

④建造绿色校园，合理选材

部分建筑材料具有特定的传统含义，建筑材料的选择直接影响到校园的风貌。

（2）不建议改造方案

①校园建筑多种风格混搭。

②在同一栋建筑中采用多种风格手法。

③未综合考虑建筑风格与校门、围墙与景观等设计风格和手法的协调统一。

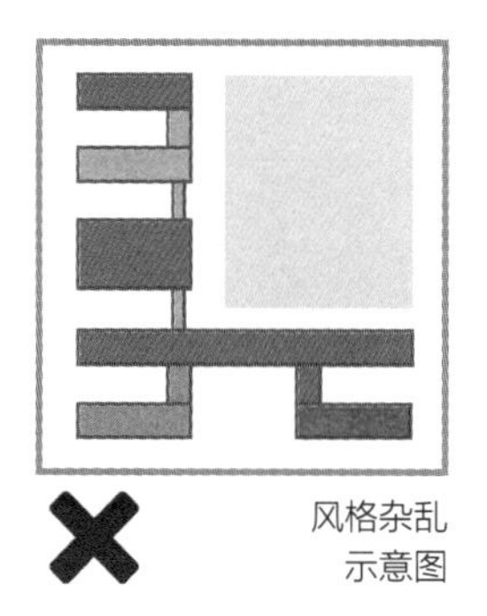

风格杂乱示意图

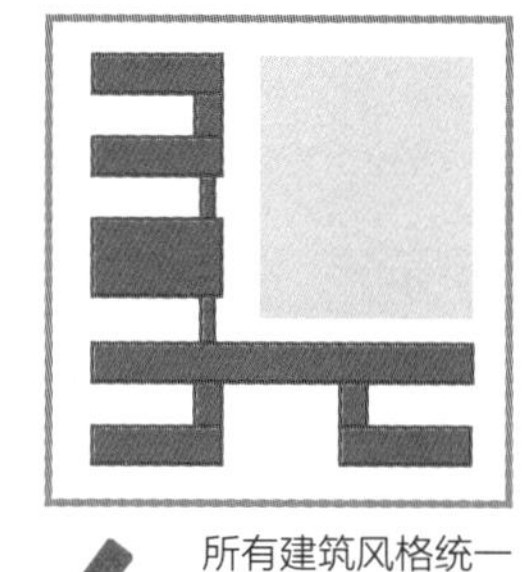

所有建筑风格统一示意图

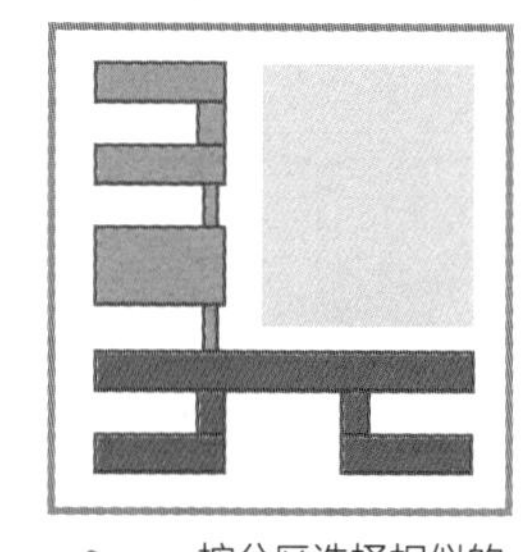

按分区选择相似的建筑风格示意图

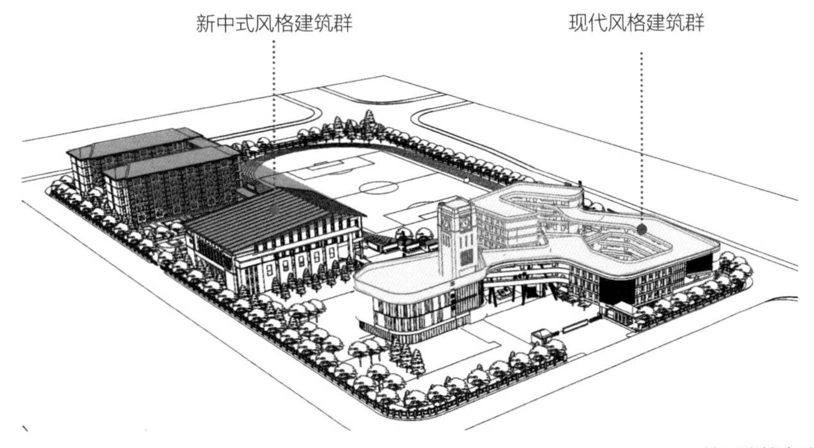

校园建筑多种风格混搭示意图

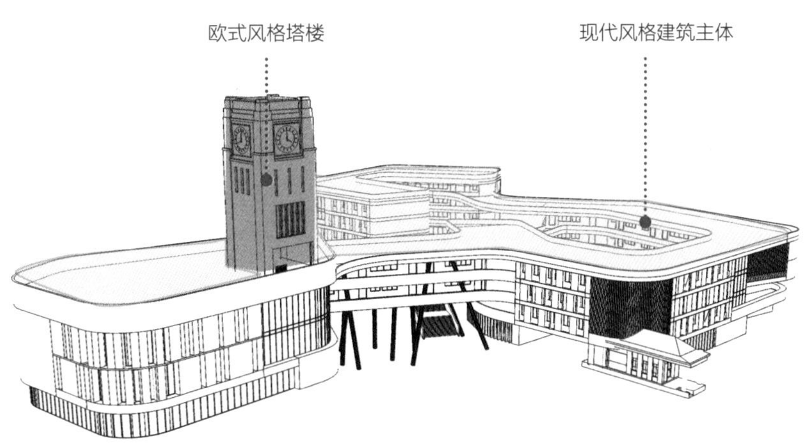

同一栋建筑中多种风格手法混搭示意图

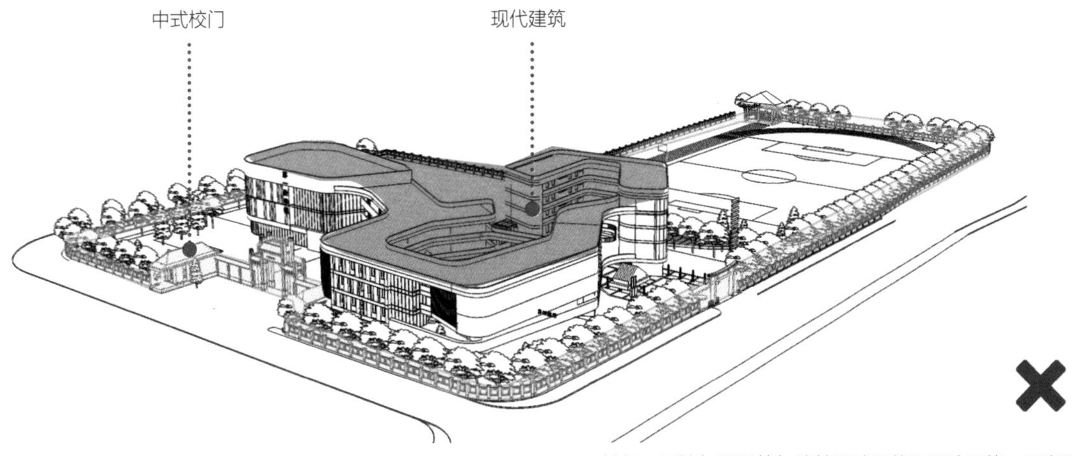

校门、围墙与景观等与建筑设计风格和手法不统一示意图

（3）改造实践

广东广州华侨中学——建筑风格的梳理

广东广州华侨中学起义路校区坐落在广州市的城市中轴线起义路上，地处清代广州最具代表性的书院片区——大小马站书院群。华侨中学起义路校区建校以来，校园建筑风格不明确，导致校园现状多种建筑风格并存，建筑色调不统一，缺乏整体感。

校园建筑现状：

图书馆实景：
明清的岭南建筑风格

行政楼实景：
现代简约风格

教学楼实景：
现代简约风格

为传承校园历史文脉，华侨中学改造方案沿用校园内原有的广东传统岭南书院特色，使学校与临近的青云书院等书院建筑共同构成起义路沿街书院文化风貌。

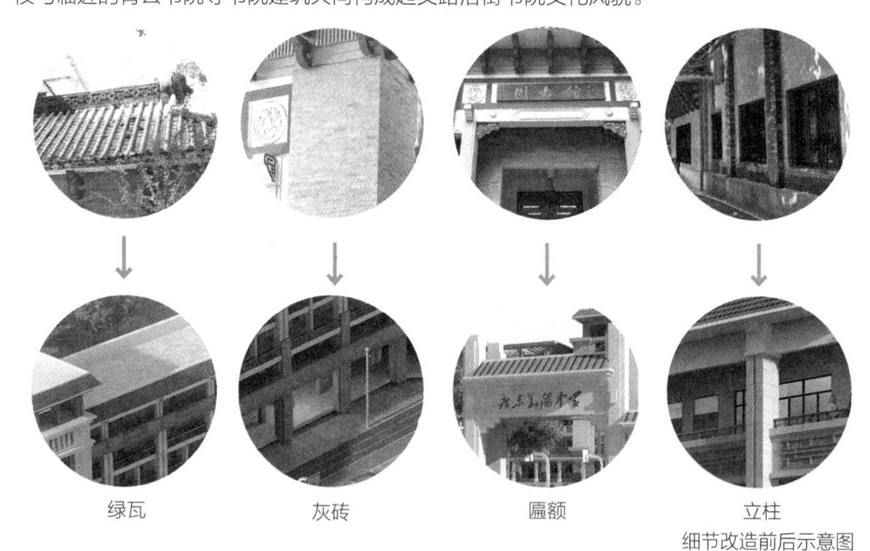

细节改造前后示意图

建筑改造效果图

4.3 校园建筑色彩

4.3.1 概念

建筑色彩是指裸露于室外的建筑物外部被感知的色彩总和，包括墙体、屋面、门窗及室外装饰构件的色彩[12]。建筑色彩是中小学校园风貌提升的重要组成部分，是建筑美学一个不可忽视的影响因素。一般情况下，色彩运用是建筑外立面的一种表现形式，某种程度上直接代表着使用者的特性。

4.3.2 色彩属性

色彩可分为无彩色和有彩色两大类。前者如黑、白、灰，后者如红、黄、蓝等。有彩色具备光谱上的某种或某些色相，统称为彩调；与此相反，无彩色就没有彩调。

色彩的表现可以通过色相、明度和纯度三组特征值来确定，即这三者确定了色彩具体的状态，称为色彩的三属性，它们是识别和分析色彩的首要依据，我们所看见的色彩都是这三种属性的综合体。色彩的三属性是色彩研究过程中所要关注的重要内容。

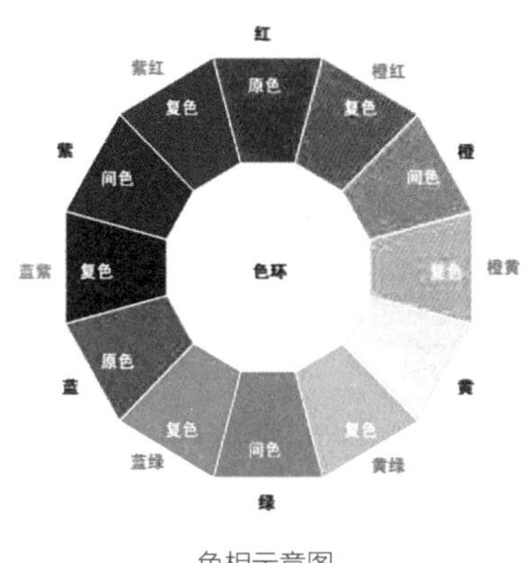

色相示意图

明度示意图

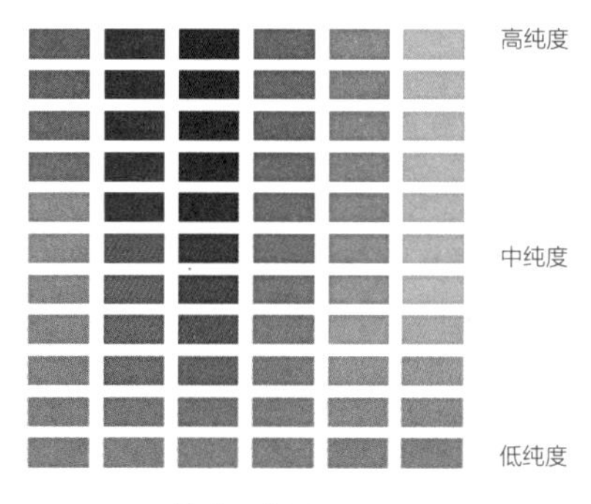

纯度示意图

色相（hue）
简写为H。它反映了色彩不同的相貌，在视觉上的呈现由光谱中的波段值决定。色相是色彩三要素中特征最明显的要素。

明度（value）
简写为V。是指色彩的明暗程度，是光波辐射或者物色反射出的不同强度所呈现的现象。明度的两个极端是最亮的无彩色白色和最暗的无彩色黑色。

纯度（chroma）
简写为C。又称彩度或饱和度，是指色彩的鲜艳程度。纯度的高低决定了色彩里包含标准色成分的多少。色彩的纯度越高，色感就越强；色彩的纯度越低，色感就越弱。

- **色彩属性的主要内容**

①色彩的视觉效应

色彩在视知觉上有不同的属性表达，主要可以分为暖色系、冷色系、补色、同类色、近似色和协调色6类，它们对视觉都有一定的冲击力[13]。

②色彩的属性表达

属性	特点	示例	图示
暖色系	温暖、热烈、欢快	红色、黄色、橙色	
冷色系	宁静、凉爽、清冷	绿色、蓝色、紫色	
补色	有很强的视觉冲击力，一种特定的色彩只有一种补色	红色与绿色、黄色与蓝色	
同类色	颜色相近，色彩感觉基本相同	柠檬黄、淡黄、中黄、土黄	
近似色	同类别色彩、相近的不同类别色彩、不同类别但明度相近色彩	朱红与大红、橘红与橘黄、淡绿与湖蓝	
协调色	色彩在形式、内容、表现、手段上是相互帮衬、相互制约、协调一致的关系	原色与间色、间色与复合色	

③色彩的心理暗示

不同的色彩属性，对学生的心理感受起着不同的作用。例如暖色比冷色更有重量感，暖色给人的密度感较强，冷色则有稀薄之感；冷色给人以距离感，暖色则给人以亲近感。因此设计可运用补色来抓住学生的注意力，运用暖色来促进学生间的交往。合理搭配色彩的不同视知觉属性，是使建筑空间感更明确、形象更立体的有效手段。

④色彩与材料

建筑材料的色彩是指材料本身的颜色（称“固有色”）。建筑材料的品种很多，外立面装饰中常用砖、石、水泥、玻璃、面砖以及各种屋面瓦，这些材料往往成为色彩表现的常用材料。材料质感的变化能丰富该种颜色的文化特性，提升建筑色彩的表现能力和环境烘托能力。

4.3.3 构成要素

中小学建筑色彩主要由学校的校园外部环境色彩、室内环境色彩两部分构成。校园外部环境色彩由自然环境（如土壤、植物、天空、水等要素色彩）和人工环境（如建筑、操场、人的着装等要素色彩）构成；室内环境色彩由基本色彩（如顶棚、墙面、地面等要素色彩）和附属装饰的搭配色彩构成。

本节主要针对校园外部环境色彩中的建筑物外观色彩进行引导。建筑外观色彩由基调色彩、搭配色彩和点缀色彩三部分构成。其中，建筑外立面的墙面、屋顶、基座的主要色彩为主基色，墙面的搭配色调为辅助色，玻璃、门、窗和附属的标志等为点缀色。

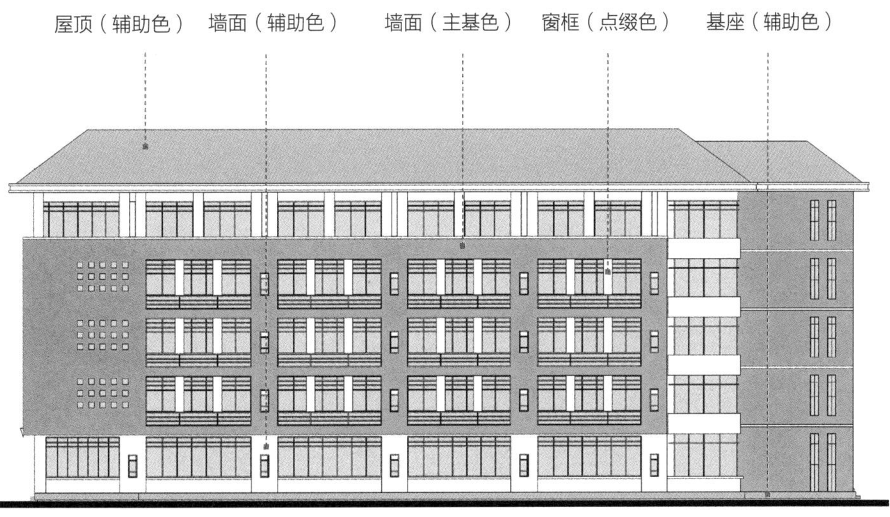

校园建筑色彩构成要素示意图

根据对广州市现状中小学的抽样走访调研，总结出校园建筑色彩的使用情况。

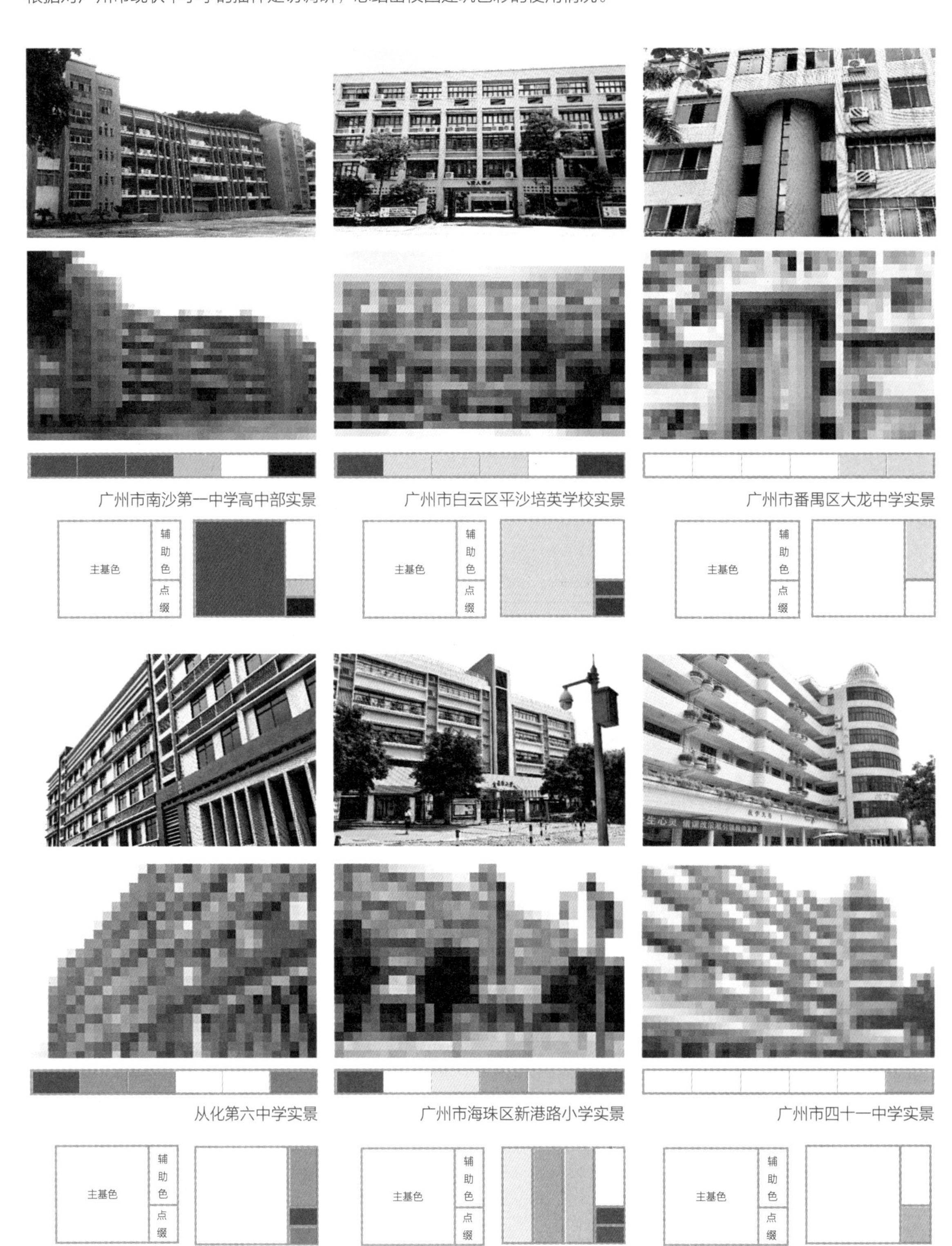

4.3.4 分类 广州市现状中小学校常用的建筑色彩可归纳为以下几种类型。

色彩类型	主基色	辅助色	点缀色	色彩示例
红色系	砖红、红色	白色+亮灰色	黄色、绿色、蓝色	
黄色系	淡黄色	白色+棕色	绿色、红色、粉红色	
灰色系	灰色	白色+单一彩色（如黄、绿、蓝等）	黄色、米黄色、绿色、蓝色、红色、粉红色、巧克力色	
白色系	白色	灰色、单一或多种彩色（如黄、绿、蓝等）	灰色、单一或多种彩色（如黄、绿、蓝等）	
彩色系	有色彩倾向的冷暖基色	白色、灰色	依情况而定	

（1）红色系

红色，是一种激奋的色彩，它易使人联想起太阳、热血、花卉等，体现温暖、兴奋、活泼、热情、积极、希望、忠诚、健康、充实、饱满、幸福等向上的倾向。校园建筑常用砖红色，给人以激情和历史厚重感，因此红色系常用于文化底蕴深厚的学校。

- **红色系建筑色彩搭配技巧**

学校建筑主基色一般采用砖红色，展现文化底蕴。如果屋顶面较小，屋顶可以与墙体颜色相同，让立面整体统一；如果屋顶面较大，屋顶可以选用纯度较低的色彩，例如白色或者灰色。窗框、门框、遮阳板、雨篷等可以采用除红色以外的其他高明度的颜色或者明度较低的颜色，起点缀作用。

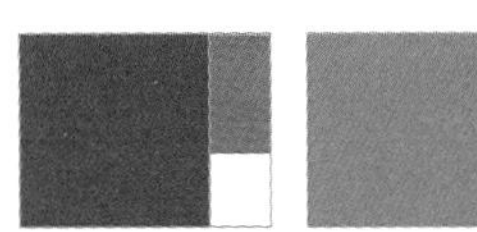

红色系建筑色彩搭配示意图

色彩使用案例——番禺区南村镇梅江小学

立面改造方案

梅江小学润育楼立面改造效果图

■ **红色系建筑材料配置**

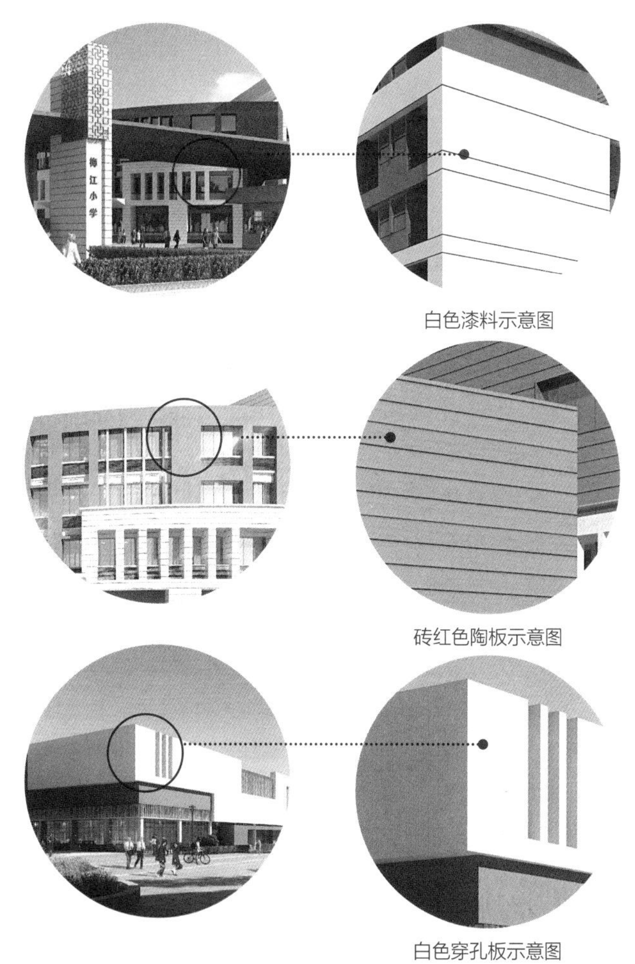

白色漆料示意图

砖红色陶板示意图

白色穿孔板示意图

梅江小学鸟瞰效果图

（2）黄色系　黄色是所有色相中明度极高的色彩，给人以轻快、透明、活泼等印象。含白的淡黄色平和、温柔，含大量淡灰的米色或本白是很好的休闲自然色，深黄色则另有一种高贵、庄严感。校园建筑常采用棕黄色或者近石材颜色的米黄色，既有历史厚重感，明快的色彩又能体现儿童活泼的一面。

■ **黄色系建筑色彩搭配技巧**

校园建筑主基色常用浅黄色。黄色适合搭配白色，门窗、栏杆可以选用白色。屋顶可以选用与墙体不同的黄色或者白色。最后以明度较低、纯度较低的色彩作为点缀，增加建筑的稳重感。

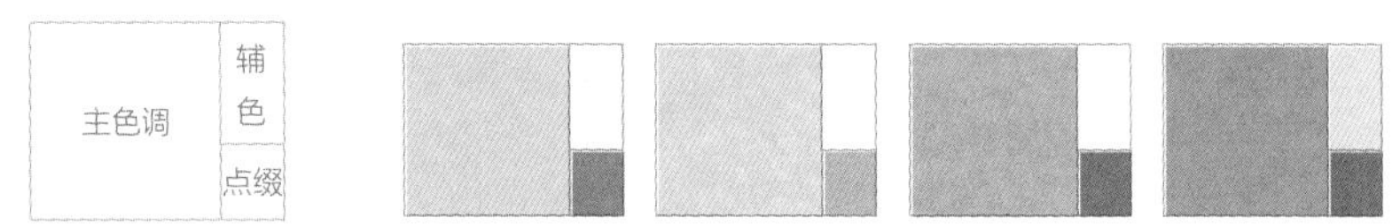

黄色系建筑色彩搭配示意图

色彩使用案例——番禺区市桥桥城中学

立面改造方案

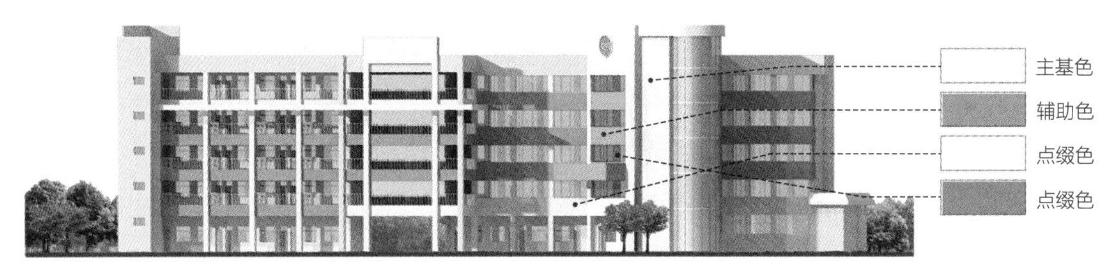

桥城中学教学楼立面改造效果图

■ 黄色系建筑材料配置

乳白色穿孔板示意图

米黄色陶板示意图

白色钢材示意图

桥城中学鸟瞰效果图

（3）灰色系　灰色是中性色，其突出的特点为柔和、细致、平稳、朴素等。灰色系常应用在近代岭南风格的校园建筑中。

■ **灰色系建筑色彩搭配技巧**

墙体主基色大部分选用灰色，灰色分为浅灰、中灰、深灰，这几种灰可以在校园建筑中适当搭配选用，灰色一般跟白色搭配，窗框、栏杆等构件可以选用棕黄色、红色、绿色、蓝色等，起点缀作用。

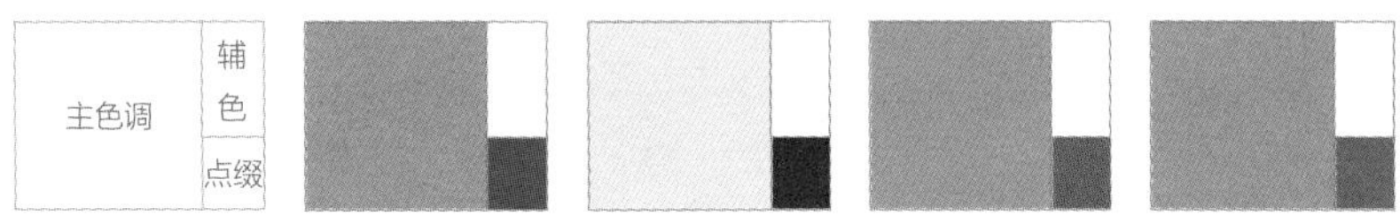

灰色系建筑色彩搭配示意图

色彩使用案例——广州市增城区蒋村小学

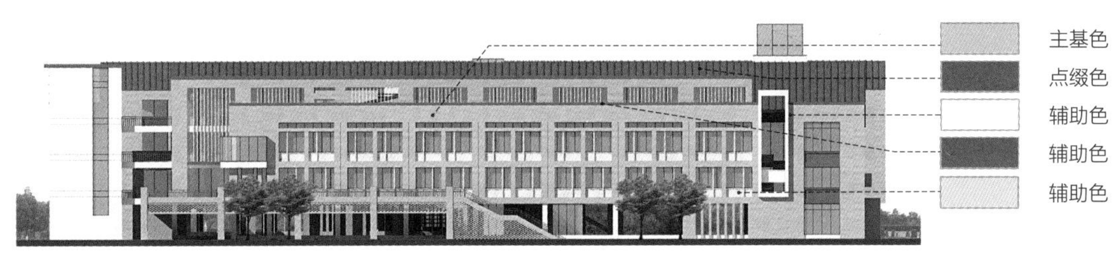

蒋村小学（中标方案）教学楼立面效果图

(4）白色系

白色是中性色，给人以洁白、明亮、宁静的感受。由于白色与其他色彩都有很好的搭配效果，校园建筑常采用白色作为主色调，以一些明快的色彩来彰显校园建筑的现代化气质。白色系常在现代主义风格及新中式风格的校园建筑中应用。

■ **白色系建筑色彩搭配技巧**

墙体主基色选用白色，辅助色选用纯度（饱和度）较低的色彩，如木色、灰色、淡黄色等。局部以一些明亮的色彩点缀，可以使整体风格更加活泼，贴近学生心理。

白色系建筑色彩搭配示意图

色彩使用示范

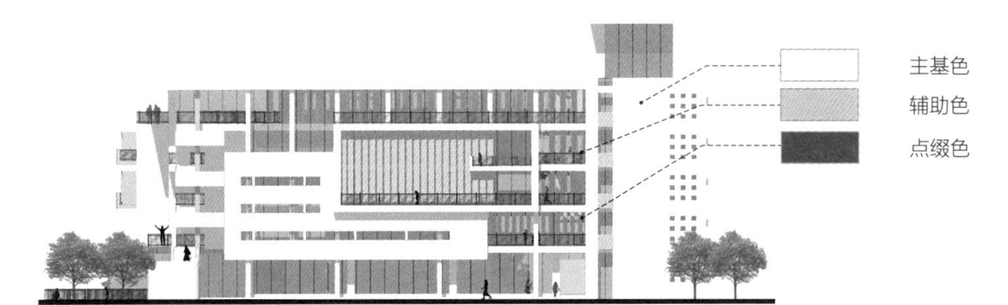

某校园设计教学楼立面效果图

（5）彩色系

彩色系建筑由多种颜色搭配在一起，不同的颜色搭配会产生不同的效果，丰富建筑空间层次。中小学生对世界充满好奇，多种颜色的建筑外墙能够激发学生的探索欲望。彩色系常在现代主义风格的小学应用，体现儿童活泼灵动、想象力丰富的特质。

- **彩色系建筑色彩搭配技巧**

彩色系建筑整体立面采用多种颜色搭配，墙面、栏杆、遮阳板等采用多种不同颜色，且颜色较为鲜艳，常用黄色、红色、绿色、蓝色、橙色等。色彩搭配要注意整体统一，避免颜色运用过多而使整体效果凌乱。

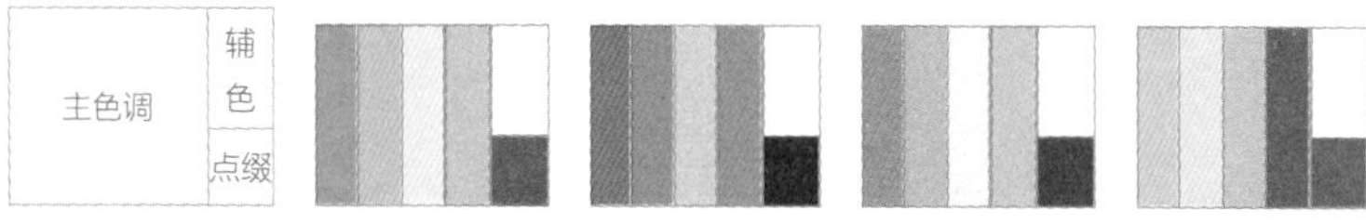

彩色系建筑色彩搭配示意图

色彩使用示范——广州市天河区岭南中英文学校

天河区岭南中英文学校教学楼实景

4.3.5 微改造设计指引

（1）提升优化建议

①色彩要符合青少年的心理特点

中小学生正处于生理发育的重要时期，中小学时期是他们性格形成的过渡阶段，所以校园建筑界面及空间的营造都非常重要。学校建筑的色彩应符合少年儿童的心理特点，满足青少年的心理需求，力图将校园建设得愉悦、轻松、富有文化气息[12]。

②色彩要与校园历史文化相适应

在多元化发展的岭南地区，各个中小学校都有自己的特色、自己的办学发展定位。在校园环境的创造上必须认真负责，不可随意为之。在校园建筑微改造中，应充分尊重学校原有的历史文化，挖掘校园内最有代表性的特点进行建筑色彩定位，使改造后的校园风格能够在尊重原有文脉的基础上，整体色调统一和谐，突出特点，表达性格，多元化发展[12]。

③色彩要与区域环境色彩相协调

任何建筑都是以所在的地域环境为背景的，因此中小学建筑色彩应体现地域的文化传统，与区域环境色彩相协调[12]。广州特殊的地理环境、艳丽的自然环境色彩、复合的文化内涵以及丰富的人工环境色彩，促使其城市色彩特征为“阳光明媚的粉彩画”，以及“有阳光感的中间色”以中高明度、中低纯度的黄灰色调为色彩主旋律。因此，广州城市建筑主辅色都不适宜高纯度、低明度的色彩，宜采用中明度、中纯度的色调类型[14]。

广东越秀区华侨中学微改造方案，以延续书院文化特色为改造主题，以传统花岗石的米黄色为主色调，以青砖灰和琉璃绿为辅助色，以红棕色为点缀色，体现了该校的历史文脉。

学校周边建筑实景

学校内部建筑实景

校园微改造方案效果图

（2）不建议设计手法

①主色调与辅助色色彩占比不宜过于平均。

②不建议大面积使用压抑、消极的冷色调。

③不建议大面积使用对比色和明度、纯度较高的色彩。

缺乏色彩偏向，
不利于建筑整体风格的呈现

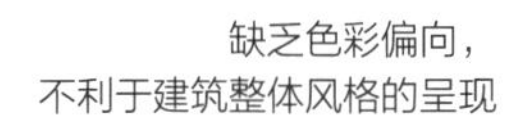

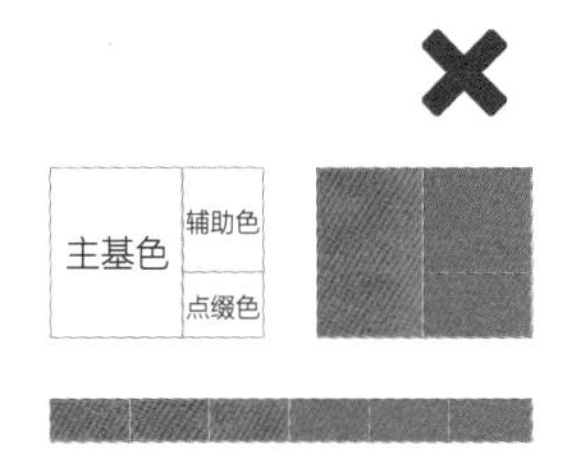

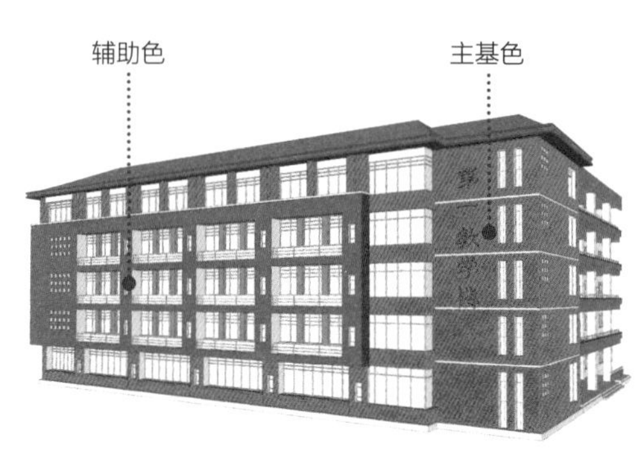

校园建筑主色调与辅助色色彩占比过于平均场景示意图

建筑空间氛围显得忧郁，
不利于学生的心理健康建设

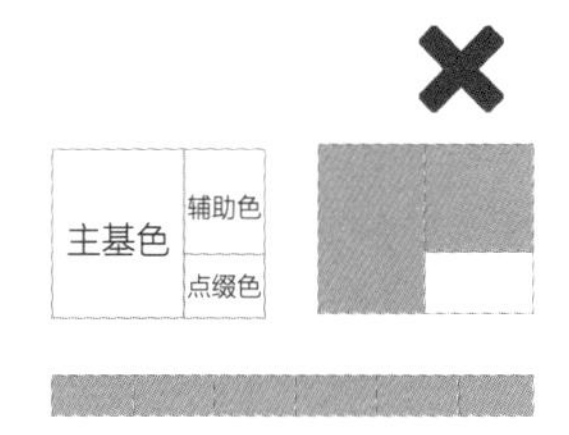

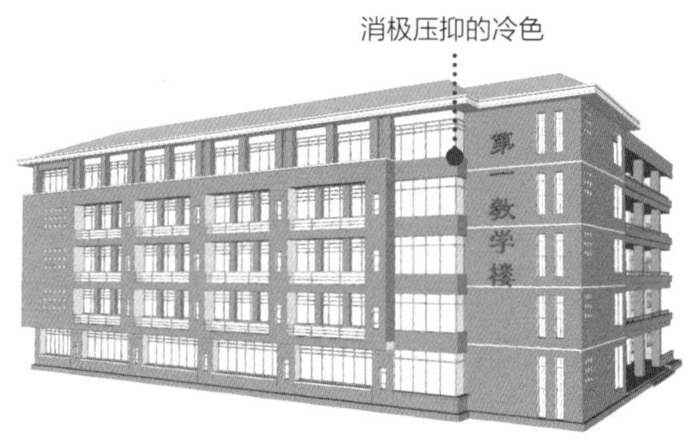

校园建筑大面积使用压抑、消极的冷色调场景示意图

会形成强烈的视觉冲击，
容易分散学生注意力

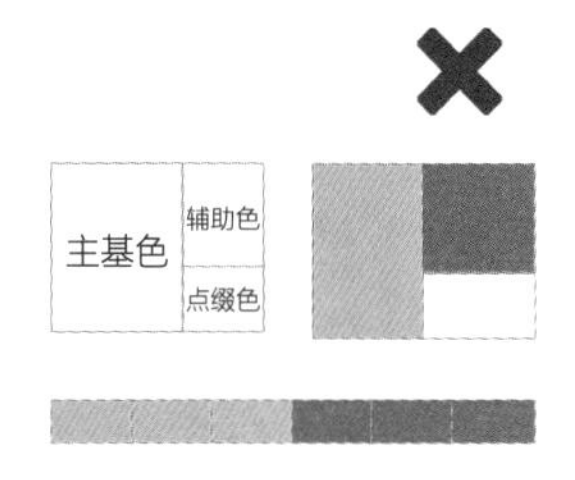

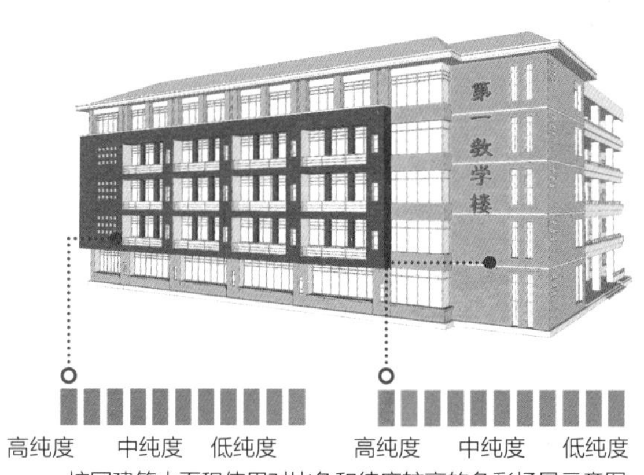

校园建筑大面积使用对比色和纯度较高的色彩场景示意图

（3）改造实践　　番禺区洛溪新城中学——建筑色彩的提升

番禺区洛溪新城中学校园建筑整体风格和色彩不统一，大部分建筑立面空调外机、水管等裸露，影响学校整体形象，文化特色不够明显。

校园建筑现状实景

为了实现校园色彩整体统一，以学校新建教学楼作为校园整体颜色搭配的参考依据，再将其效果加以优化改善，进而确定建筑立面改造方案。

教学楼改造效果图

4.4 校园建筑立面

4.4.1 概念

建筑外立面，指的是建筑和建筑外部空间直接接触的界面以及其展现出来的形象和构成方式，或是在建筑内外空间界面处的构件及其组合方式[15]。

校园建筑立面的设计具有独特的艺术语言和丰富的表现手段，它通过色彩、材质、形态、节奏、均衡、比例等造型元素，体现着建筑外立面对城市文化符号的表达。建筑美不美观、好不好看，是与建筑的色彩、形态、光影、结构等多种因素有关的，这往往也是设计师们表达想法的要素[16]。

4.4.2 构成要素

建筑外立面由七部分组成，包括入口、墙体、柱子、门窗洞口、屋顶、楼梯间、栏杆扶手等细节。

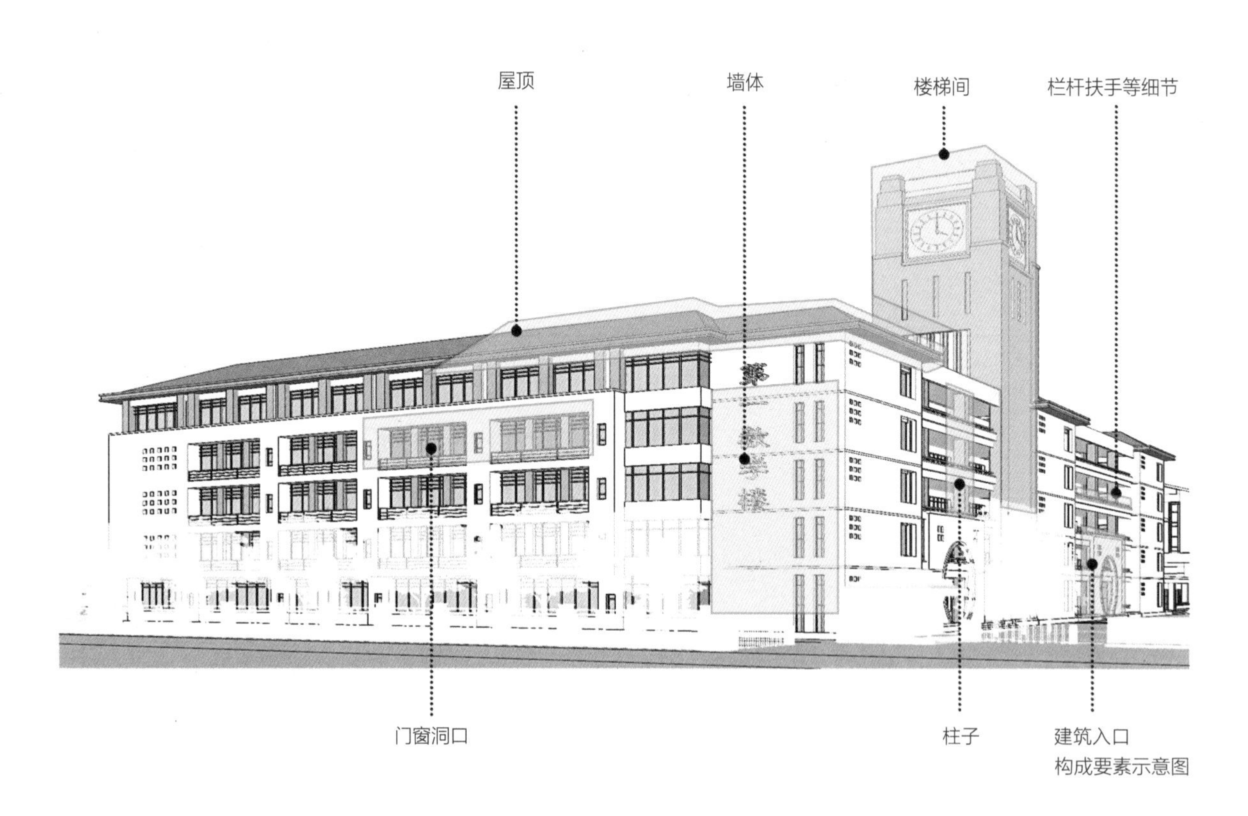

构成要素示意图

4.4.3 改造要点

①满足建筑物功能要求

首先应考虑教学功能用房、卫生间、楼梯间等的通风采光需求，合理设置门窗洞口的大小；其次在满足上述建筑功能要求的条件下不影响周围建筑的使用质量。

②采用合理的技术措施

正确选用建筑材料，根据建筑空间组合的特点，选择合理的结构、施工方案，使房屋坚固耐久、建造方便、工期缩短[17]。

③考虑建筑美观要求

建筑物在满足使用要求的同时，还需要考虑如人们对建筑物在美观方面的要求，考虑建筑物所赋予人们的精神感受。建筑立面改造应符合建筑美学。

④低碳节能，绿色建筑

积极采用被动式建筑节能技术，通过建筑设计本身，减少建筑照明、采暖及空调的能耗，方法包括建筑朝向、建筑保温、建筑体形、建筑遮阳、最佳窗墙比、自然通风等。

广州市天河外国语学校实景

广州市外国语学校实景

4.4.4 微改造提升手法

在建筑结构、建筑功能、建筑空间等大的格局保持不变的情况下，对建筑外表皮进行改造。由于建筑支撑结构的不同，以及建筑表皮在不同建筑支撑结构中发挥的作用不同，建筑表皮更换过程受以建筑支撑结构为主的技术限制的程度也有所差异[18]，因此需要不同的改造方式。最常用的建筑表皮提升方式有更换墙体饰面材料、改变窗洞口的比例、外包表皮三种。

（1）更换墙体饰面材料

改造过程中不改变建筑表皮墙体和洞口的位置，即建筑表皮的基本构成形式不变。通过饰面材料组合方式的差异化处理，如运用横竖线条、纹理等对建筑表皮要素进行重新组织，调整建筑比例、尺度等，改善建筑表皮的视觉效果，突出建筑立面特色与体块特征[18]。

这种方式多用于墙体承重结构和填充墙结构，优点是不改变建筑表皮与内部空间之间的原有关系，造价较低，工期短。

农林下路小学改造前为白色马赛克砖实景

农林下路小学改造为砖红色纸皮砖与白漆搭配实景

郑中钧中学改造前墙面为绿色与白色涂漆实景

郑中钧中学改造为灰白纸皮砖贴面实景

（2）改变窗洞口的比例

在不影响建筑结构的前提下，通过改变墙面砌体的围合程度，优化建筑表皮窗洞口的位置、大小、样式和比例，改善建筑立面视觉效果。此方式利于凸显建筑表皮肌理和局部构件的起伏，使建筑样式更加灵活多变。

这种方式多用于框架结构的建筑，其优点是不改变建筑表皮与内部空间之间的原有关系，又能对建筑立面进行较大的风格化改造[18]，且造价低，改造效果易实现。

番禺市桥桥城中学改造前实景

番禺市桥桥城中学改造方案效果图

（3）外包表皮

外包表皮是基于建筑视觉效果的要求，在原建筑表皮外面再加一层建筑表皮，突破原建筑表皮的限制。外包表皮的设计思路常与建筑的功能和空间要求无关，因此在一定程度上，建筑表皮与立面其他要素不存在逻辑联系[18]。

这种方式多用于校园的重点公共建筑。优点是建筑体块整体性强，效果变化多，工期快；缺点是造价较高。

建筑外包表皮采用铝面板外包实景

建筑外包表皮采用铝方通外包实景

4.4.5 建筑界面提升

建筑界面为建筑立面的主要视觉范围。界面包括点，线，面三个基本元素。其中，点元素体现为门窗洞口、建筑入口等，线元素体现为柱子墙线、檐口、女儿墙等，面元素体现为墙体或呈矩阵的窗洞口等。

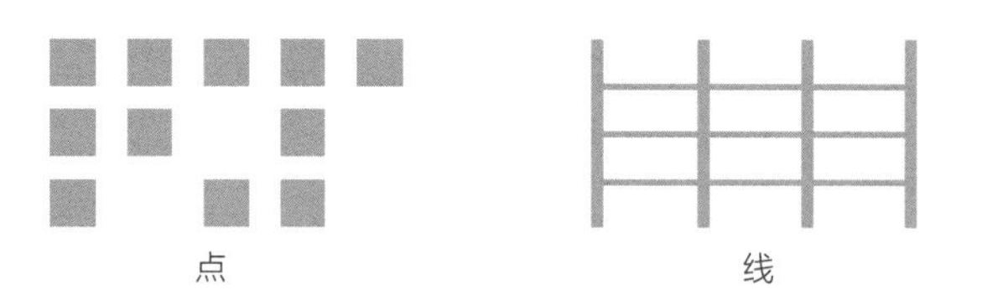
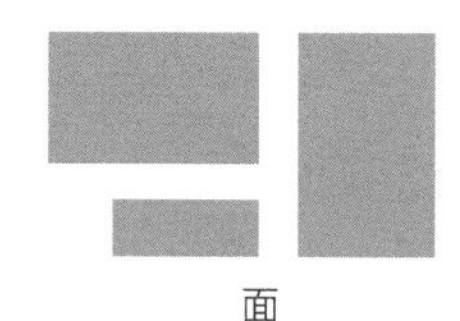

点　　　　线　　　　面

（1）点元素

在建筑界面形态构成的概念中，点是构成建筑立面的最小形式单位。建筑立面上的入口、窗洞、阳台，以及其他突出构件、孔洞等，通常表现为点的形态。点元素具有活跃气氛、重点强调、装饰点缀等功能，起着画龙点睛的作用。

①矩形窗规则布局

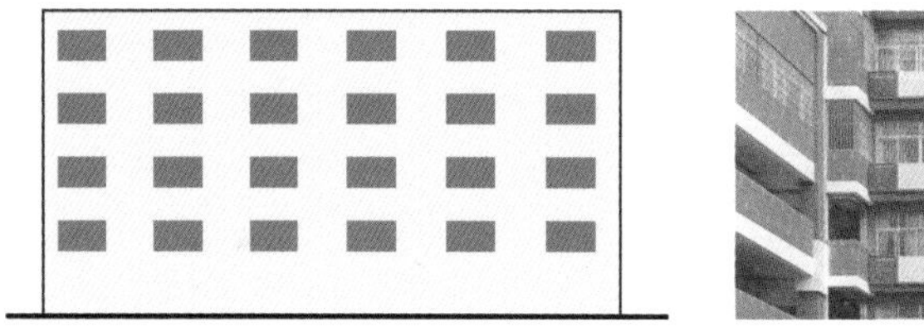

示意图

②矩形窗不规则布局

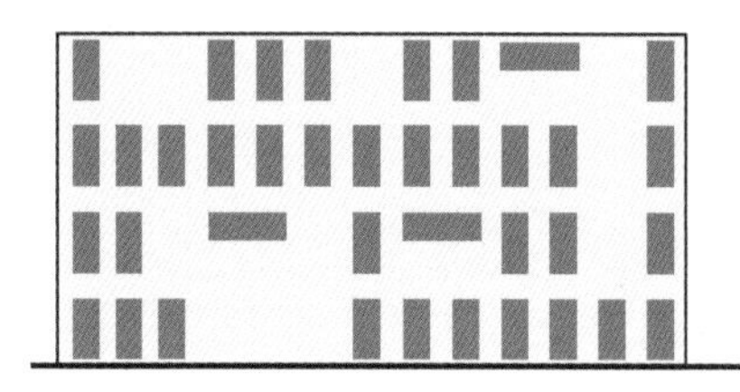

示意图

③异型窗不规则布局

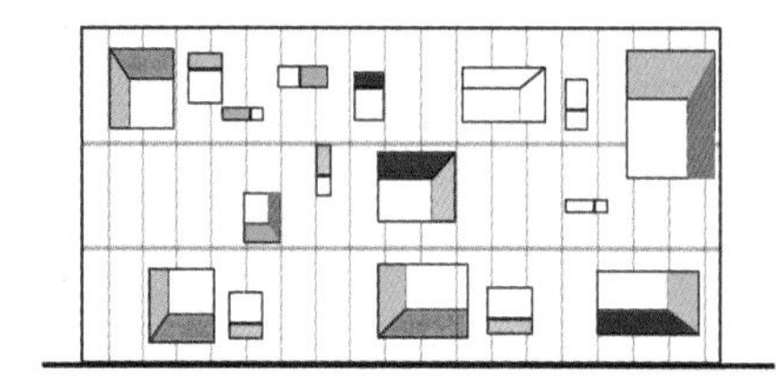

示意图

（2）线元素

在建筑界面形态构成的概念中，线元素呈细长的形态，有明显的精致感和轻巧感，使建筑具有方向性和联系性。线通过垂直、水平等不同的排列方式形成不同的排列秩序，产生不同的视觉效果。

①横纵向布局

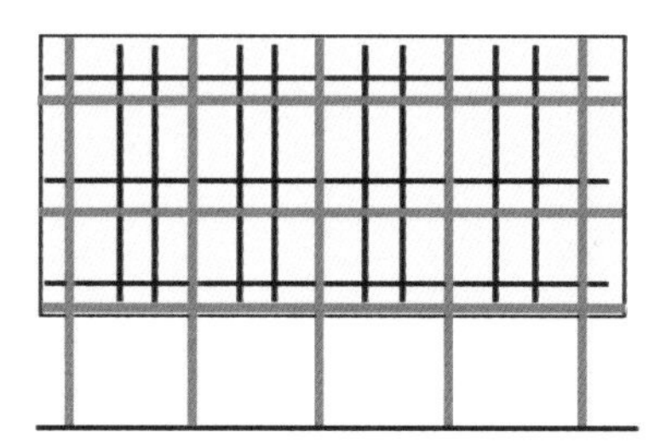

示意图

②强调横向线条布局

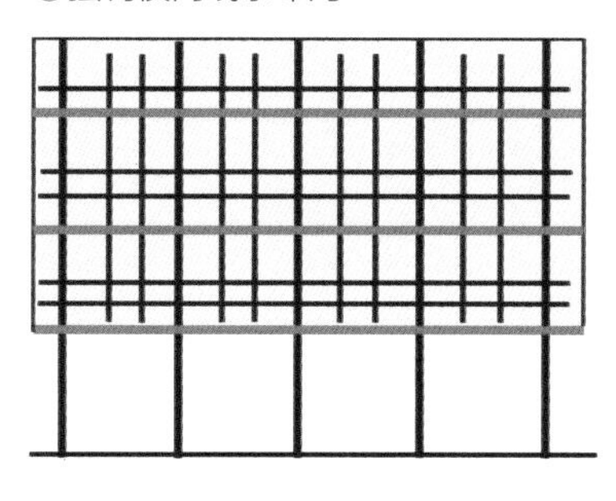

示意图

③强调纵向线条布局

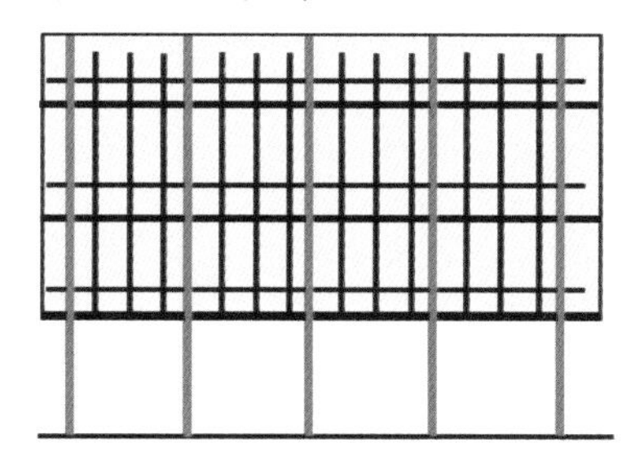

示意图

（3）面元素　中小学建筑立面设计的艺术形式，在设计过程中遵循很多形式美的规律，如统一变化、均衡稳定、节奏韵律、比例尺度等，这些视觉方面的规律影响着立面的形式。在体块组合上通常分为两到三个体块，通过围合式、邻接式、交错式、点缀式等方式进行组合。

①围合式

围合式立面设计通常使用“L”形、“I”形、“冂”形体块分割，进行体块围合式构图，其方式包括半围合和全围合两种方式。围合式可以营造出或欢快或庄严的建筑形象。

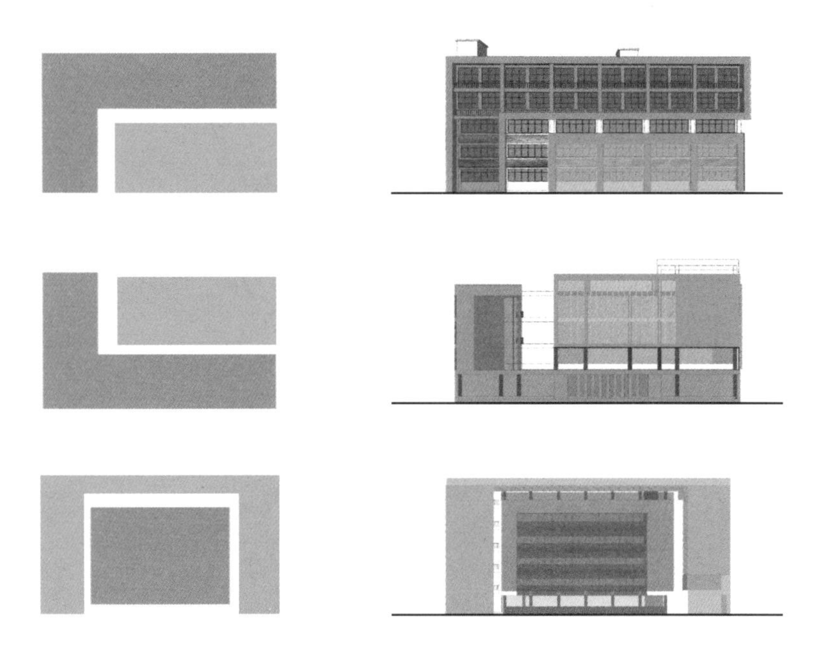

半围合式1建筑立面图

半围合式2建筑立面图

全围合式建筑立面图

②邻接式

邻接式立面设计通常使用不同比例的矩形进行邻接式构图，基于形式美的规律，按照横纵两个方向排列布局。其中横向布局多应用于跨度较大的建筑，以打破大尺度校园风貌的单调感。

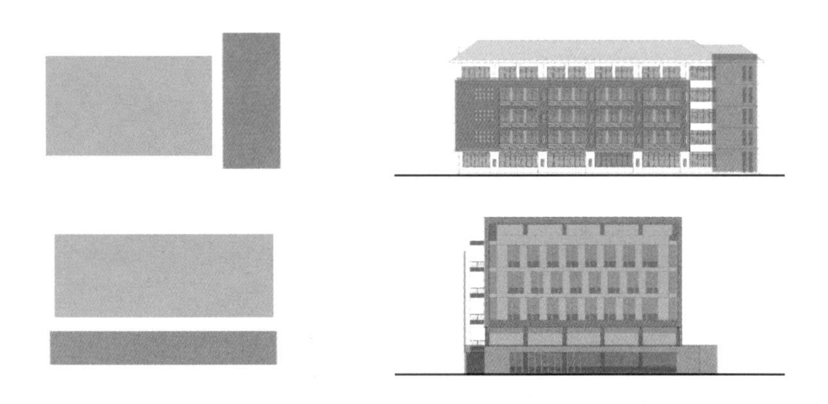

横向邻接式建筑立面图

纵向邻接式建筑立面图

③交错式

交错式立面设计通常使用“L”形、“I”形、“冂”形体块分割，进行体块交错式构图，它可以打破单调呆板的校园建筑风貌，增加建筑立面的趣味性。

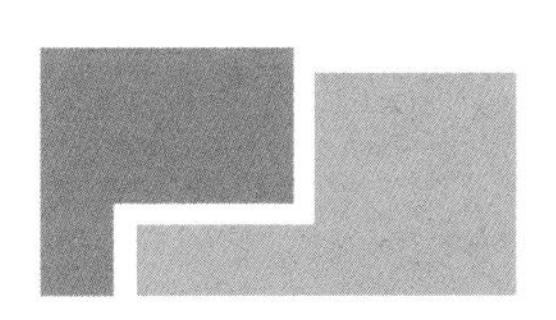
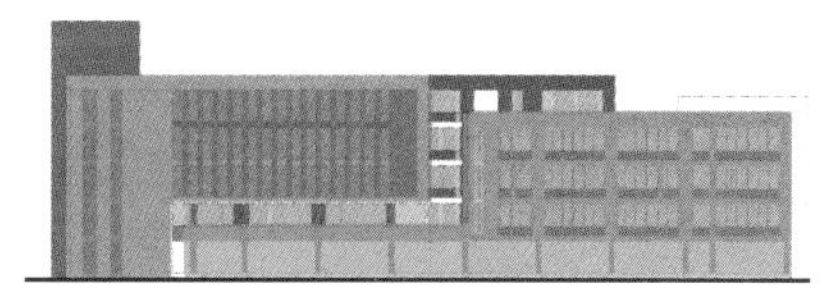

交错式建筑立面示意图

④点缀式

点缀式立面设计通常起到画龙点睛的作用，点缀式体块通常选取较为鲜亮的色彩，突出体块，提高建筑的可观性，增加建筑立面活力。

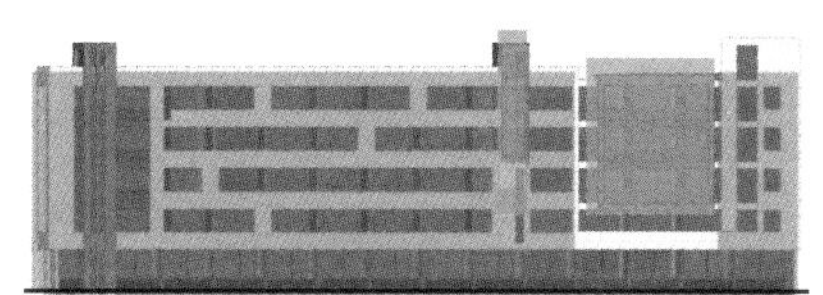

点缀式建筑立面示意图

案例分析：

番禺区市桥桥城中学

立面改造方案

打破现状的立面构成方式，采用半围合式的构成手法对建筑立面进行改造。

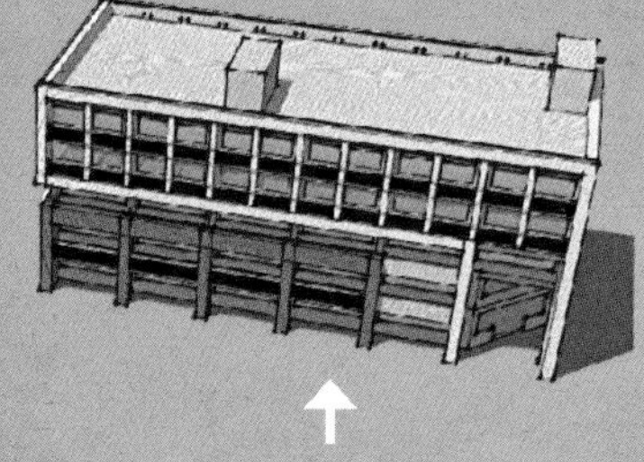

现状实景

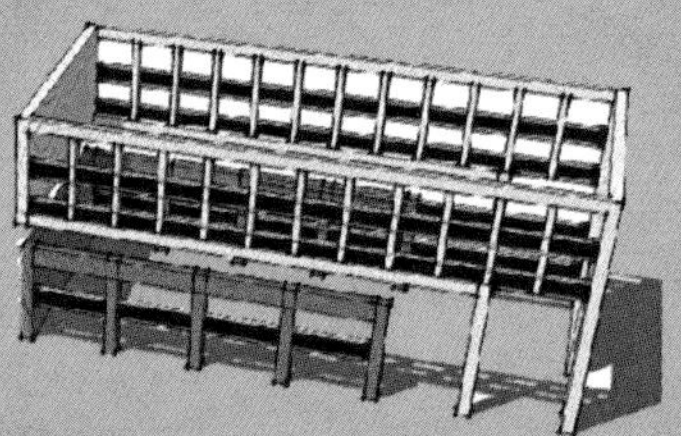
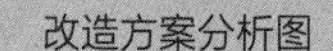

改造方案分析图

改造方案效果图

4.4.6 建筑立面构成要素提升

建筑外立面构成要素提升包括建筑入口、墙体、柱子、门窗洞口、屋顶、楼梯间、栏杆扶手等细节。

（1）建筑入口

建筑入口指的是人们进入建筑物所经过的门或口部空间的交接点，建筑入口的位置、大小、材料以及装饰可以帮助人们识别建筑物的功能、地位以及历史背景，同时也赋予建筑立面不同的风格和个性特征。其元素包括门及周边的界面、雨篷与门廊、台阶坡道、附属设施。建筑入口具有标识、区分空间、彰显文脉的功能。

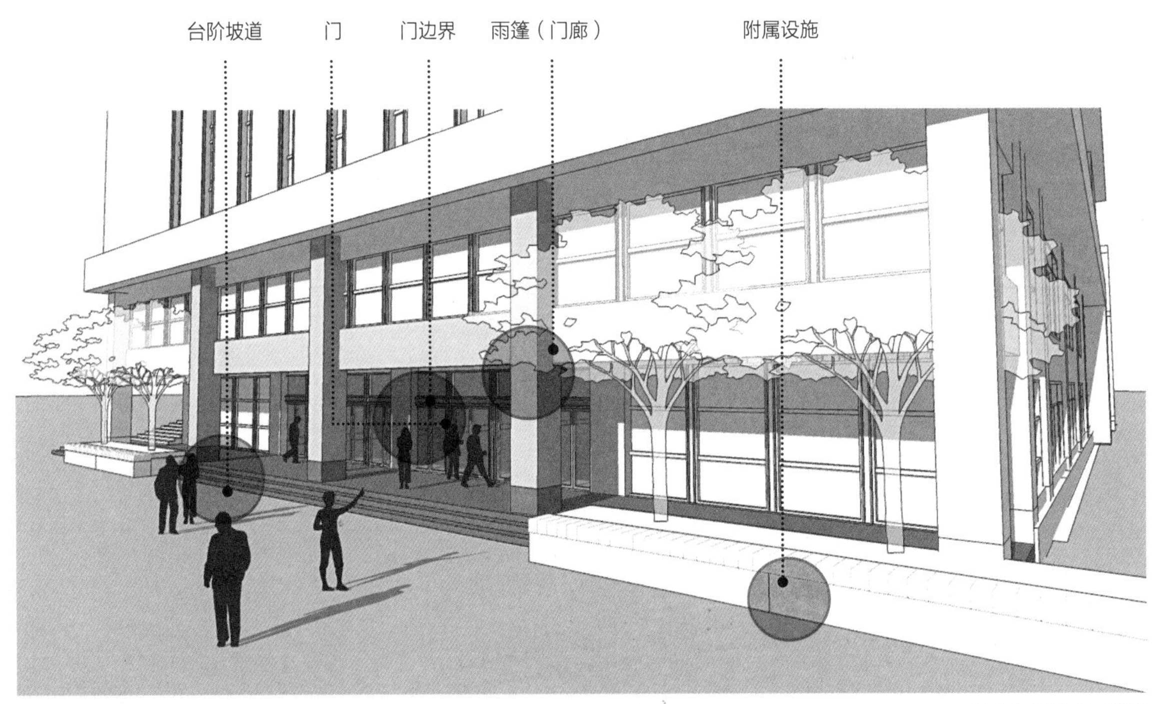

建筑入口要素示意图

①必要改造内容

无障碍设计：通过设计无障碍坡道、扶手或者升降平台，帮助残障人士便捷安全地进出建筑。无障碍通道上的门扇应便于开关，且开启后通过净宽度应不小于800mm。

无障碍坡道实景

无障碍坡道实景

扶手实景

②提升优化建设

建筑入口形象：建筑入口的形象鲜明，可以加强入口空间的仪式感，同时突出建筑入口的位置，方便师生第一时间辨认出建筑主要出入口的位置。

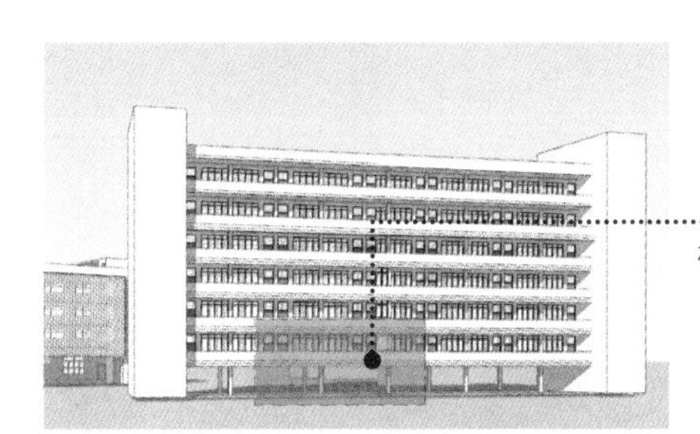

广东华侨中学架空层入口示意图

入口局部效果图

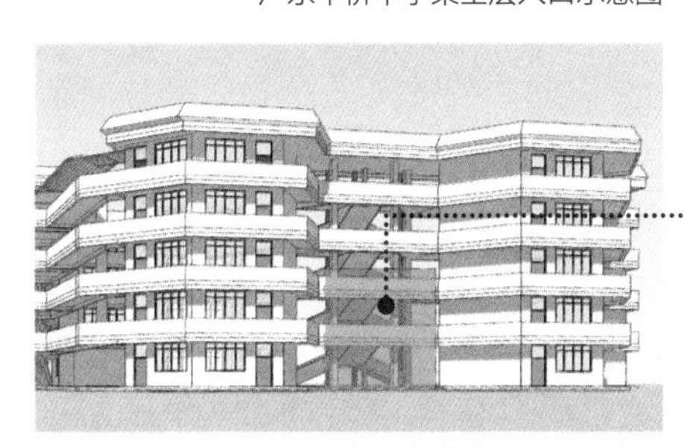

天河区东圃中学建筑入口示意图

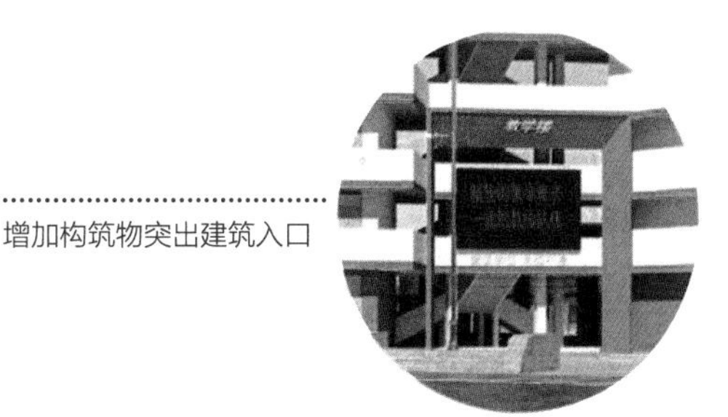

入口局部效果图

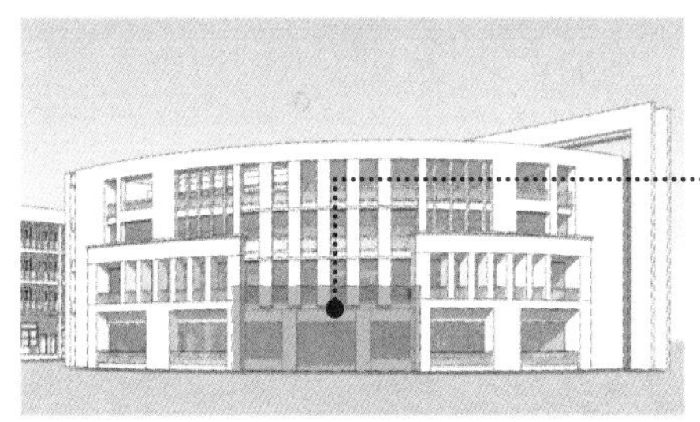

梅江小学建筑入口示意图

色彩与墙面形成对比

入口局部效果图

（2）墙体　墙体既可以是承重构件又可以是维护构件，还是建筑外部重要的观瞻部分。它们对建筑的承重、维护以及校园外貌都起到至关重要的作用。校园微改造对象主要针对的是建筑外墙面的改造。

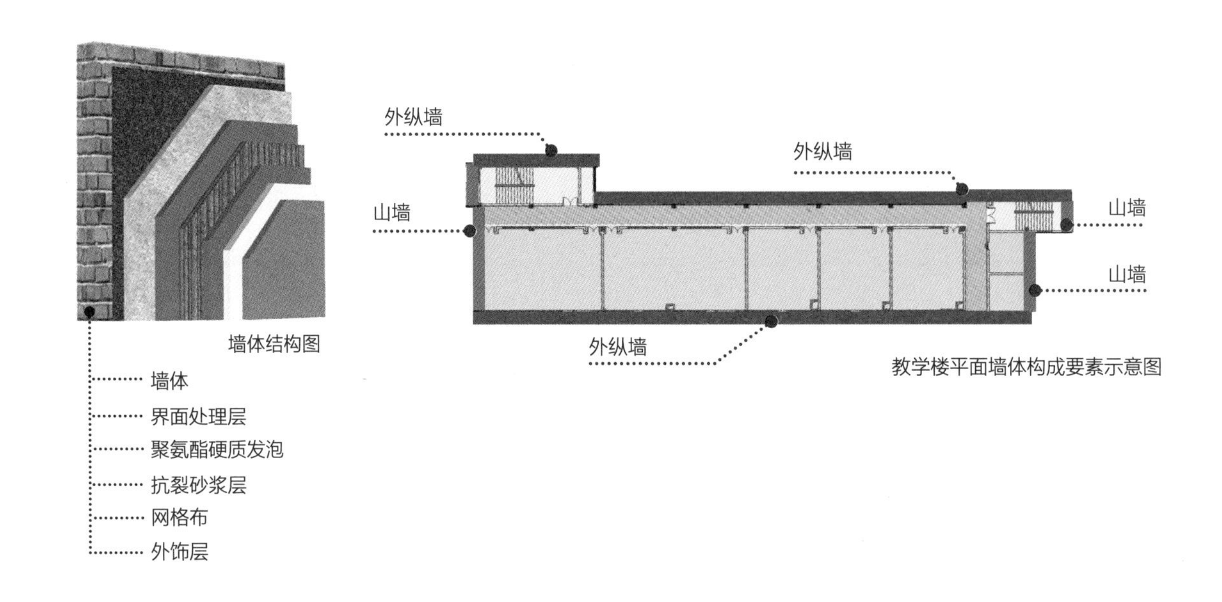

墙体结构图

教学楼平面墙体构成要素示意图

①必要改造内容

对已出现脱落、渗水等危及公共安全现象的墙体，必须进行修复性改造。墙体改造时要注意以下事项：对残旧的涂料、水刷石、外墙砖或陶瓷锦砖等面层，要在清除面层后重新处理基层，再进行改造的下一步工序。新做外墙面层材料或需铲掉原外墙批荡层重做外墙面层材料时，新做外墙需满足相关建筑节能要求，对残损、脱落的部分进行修补。

a. 墙身歪闪或坍塌：在墙根部用砖或石块垒砌挡墙，若情况严重应拆除重砌。

b. 墙面杂草：可根据具体情况人力拔除或化学药剂灭除。

c. 墙洞修补：砖砌封堵洞口，外表面做与墙面其他部分相同的面层。

②提升优化建设

a. 节能选材

建筑外墙表皮宜首选浅色材质表皮，这一措施简单有效。外墙大面积外表面通过选用白色或浅色饰面可以降低对太阳辐射热的吸收[19]。

从实践经验看，学校课室人多，人体辐射和呼吸散热造成的空气温度上升明显。广州地区冬季（放寒假）和秋季（可忽略不计）无空调使用，其余大部分上课时间均需要开空调以制冷或除湿。由于课室的门窗在课间休息时通常处于打开状态，外墙保温、隔热的使用效率不高，因此不建议全面推广使用保温外墙砖。

b. 改造方式

对建筑外纵墙和山墙部分采取生态化、艺术化的方式进行改造。给外纵墙部分重新涂刷墙面或更换表皮，局部可加上色彩饱和度高的装饰构建，或增加新片墙和框架，丰富墙体立面效果，使墙面个性活泼。对山墙部分，可通过石材、植物等丰富墙面，改造为文化墙，以展示学校风貌。

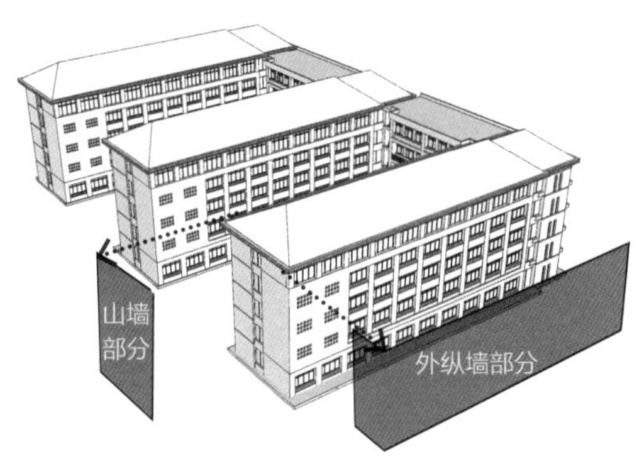

建筑立面效果单调示意图

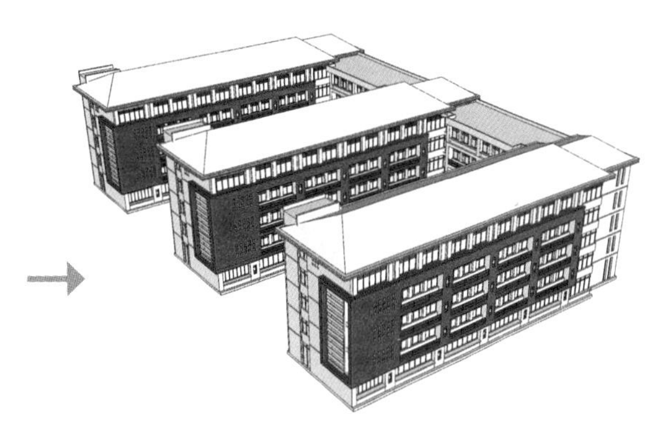

丰富建筑山墙及外纵墙示意图

①外纵墙改造手法

刷墙面或更换表皮，局部加上色彩饱和度高的装饰构建实景

增加新片墙和框架，丰富视觉效果（山墙和外纵墙通用）实景

②山墙改造手法

墙面彩绘实景

墙体绿化实景

校园文化墙实景

（3）柱子

柱子是建筑物中用以支承栋梁桁架的长条形构件。工程结构中主要承受压力，有时也同时承受弯矩的竖向杆件，用以支承梁、桁架、楼板等[20]。

①提升优化建设

柱子对建筑外立面的作用举足轻重，在具备功能的前提下，在设计中应考虑柱子的形态比例、材料质感、色调、造型风格等，创造美观、新颖的建筑立面。

协和小学改造前实景

梅江小学改造前实景

华侨中学改造前实景

提升手法：丰富柱子造型效果图

提升手法：改变柱子材料质感、色调效果图

提升手法：塑造柱子形态比例效果图

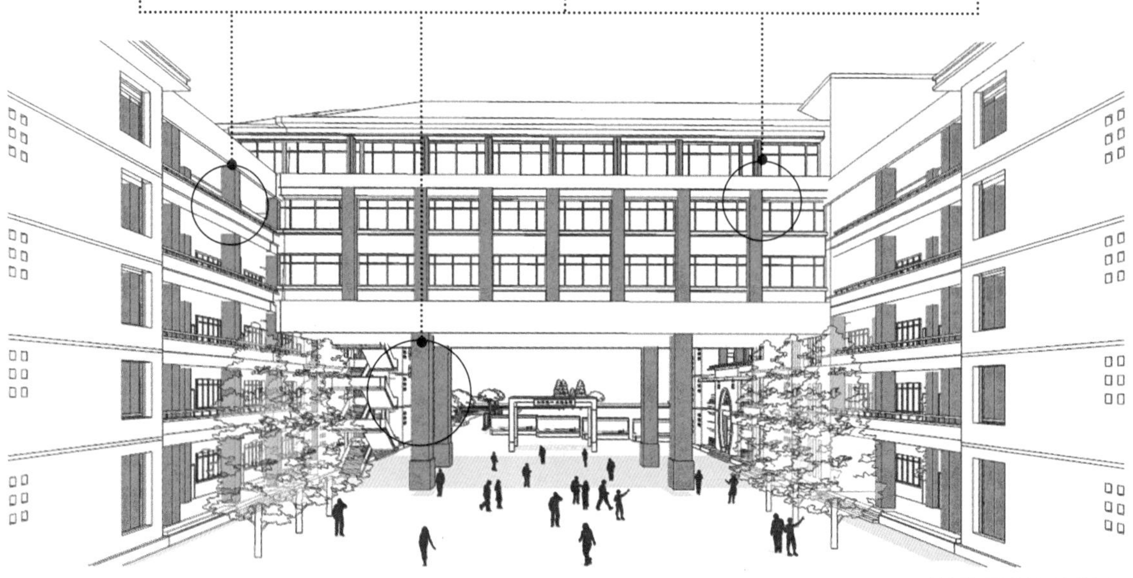

建筑柱子设计要素分析图

（4）窗洞口　窗洞口是墙上开的通气透光的洞孔。它不只是用来看一看外面风光的。窗的存在，不仅决定了建筑内部是否有适宜的温度、湿度、空气和光线，在很大程度上，还决定了一个建筑外立面的美观程度。

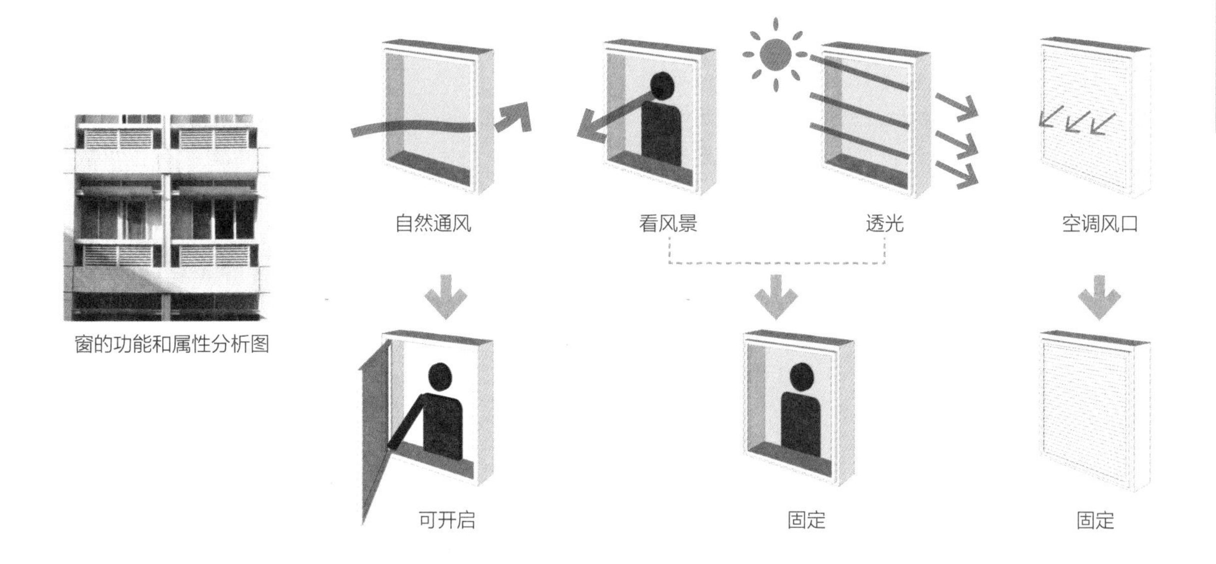

窗的功能和属性分析图

①提升优化建设

a. 节能低耗

可通过选择隔热性能较好的窗户玻璃以及型材，适当减少窗户面积等方式，节约能源，降低能耗。

b. 美学优化

窗在立面上起到“虚”的设计功能。改变窗洞口的分布、比例、大小、位置等都会对立面的视觉效果产生一定的影响。教育建筑由于功能性，通常窗在建筑中采用规则的分布方式。在规则下，打破横纵网格体系也是常用的一种设计手法，如交错、跳跃等，再通过结合窗洞口的功能构件及材质，如外遮阳构件、空调机位等，改善建筑立面的形态。

增加遮阳设备构件，结合空调机位设计，打造多变的立面效果实景

②窗洞口——外遮阳构件

窗的外遮阳主要就是在建筑立面外设置构件，起到抵挡高强度太阳辐射的作用，一般利用遮阳板、百叶或者是遮雨篷等构件[21]。

将建筑遮阳综合考虑到建筑的立面设计中，不仅能够达到理想的艺术效果，也符合节能环保的要求，外遮阳的分类包括水平式遮阳、垂直式遮阳、挡板式遮阳、综合式遮阳4种。

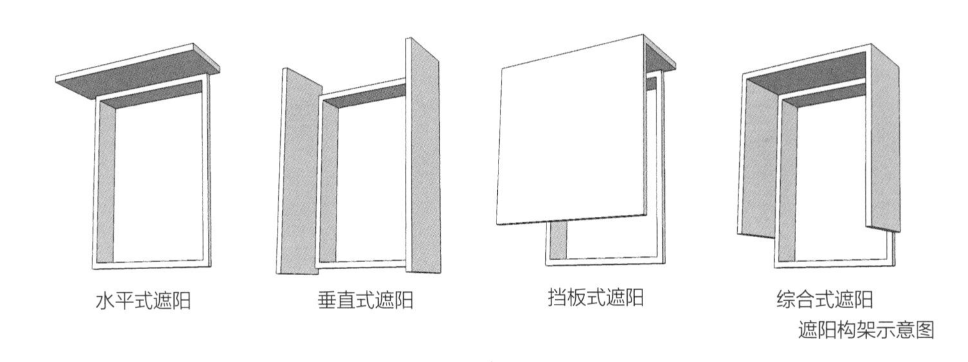

遮阳构架示意图

可从以下几方面对窗洞口的外遮阳构件进行优化设计[21]。

a. 局部与整体的关系

在遮阳设计中要充分考虑建筑物局部与整体之间的关系，使用统一的构件，突出建筑立面的整体性。

b. 韵律感与层次感

在遮阳设计中，有规律、有层次的变化能够使建筑形成一种节奏感，构建建筑界面的韵律和层次。

c. 色彩与质感

强烈的色彩对比能够给人带来巨大的视觉冲击力，提高建筑物的艺术效果。除了鲜明的色彩能够形成强烈的视觉效果，遮阳构件的质感也能够产生良好的效果，不同材质的建筑遮阳构件能够使人产生多种心理感受。

d. 光影效果

遮阳构件突出建筑界面，势必带来光影效果。利用光影变化能达到美化建筑界面的目的，从而提升建筑美感，丰富室内环境。

同时，可以结合空调机位等外部构件进行综合考虑，做成内凹式窗可以达到综合式遮阳板的效果。

遮阳构架实景

③窗洞口——空调机位

空调的普及使用虽然创造了舒适的室内环境，但也给校园建筑景观造成了很大的影响。例如：室外机大小不一，加之在外墙上随意外挂，破坏了建筑物原有的立面造型，影响了校园的整体风貌；空调支架年久失修，经过风吹雨打日晒后，易氧化生锈，支承力下降，随时有发生意外的可能性，对师生的生命安全构成很大的威胁；暴露的空调构架在生锈后常常使建筑物的外墙锈迹斑斑，而且很难清洗干净；由于随意在墙上钻设空调洞，空调安装后，未经密封处理，给室内防水和节能带来一系列不良的影响。

空调无遮挡实景

空调摆放随意实景

空调构架生锈实景

a. 空调机位布局

充分利用建筑阴角、凹槽、装饰柱等隐蔽部位设置空调板；如果建筑平面比较规整，应利用次要房间的局部进退形成凹槽布置空调；空调搁架设置时，应统一规划、统一安装以及统一施工。

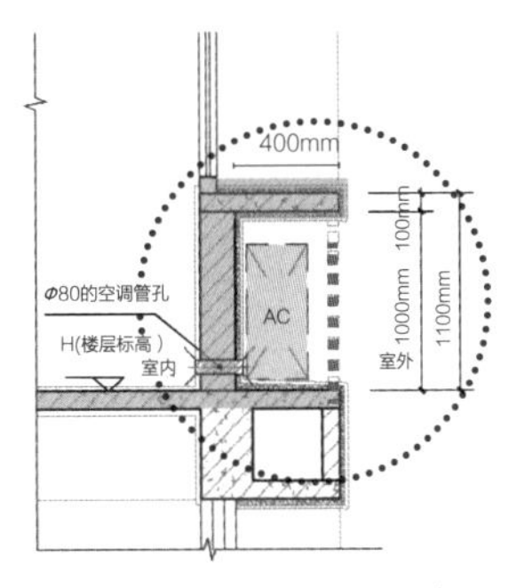

空调室外机位一般构造图

天河外国语学校外挂机位实景

华侨中学外挂机位实景

分散式布局1：水平式布置空调机位。沿窗洞口的下边缘横向布置空调格栅，水平布置空调机位，增强建筑立面的横向线条感，达到整齐划一的装饰效果。

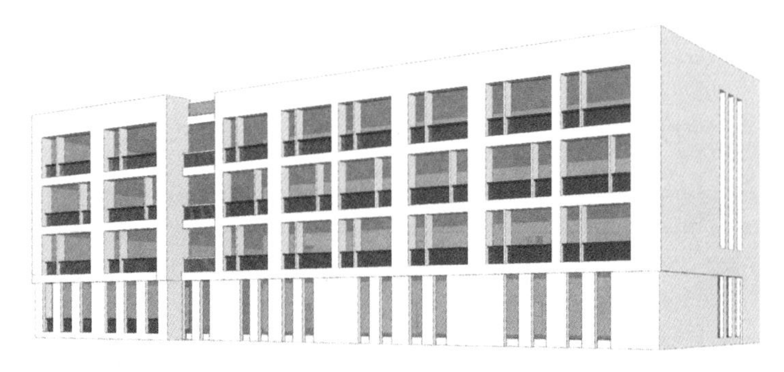

农林下路小学空调外挂机横向布置示意图

分散式布局2：垂直式布置空调机位。沿窗洞口的左右两侧纵向布置空调格栅，垂直布置空调机位，增强建筑立面的纵向线条感，达到整齐划一的装饰效果。

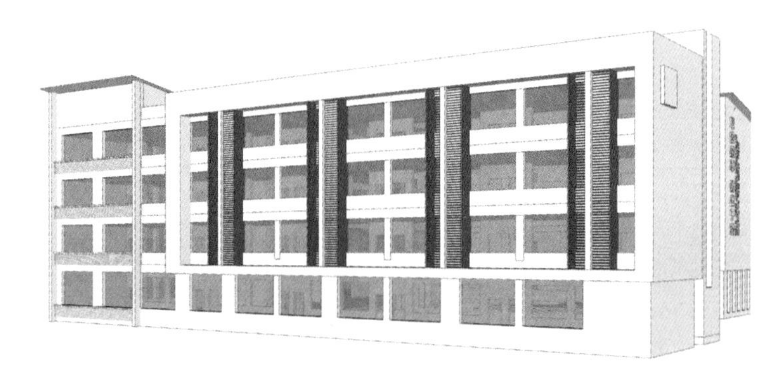

科学城中学空调外挂机纵向布置示意图

分散式布局3：混合式布置空调机位。充分利用空调与窗户的空间及空调遮挡格栅布局对立面整体构图，进行混合式组合布局。

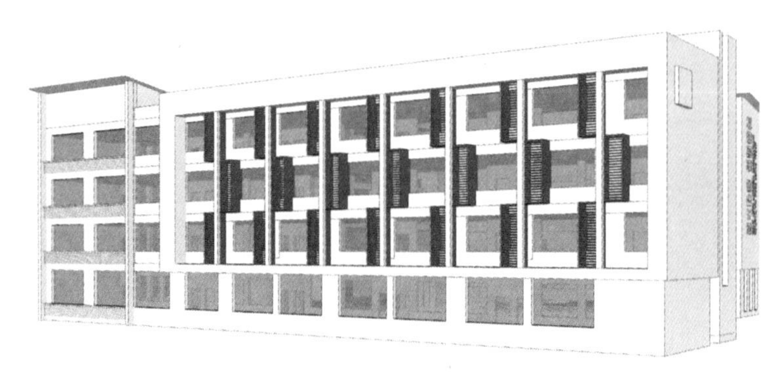

香港中文大学空调外挂机点式布置示意图

集中式布局：常用于小型多联机空调，充分利用建筑阴角、凹槽、装饰柱等隐蔽部位设置。

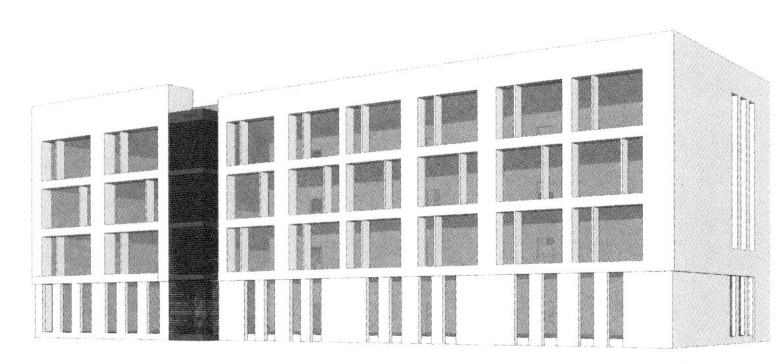

集中式布置示意图

b. 空调搁架及遮挡

目前，建筑中空调搁架常采用的比较理想的材料有穿孔板、金属板、百叶等。为了凸显建筑的轮廓线，甚至采用木格栅栏包裹整个建筑立面，形成新的建筑第一轮廓线，将空调外挂机包裹在内，显得别具一格[22]。

空调格栅处理方式有横向、纵向或自由组合设计。

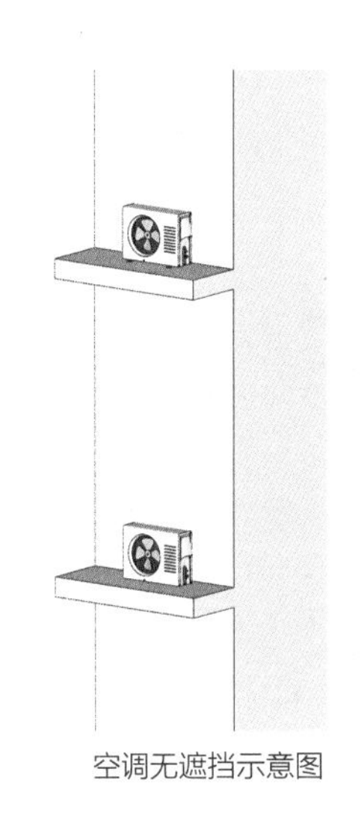

空调无遮挡示意图

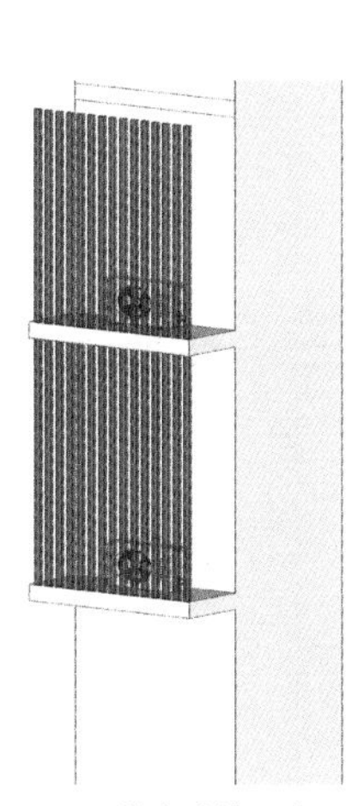

纵向遮挡示意图

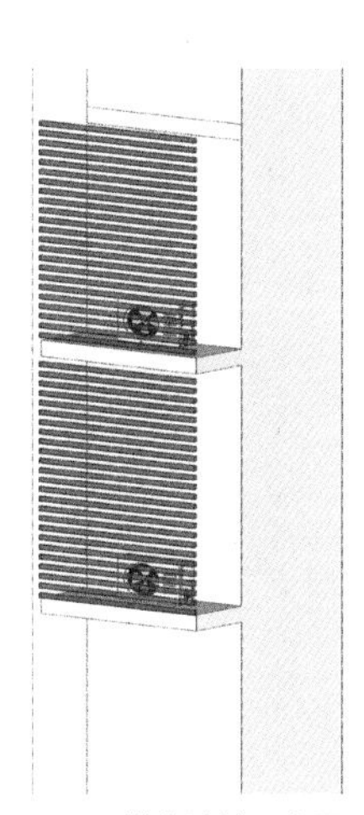

横向遮挡示意图

④窗洞口——窗户构件

节能技术指引如下表。

手段	方式
选用隔热效果、透光性良好的窗户玻璃	窗户玻璃选用节能性能显著的高透光中空Low-E玻璃，又称“低辐射玻璃”，这种玻璃与普通玻璃及传统的建筑用镀膜玻璃相比，具有优异的隔热效果和良好的透光性
选用保温隔热效果良好的窗户型材	目前常用的门窗有铝合金、塑钢、断桥铝合金、铝塑共挤门窗。铝合金传热系数高，保温效果差；塑钢是塑料材质，隔热性能好但容易老化；断桥铝合金和铝塑共挤门窗，节能及保温效果好。因此广州市学校建筑优先选用铝塑或断热铝合金作为窗户型材
适当减小窗户的面积	可适当减小窗户的面积。按照《中小学校设计规范》GB50099-2011相关规定，学校建筑临空的窗台最小允许高度为0.9m，既可以减小窗户面积从而提高窗户的遮阳性能，同时又可以避免窗台底下预留的空调机位高度不足的问题。

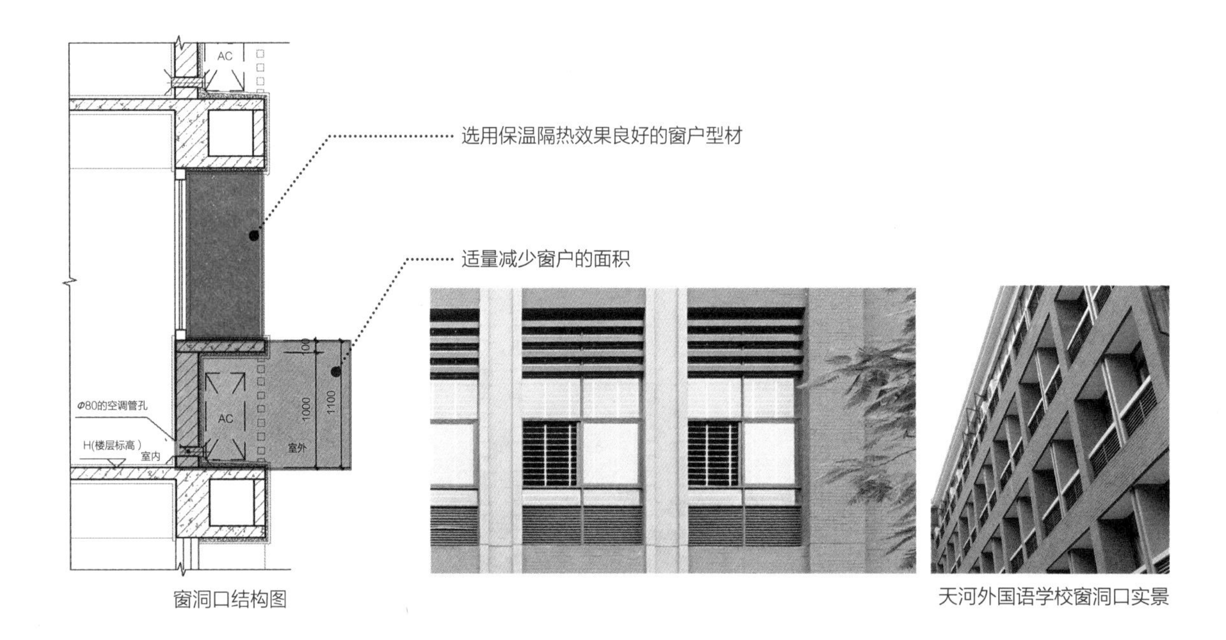

窗洞口结构图

天河外国语学校窗洞口实景

（5）屋顶　屋顶是最需要承受温差变化影响的建筑构成要素之一，同时也是现代建筑中重要的元素之一，称为“建筑的第五立面”。它们能够表达建筑的设计风格和人文内涵，是整个建筑外观的趣味中心[23]。然而，屋顶的现状普遍存在功能缺失，通常为闲置状态，或少量伴随表面材质破损、防水材料老化的情况。如果可以对建筑屋顶的空间加以利用或是服务于建筑的形态设计，将会对校园建筑的整体形态具有很大的优化作用。

①屋顶的形式

屋顶形式可以分成坡屋顶、绿色植被屋顶、飘板屋顶3种。

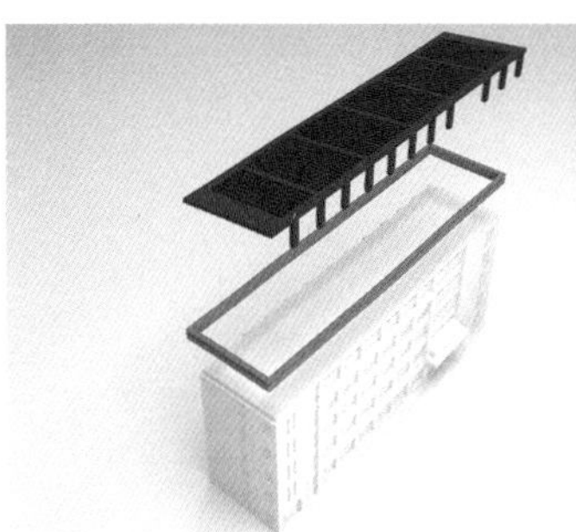

坡屋顶分析示意图

绿色植被屋顶分析示意图

飘板屋顶分析示意图

②提升优化建设

屋顶节能技术引导

a. 屋面设架空通风层：可减弱太阳辐射对屋面的热作用。平屋面也可采用挤塑型聚苯板的倒置屋面，即在屋面防水层上面铺设挤塑型聚苯板，再铺设混凝土块或现浇细石混凝土。这样既能长期保持良好的绝热性能，又能对防水层起保护作用。

b. 屋顶绿化技术：屋顶覆土种植植物可以大大降低建筑能耗，通过植物的蒸腾作用，可以有效调节室内温度。但屋顶绿化需考虑原有建筑屋面荷载，对屋面防水施工要求较高，另需增加一定的植物养护费用。

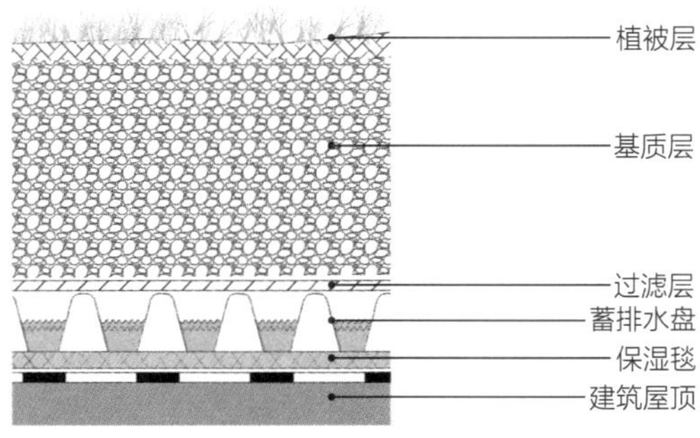

绿化屋顶结构图

执信中学屋顶绿化实景

（6）楼梯及楼梯间

楼梯是用于楼层间垂直交通的构件，起着丰富空间层次和使空间连续的作用。楼梯造型可以采用不同的构成方式，或呼应空间，或对比空间。楼梯设计可以与周围的封闭空间形成对比关系，使相对沉闷的空间有一个亮点。

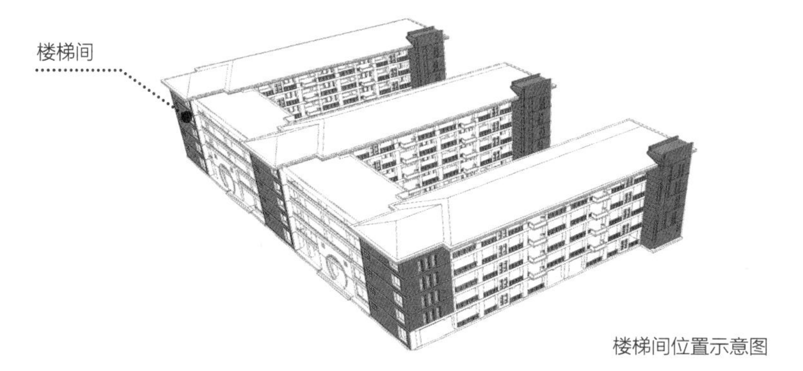

楼梯间位置示意图

①必要改造内容

部分学校存在疏散距离超出规定、疏散宽度不足等问题，在校园微改造中应增加疏散楼梯，消除消防隐患。改造内容仅针对现有楼梯安全性能改造和无障碍改造两个方面。

a. 安全性改造

踏步梯级面应垂直，或由垂直面外倾，避免边缘突出绊倒上下楼梯的人

在踏步边沿增设醒目的防滑条，起到警示和安全防护的作用

b. 无障碍改造

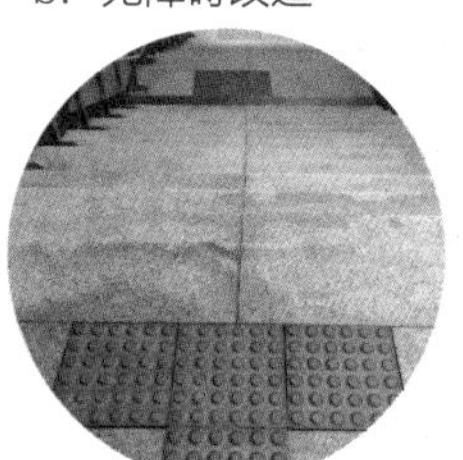
楼梯踏面增设盲道提示，并与梯面颜色有所区分

在梯段和通道处均设置扶手，保障安全通行

关注无障碍通行，增设无障碍导向标识系统

必要改造内容示意图

②提升优化建设

a. 楼梯间的造型设计

楼梯间因其体量特点，往往占据建筑群落的最高点，成为建筑形体的点睛之笔。因此在设计中，可以把楼梯间与钟塔等造型结合进行改造。

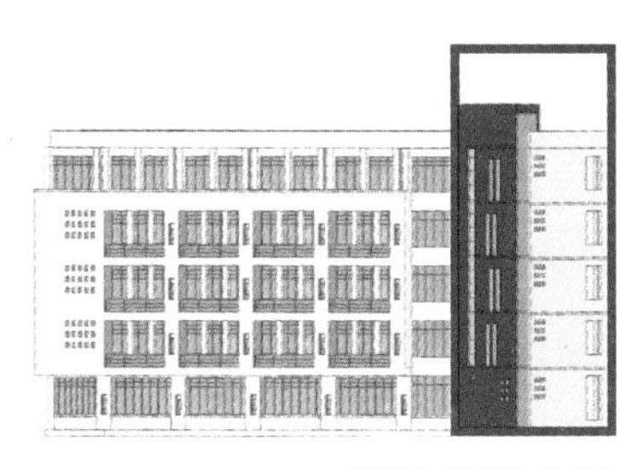
楼梯间位置示意图

欧式塔楼实景

中式塔楼效果图

b. 文化性提升改造

形成视觉焦点，吸引通过人流注意力，宣传校园文化。

对于受传统文化影响的学校，可加入岭南建筑传统元素，如漏窗、木格栅等，表现岭南建筑的传统风貌，体现校园的传统文化。而对于体现现代教学理念的学校，可加入一些现代元素，如展板、景墙等，丰富楼梯平台的视觉效果，起到宣传学校文化的作用。

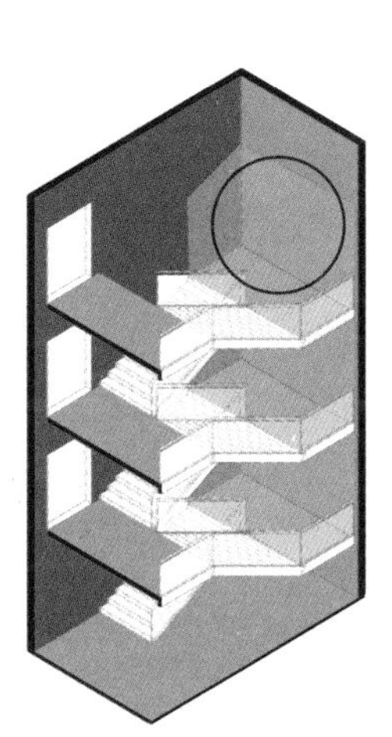
楼梯间空间示意图

楼梯平台窗户可运用传统元素，结合室外景色，有框景效果实景

楼梯平台在不妨碍交通的前提下可布置展板实景

改造楼梯栏杆等的色彩或样式，提升艺术气氛实景

楼梯梯级与标识标语结合，体现校园文化实景

（7）外走廊　指室外的通道。

①提升优化建设

优化外走廊空间的功能性

外走廊是校园建筑物中用于连接相邻两栋建筑的廊道，或教室外的走廊空间，交通性质较强。但在一些拐角处或建筑出挑较多的局部空间，交通性质减弱，空间利用率低。可布置桌椅、座凳、书架等设施，供师生课间交流学习使用，发展新的教学模式。在岭南地区，可在栏杆花池处种植一些遮阳植物，尽可能提供美观舒适的环境，让师生愿意在此交流学习。

未布置桌椅等设施示意图

布置座椅、书架，栏杆花池种植当地植物，提供舒适的交流学习环境示意图

4.5 校园风雨连廊

4.5.1 概念

校园连廊一般指建筑之间的架空连接构筑物，用于满足建筑造型及使用功能的要求。校园楼宇之间应相互连接，方便师生出行。一方面，连廊具有良好的采光效果和广阔的视野，可以用作观光走廊或休闲区域等；另一方面，连廊的设置可以使学校建筑外观更具特色，营造一种和谐统一的教学氛围[24]。

4.5.2 构成要素

校园风雨连廊的构成要素主要有以下两类：一是基本要素，包括盖顶、柱子、铺装、连廊照明；二是拓展要素，包括座椅、绿化、宣传栏。

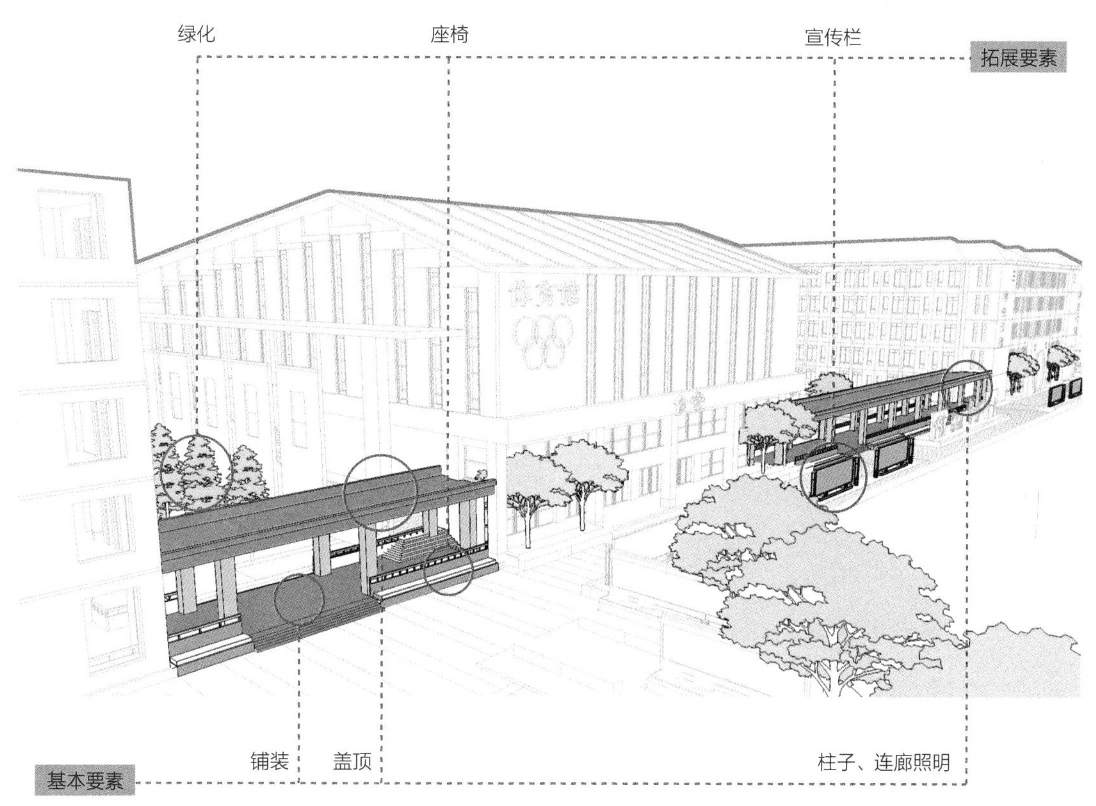

构成要素示意图

4.5.3 风雨连廊属性

①交通联系

在建筑群体和单体中，交通功能是连廊最基本的使用功能，连廊实际上即交通通道的空间化。

②整合环境

连廊可以组织校园空间，对校园空间走向进行排列组合，呈现在连廊的形态和组合方式控制下的总体形态特征，从而起到塑造和调整校园形态的作用，打破原有呆板的布局[25]。

③容纳公共活动

连廊的边界特征和交通功能，促使它成为校园内各种人员接触、各种环境共生和各种活动发生的场所，从而成为开展多种多样公共活动的场所。

④造型装饰

连廊具有单元构成的特点，可以利用重复出现的结构单元，形成极强的重复韵律感，从而起到一定的美化装饰作用。

⑤展览展示

可作为小型的评比、文娱、图片、美工等校内活动的展览展示空间。

⑥陶冶审美情趣

使学生的审美情趣在优美、整洁、富于设计情趣的校园中受到熏陶。

⑦再现场所精神

风雨连廊将校园紧密联系成一个整体，注重学生对校园空间以及场所的感受。增强环境的可识别性，从而使学生对校园产生强烈的认同感和归属感，营造建设人性化校园。

4.5.4 改造要点

①符合校园空间的适用性

连廊空间的形式，首先应保证中小学校园的一般适用性，故连廊空间在量、形、质方面都有一定的规范与要求。

②保证流动空间的整体性

应对连廊与建筑单体内部空间进行整合，以保证出行空间的连续性、整体性。

③达到连廊空间的开放性

开放的连廊空间一方面使空间趋于敞开化与外向化，另一方面成为人与人、人与自然进行信息、物质、能量交流的重要场所。

4.5.5 组合类型和应用

校园风雨连廊的组合变化多样，可以分为行列式布局模式、鱼骨式布局模式和豆荚式布局模式3类。

（1）行列式布局模式

行列式布局模式通常是教室、走廊和连廊的组合，风雨连廊以通畅、便捷、单一的流线方式，使建筑群形成半围合庭院空间。

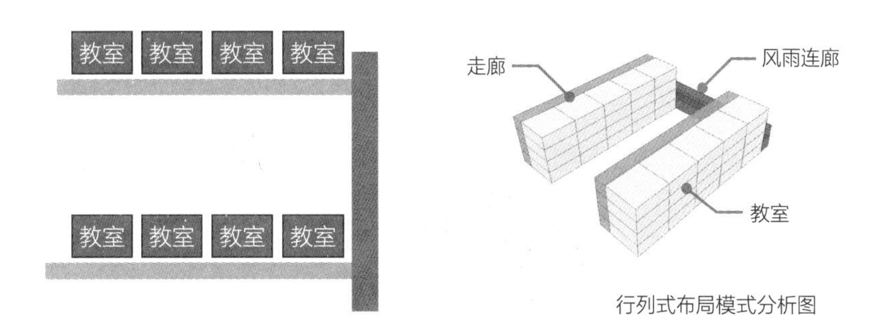

行列式布局模式分析图

（2）鱼骨式布局模式

鱼骨式布局模式通常是教室、走廊和多用途空间的组合，是单一教学楼向教学综合体或教学群落的演变，形式较丰富。

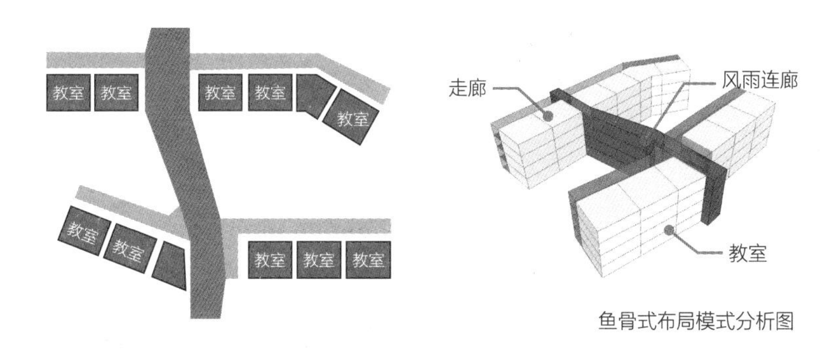

鱼骨式布局模式分析图

（3）豆荚式布局模式

豆荚式布局模式是将建筑、景观相结合，为建筑体营造多节点的交流空间，使风雨连廊的形式更加多变。

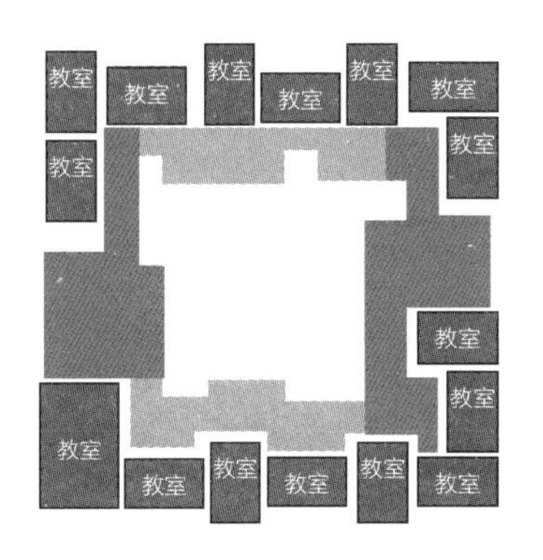

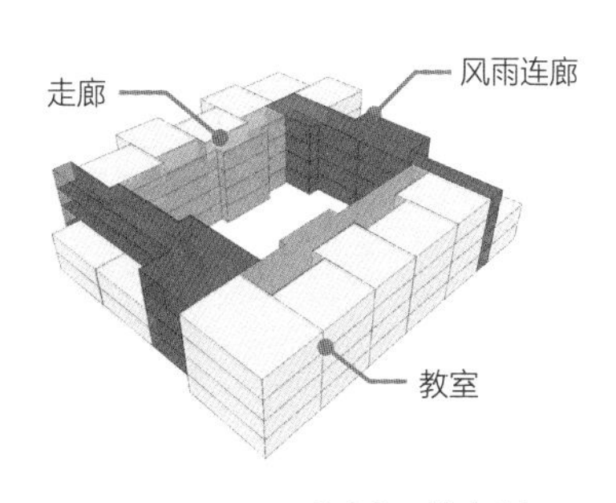

豆荚式布局模式分析图

4.5.6 风格和样式

风雨连廊的风格多样，大体分为中式古典风格、现代风格、其他风格3类。不同风格的风雨连廊各有其特色样式。

（1）中式古典风格

连廊在中国园林中最为常见，它不仅是联系建筑物的脉络，还起到风景游览线的作用。这条带屋顶的“道路”，通常作木构卷棚顶，让人避免日晒雨淋。它的布置因地制宜，随形而弯，依势而曲，变化多端地将房屋山池连成统一的整体。

样式1：

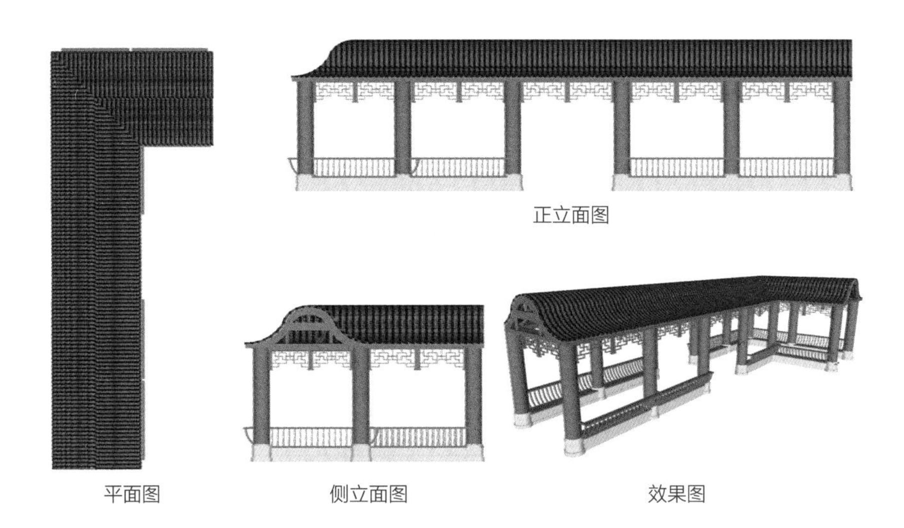

平面图　侧立面图　效果图

样式2：

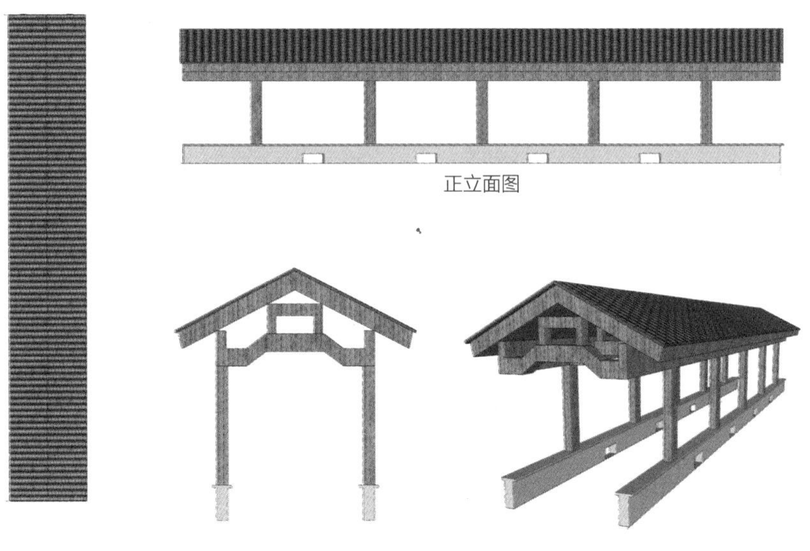

平面图　侧立面图　效果图

（2）现代风格

现代风格连廊具有简洁造型、无过多装饰、推崇科学合理的构造工艺、重视发挥材料性能的特点[26]。现代风格连廊的设置，可以使建筑外观更简洁轻巧，并营造出一种和谐统一的建筑氛围。

样式1：

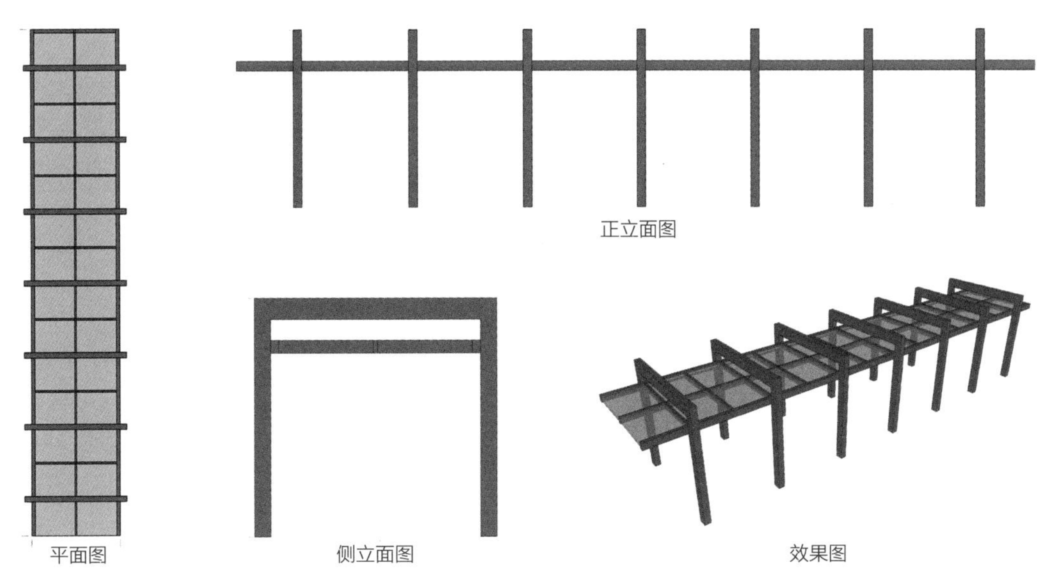

正立面图

平面图　侧立面图　效果图

样式2：

正立面图

平面图　侧立面图　效果图

样式3：

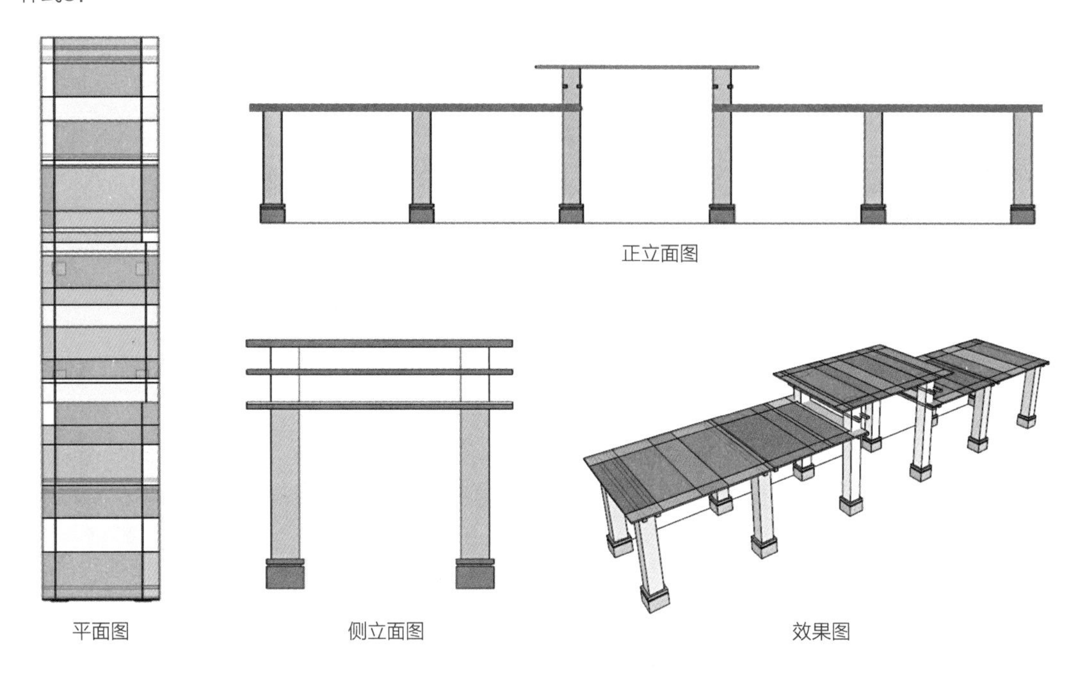

正立面图

平面图　　侧立面图　　效果图

样式4：

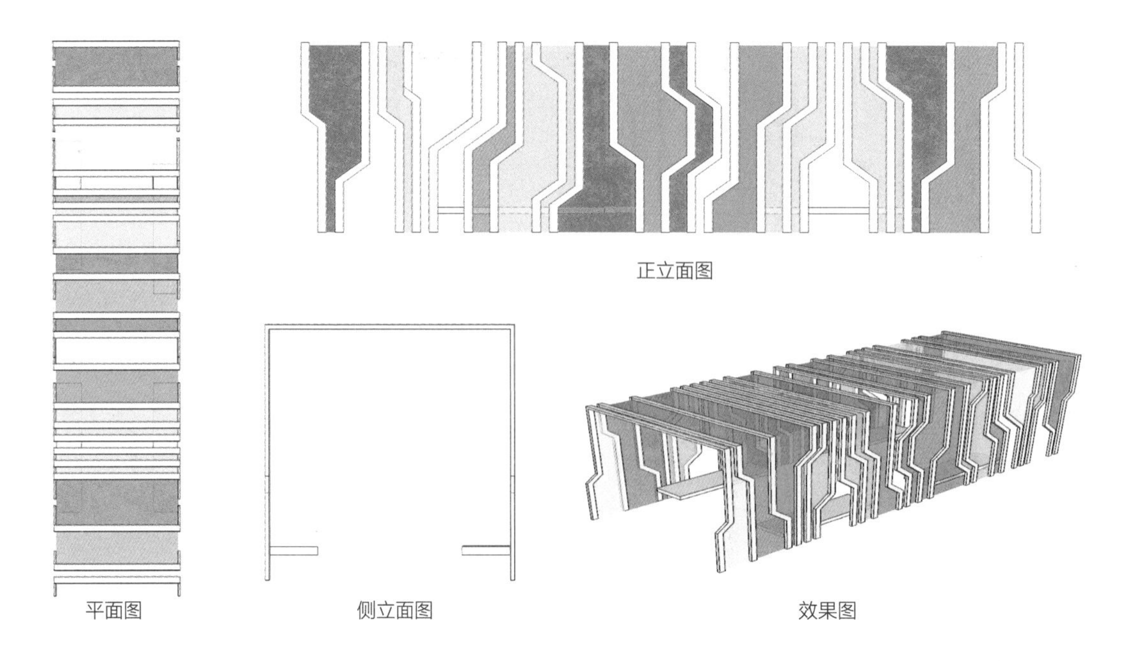

正立面图

平面图　　侧立面图　　效果图

（3）其他风格　需微改造设计的学校大多建于20世纪90年代至21世纪初，校园建筑受到当时国际潮流的影响与中国特定文化和经济条件的制约。一些建筑师受现代艺术的启发，追求形式和功能的统一，积极学习西方的建筑风格，但也存在一些抄袭和盲目拼贴的现象。因此在对该类风雨连廊进行改造设计时，更应注重连廊的风格和形式与建筑整体风格的协调性。

样式1：

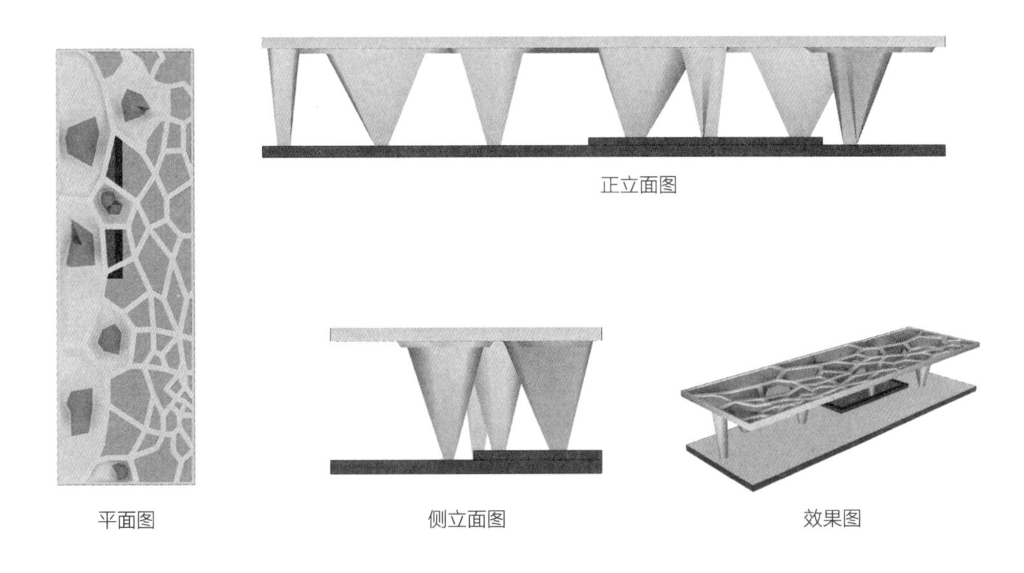

正立面图

平面图　侧立面图　效果图

样式2：

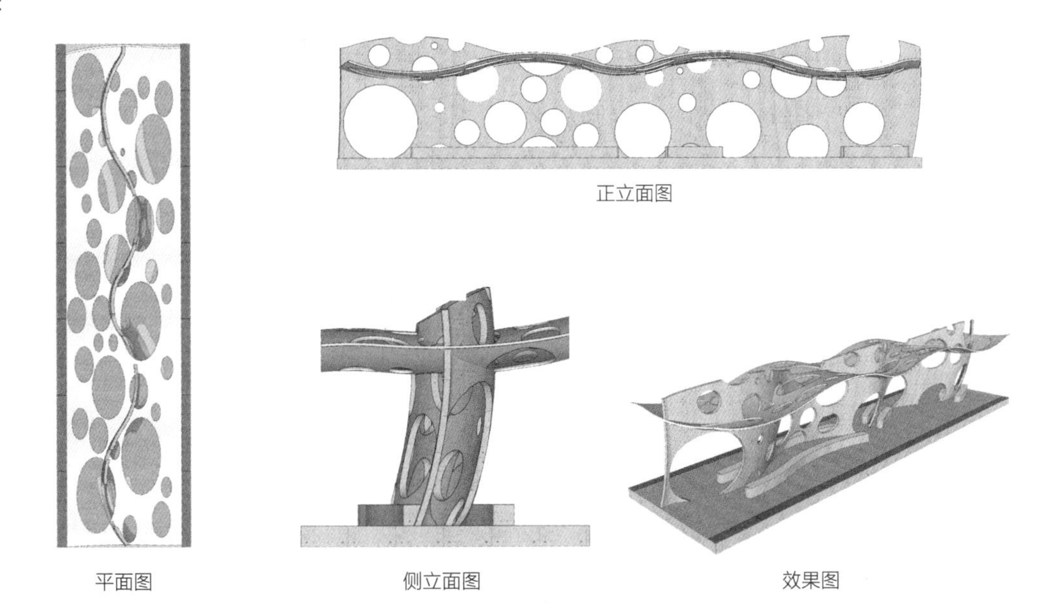

正立面图

平面图　侧立面图　效果图

4.5.7 微改造设计指引

校园风雨连廊是校园微改造中的一个重要的环节，合理的改造有助于提升校园的整体美观度和便捷度。

（1）必要改造内容

- **更换破旧风雨连廊**

针对校园建筑历史悠久，原有建筑之间的风雨连廊较为破旧，且不足以满足师生使用需求的情况，需进行风雨连廊微改造，以提升校园整体形象，消除校园安全隐患。

- **消防通道改造**

对位于消防通道，又影响消防车通行的风雨连廊进行改造，使其净高及地面坡道满足消防车通过的要求。

案例分析：

广州市番禺区实验中学连廊改造方案

现代岭南的风雨连廊

连廊采用现代风格，钢结构作支撑，彩色玻璃做屋顶，回应岭南建筑满洲窗的特色。连廊整体高低错落，色彩丰富。

改造方案效果图

改造后风雨连廊实景

资料来源：广州市教育局番禺区实验中学微改造方案

（2）提升优化建议

- **风格定位**

  连廊的风格定位非常重要，不同材质、不同色彩的选择和搭配，都将影响整体校园形象。因此，需要结合校园特点，分析校园建筑主要风格、色彩、立面材料，合理选用风雨连廊的形式。

- **结合绿化**

  风雨连廊可与花架、树池等结合，种植爬山虎、常春藤等藤本植物，营造空间意境的同时，改善校园微气候。

- **结合宣传栏**

  宣传栏虽小，但却是一个重要的宣传阵地。将风雨连廊和宣传栏相结合不仅能及时地宣传新型理念和行为方式，还有利于校园精神的传播和建设。

- **完善连廊体系，设计公共空间，做到无伞出行**

  将风雨连廊与校园内各建筑相连通，形成完整便捷的连廊体系。连廊主要设置在功能相近、联系密切的学校建筑之间，如教学楼与教学楼、教学楼与实验综合楼、教学楼与图书馆等。同时连廊空间的设计应注重场所精神的塑造，注重开放性的营造。在中小学校园中，连廊空间大多作为步行空间，步行空间要使人在其中不受阻碍，能够自由行走，要力求避免冗长、单调的步行路线。富于变化的连廊空间，使步行变得更有趣[25]。

校园风雨连廊示意图

风雨连廊与绿化实景

风雨连廊与宣传栏实景

风雨连廊与公共景观空间实景

校园风雨连廊要素示意图

（3）改造实践

荔城中学连廊——现代风格的风雨连廊

采用钢架结构，建造一组轻巧、舒缓的“飘带”样式的连廊，为师生搭建无风雨出行的连廊体系，并在连廊构件下设置阅读空间，营造读书廊空间。

荔城中学连廊实景

广州市协和小学连廊改造方案——中式风格的风雨连廊

连廊采用简化了的红砖绿琉璃的中式建筑风格，以适应现代功能发展的需求。连廊系统将整个建筑群连接起来，方便师生出行。

广州市协和小学连廊改造效果图

广州市协和小学连廊改造后实景

4.6 校园大门与围墙

4.6.1概念

校园大门是指整个建筑群通向外面的主要的门。围墙是一种垂直方向的空间隔断结构，用来围合、分割或保护某一区域，通常是围着建筑体的墙[27]。校门不仅能控制进出的人流车辆，保证学校的安全，还是学校的标志，体现学校的文化内涵。大门和围墙的设计，可以使学校建筑外观更具地标性，不失校园特色。

4.6.2 构成要素

校园大门与围墙主要由以下三个要素组成：一是大门基本要素，包括校门、校名校徽、保安亭、围栏；二是围墙基本要素，包括结构柱、围栏；三是拓展要素，包括门前广场、绿化、照明、宣传栏、校门附属建筑。

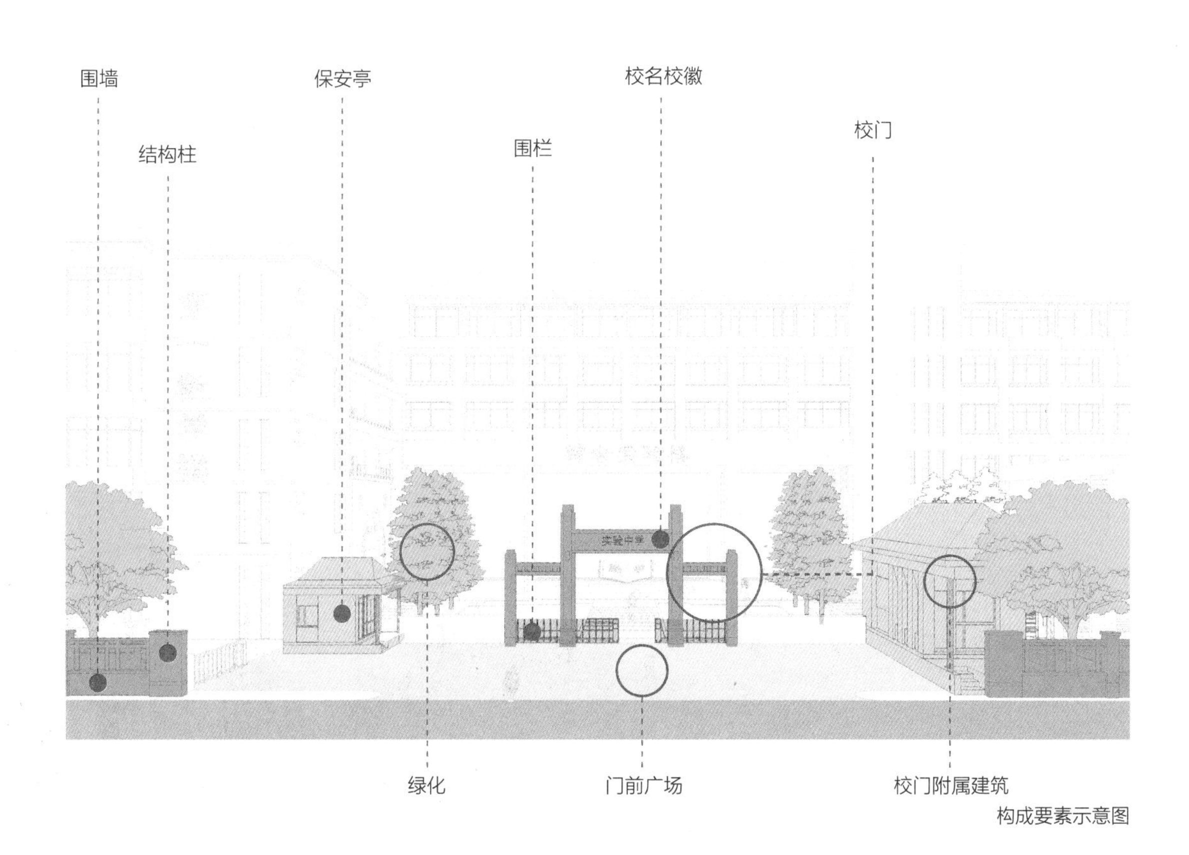

构成要素示意图

4.6.3 改造要点

①以人为本，融合安全性和方便性

校园从本质上讲是一个文化交流场所，活动的主体是人，故全面考虑学生与家长们的需求、完善功能设施十分重要：设置等候区、宣传区、停车场地，完善座椅、路灯、垃圾桶等公共设施，设置风雨棚；规划交通流线，改善环境，清除门前安全隐患；合理设置围墙，保证校园内部的安全；打造符合学校形象的校门，在学生与家长的心中树立较好的校园形象，形成良性循环。

②文化为基，具有可识别性和创新内涵

校园文化氛围十分重要，校门及围墙作为校园内部与外部的缓冲过渡空间，是重要的形式空间，是学校办学理念、办学历史、价值追求、学校特色、学校品牌和地脉文化的重要载体，是学校形象的主要展示窗口。所以在改造过程中，文化与设计创新的融合十分重要。

培正小学校门实景

4.6.4 校门样式

（1）风格　校门是学校的标志性构筑物，是校园的门面，校门的风格要与学校的整体风格协调统一。校门的风格分为中式古典风格和现代风格两大类。

- **中式古典风格**

中国传统建筑气质典雅。中式古典风格对传统的结构形式进行重新设计组合，展现民族特色。中式古典风格的特点是对称、简约、朴素、格调雅致、文化内涵丰富。

样式1：山门式

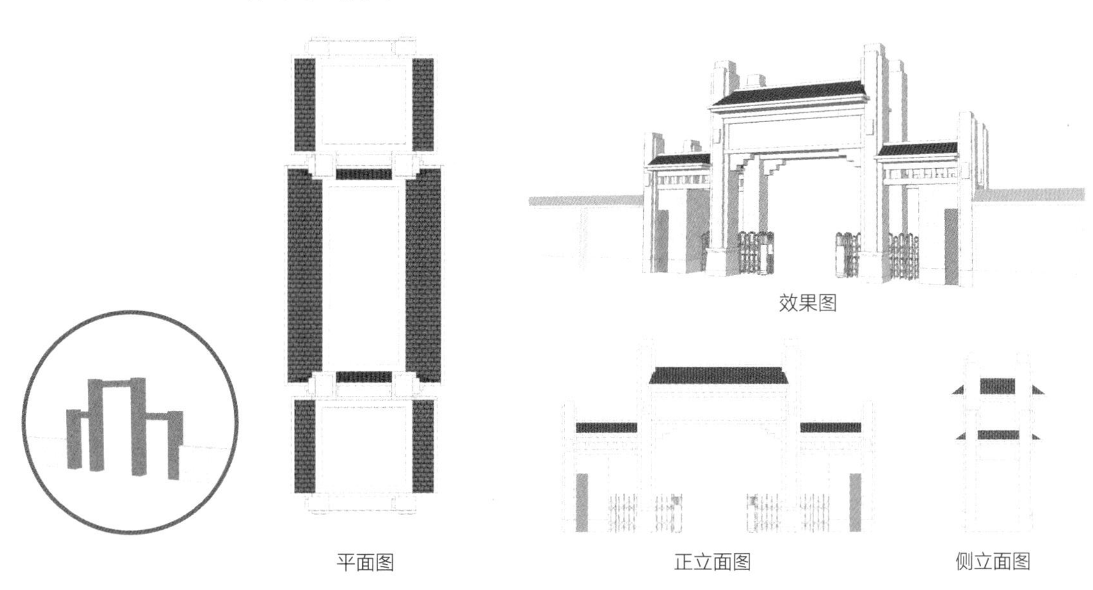

样式2：墩柱式

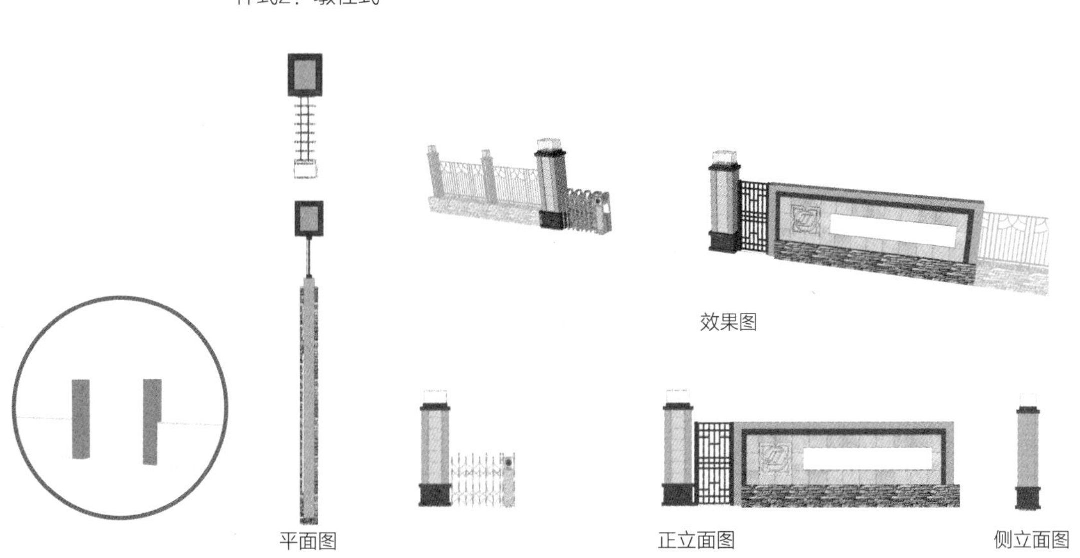

■ 现代风格

现代风格追求时尚与潮流，注重建筑空间布局与使用功能的完美结合，特色是色彩跳跃、简洁、实用。

样式1：盖顶式

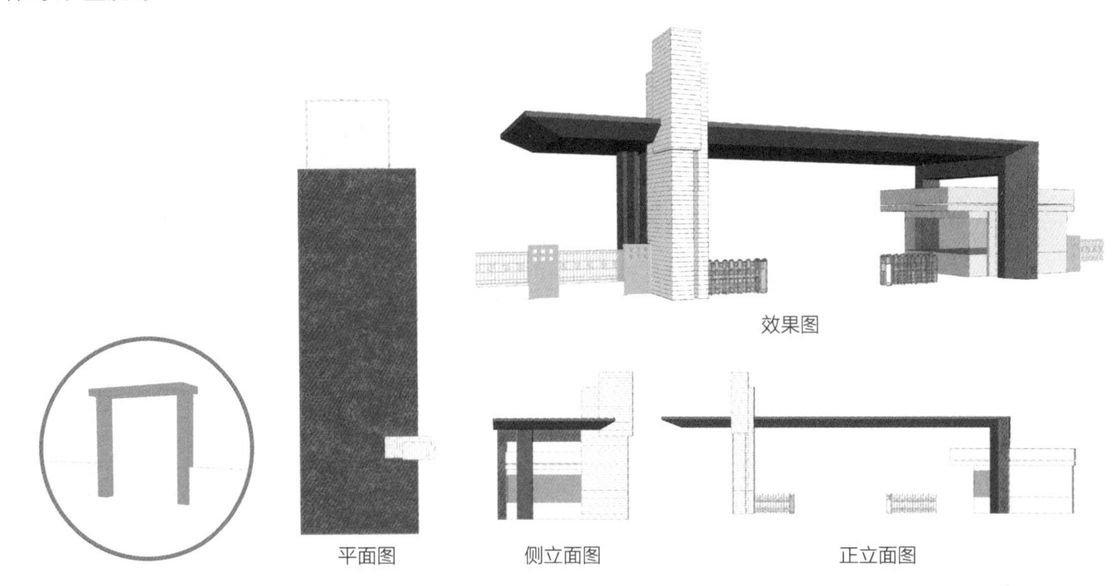

效果图

平面图　　侧立面图　　正立面图

样式2：墙门式

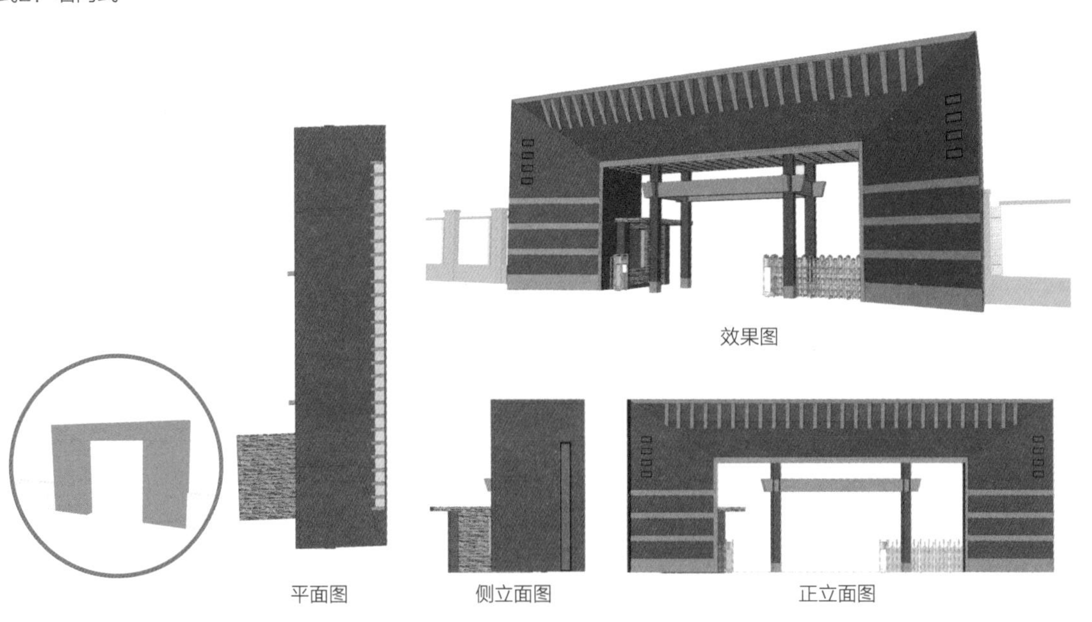

效果图

平面图　　侧立面图　　正立面图

（2）结构　校门的结构形式主要分为框架结构、剪力墙结构和网架结构三种。不同的结构对材料和建筑风格的要求都有所不同。

- **框架结构**

框架结构是由梁和柱连接组成框架共同抵抗荷载的承重体系结构，由混凝土在半流质状态下浇筑而成。因为混凝土可以浇筑成任意形状，所以对于各种优美造型，框架结构都能完美表达。这种结构被广泛运用于校门设计和建造中。

框架结构示意图

- **剪力墙结构**

剪力墙结构是用钢筋混凝土墙板来承担各类荷载的承重体系结构，抗震性能优于框架结构。剪力墙结构利用间隔墙位置来布置竖向构件，墙的数量能灵活选择，可选择的方案较多且简单，因此其造型多样，便于表达文化艺术效果。但是剪力墙间距有一定的限制，建筑平面布置不灵活，不适合大空间的公共建筑，加上结构自重较大，故适用于跨度比较小的校门。

剪力墙结构示意图

- **网架结构**

网架结构是由多根杆按照一定的网格形式通过节点连接而成的空间结构。网架结构适用于建造跨度较大的校门。网架结构的校门具有现代感，显得宏伟壮观。

网架结构示意图

案例分析：
广州市番禺区实验中学校门改造

廊桥形态的校门

以“为每个孩子铺路搭桥”的办学理念为设计思想，构造出廊桥形态的学校大门。添加琉璃瓦、“桥”浮雕等岭南元素，并结合建筑外立面的特色，与校园建筑有机结合。建筑顶部有富有特色的镂花，左右围墙设置了宣传栏及学校荣誉墙，为校园对外提供足够的展示面，让学校建设更加规范透明又不失文化内涵。

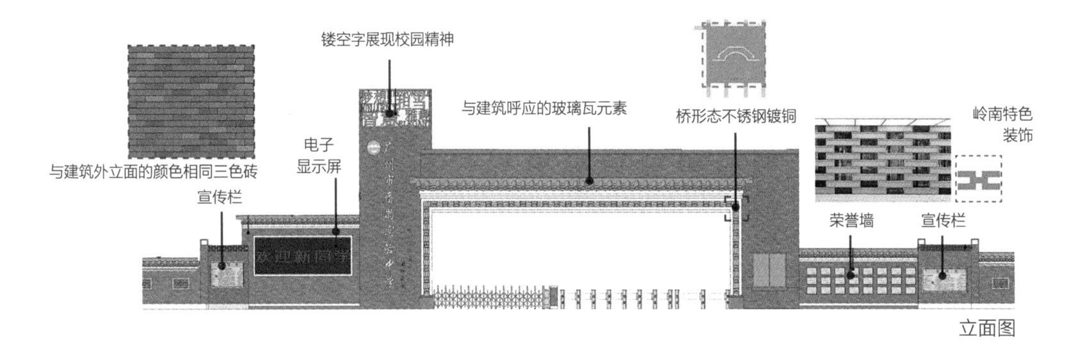

立面图

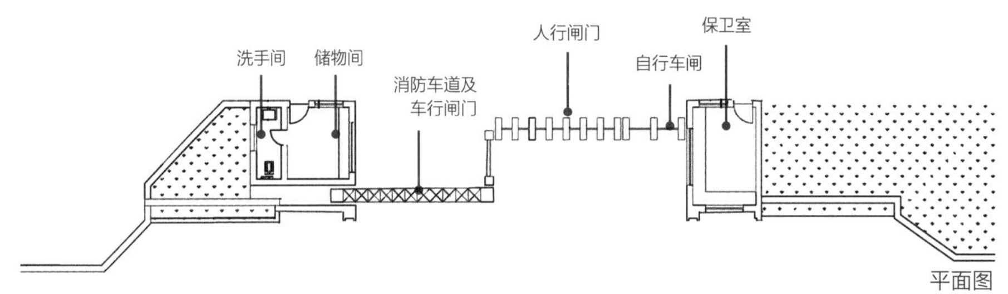

平面图

效果图

资料来源：广州市教育局番禺区实验中学微改造方案

4.6.5 围墙的样式

围墙是一种垂直方向的空间隔断结构，用来围合、分割或保护某一区域，一般指围合建筑体的墙[27]。

围墙的建筑材料可以使用木材、石材、砖、混凝土、金属材料、高分子材料甚至玻璃。按设计风格分类，可以分为仿古复古风、现代风；按通透性分类，可以分为不通透、半通透、通透。

（1）通透率

围墙按通透性分类，可以分为不通透、半通透、通透。不通透围墙应注重围墙的形式感与文化感，应用设计手法减少墙面的压抑感。通透或半通透围墙的设置，既有围合切割区域的功能，又能保证绿色环境的最大化共享。

▪ **不通透**

用砖石封闭围合校园，安全性较高，但环境共享性较差。封闭式围墙可用来做彩绘，做成学校宣传栏，展示学校形象。

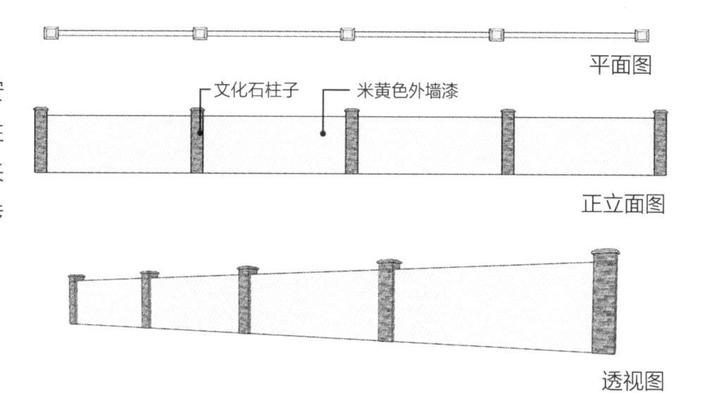

平面图

正立面图

透视图

▪ **半通透**

利用材料的特性，将多种材料结合，如“石+铁艺”“石+木材”，实现生态绿色共享，并提供安全稳定的校园环境。

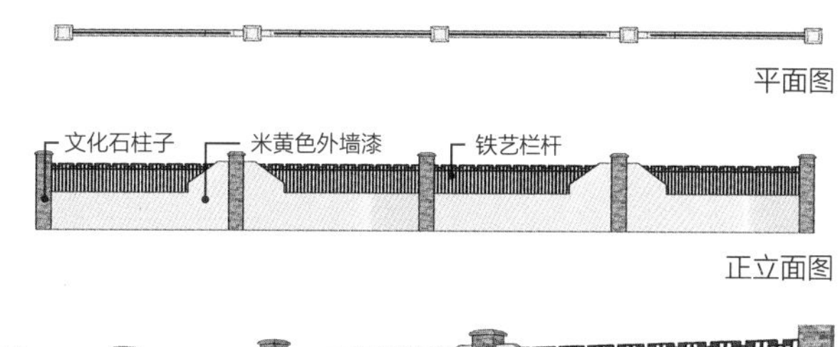

平面图

正立面图

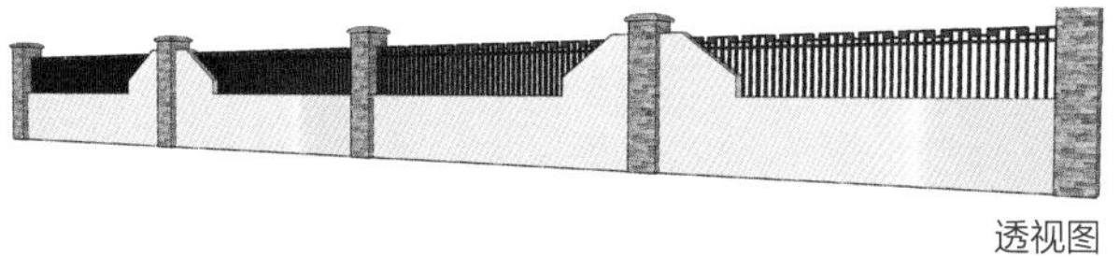

透视图

▪ **通透**

采用玻璃、铁艺等通透性较强的材料，可以通过参数化设计等方式，创造时尚有趣的围墙形式。

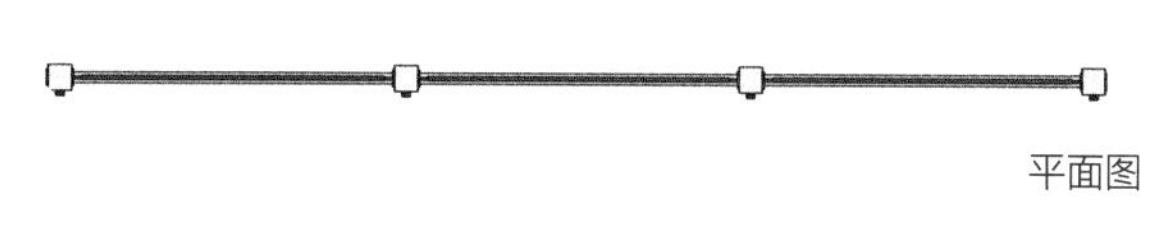

平面图

正立面图

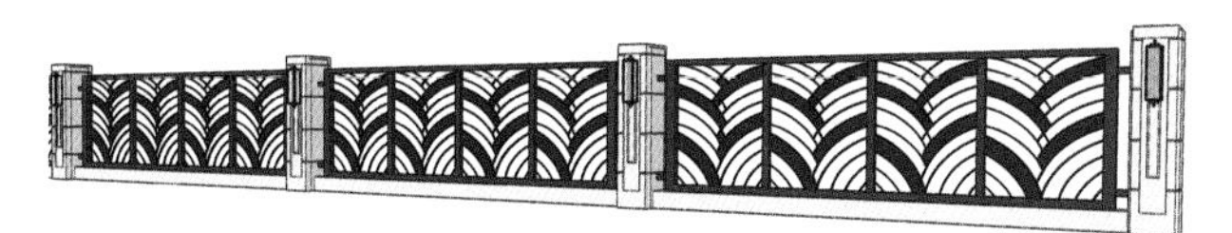

透视图

（2）风格　▪ **中式古典风格**

形式稳重、大气，多选择砖石、瓦片等传统材料，烘托校园的历史氛围。

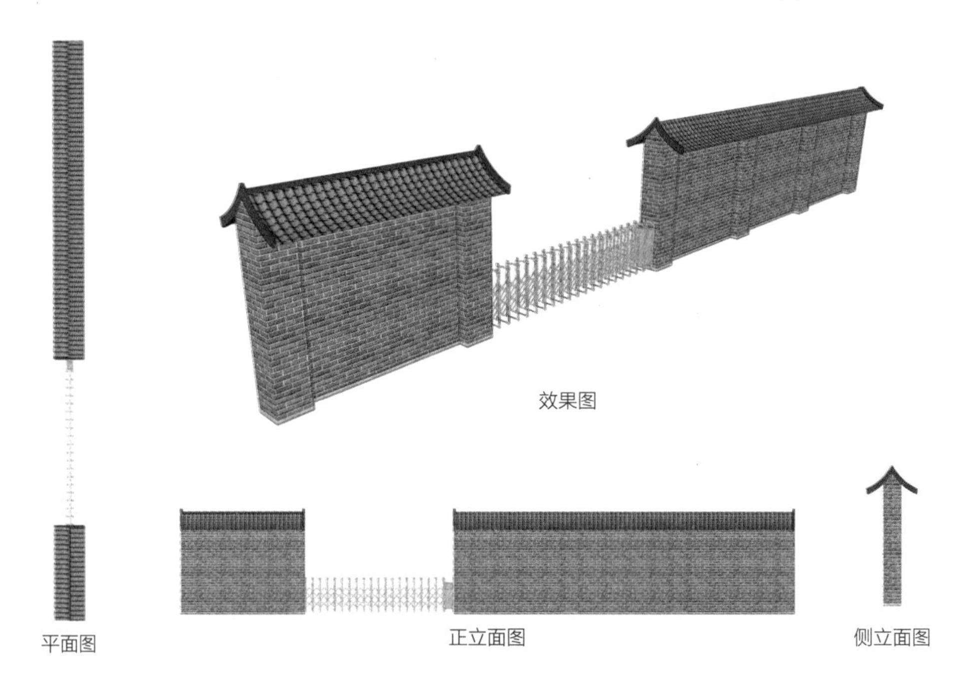

▪ **仿复古风格**

仿古复古风体现校园的文化气息，应与学校建筑的风格及周围环境相适应。

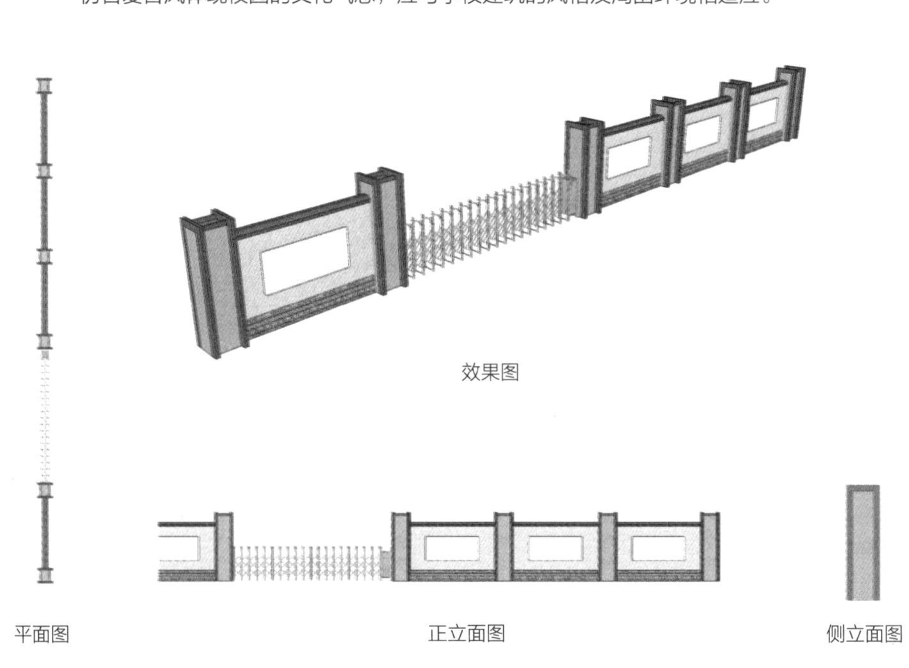

■ **现代风格**

形式简洁、明快、多变，多选用石料、金属等现代材料，体现学校与时俱进的现代化风貌。

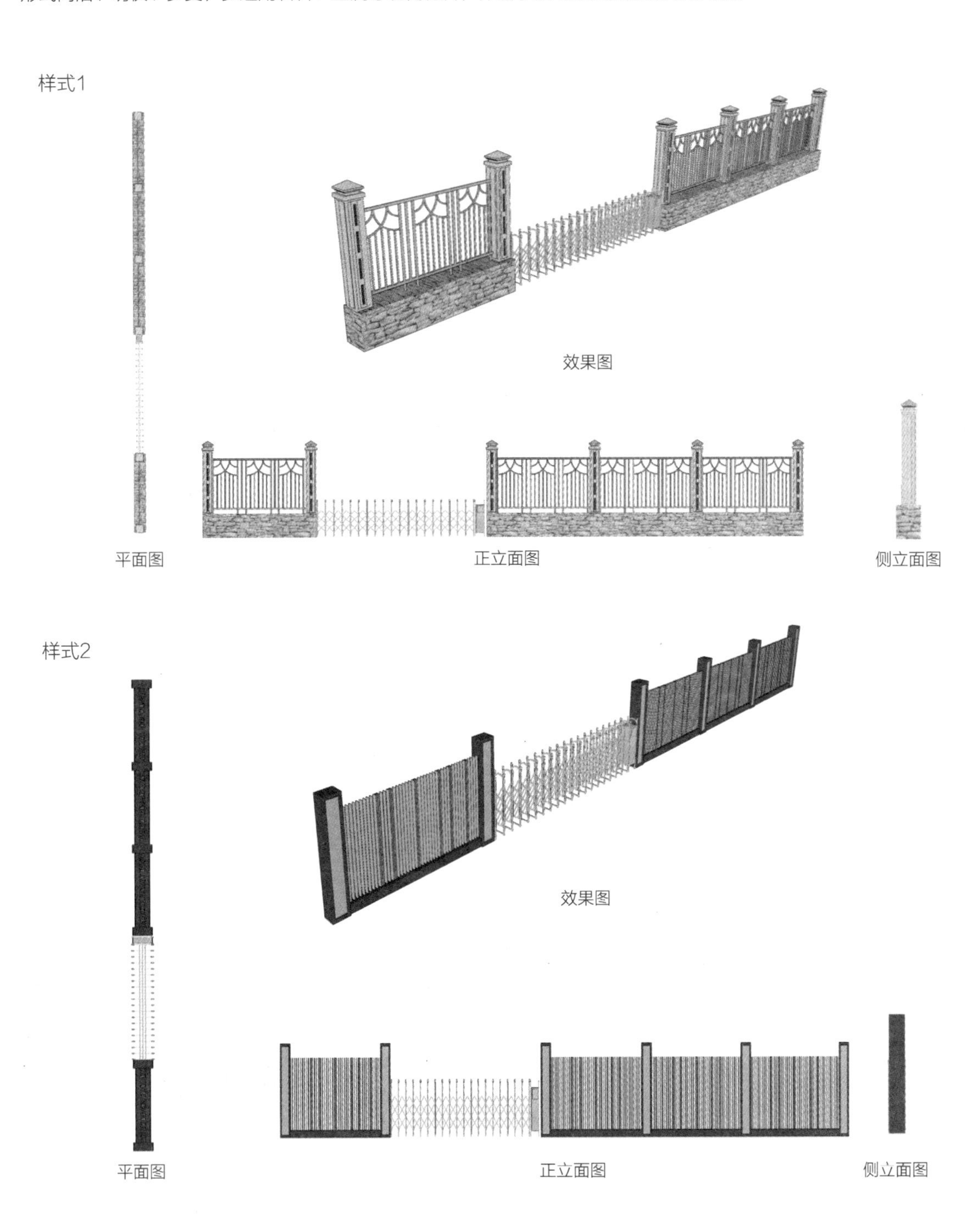

（3）结构与材料

根据结构与材料的不同，中小学校围墙常用形式主要分为砖墙、钢制品围墙以及其他围墙。

- **砖墙**

砖墙一般以砖柱为结构柱，也可以墙体转折自然形成隐形柱，或夹带混凝土构造柱。外表面可以配石雕、铜版画等进行文化渲染和装饰。

第七中学外围墙实景

培正中学外围墙实景

协和小学围墙内侧石雕装饰实景

三元里中学围墙外侧民俗铜版画装饰实景

- **钢制品围墙**

钢制品围墙有几种材料：一是钢铁成品网，如铅丝网、钢板网、铅板网等，网材整体感强，施工简单，但造型较为单一；二是型钢成品材，如圆钢、角钢、槽钢、扁钢和各种管材，这些材料可混合搭配使用，施工简便，设计可能性极大；三是铸铁成品材，如各种成品铸铁构件，或按设计要求生产的型材，目前使用最多。铸铁型材比型钢耐锈，但性脆易折，宜以型钢作为受力构件而以铸铁作面材[28]。

钢制品围墙有几种结构：一是砖柱、砖勒脚墙，二是混凝土柱、混凝土勒脚墙，三是钢柱围墙。从实用、美观角度看，混凝土柱效果较好，结构也合理。

西关外国语学校实景

东区小学钢制品围墙采用传统岭南窗花样式实景

- **其他围墙**

混凝土透空墙有两种形式，一是预制直棂形式，二是预制花格混凝土形式。两种围墙虽然较为实用，但由于透空率较低，在破墙透绿中的应用受到限制，只能在局部作为建筑小品使用。

4.6.6 微改造设计指引

围墙用来围合、分割或保护某一区域，它除了给学生提供安全保障外，对其进行合理设计改造也能提升校园的整体美观度。

（1）必要改造内容

为了保证校内师生安全，校园围墙要保持其安全性，围墙的高度建议控制在1.8~2.4m。过矮的围墙会减低防护的意义，过高的围墙会产生压抑感。因此，控制围墙高度是围墙微改造中的一项必要内容。

围墙高度建议数值示意图

（2）提升优化建设

- **结合绿化设计**

围墙可增加景观绿化元素，与花池结合设计，或采用垂直绿化植物。贴面材质多用自然石、木质等生态材料，清新自然、造型多样、环保生态。

天河外国语学校绿化围墙实景

郑中钧中学绿化围墙实景

- **结合展示栏设计**

通透性较低的围墙，可以增加户外宣传空间，充分展示学校教学理念、校训或者办学宗旨等元素，凸显学校的特色。

天河外国语学校国学文化围墙实景

广州市番禺区实验中学文化围墙实景

- **增加文化细节**

围墙上采用文化符号，运用漏窗、浮雕等形式营造文化氛围。

培正中学围墙刻有校名实景

4.7 校园架空层

4.7.1概念 架空层指校园建筑特别是教学楼底部的半开放式空间。架空层既可用作课间休息活动的场所，也可进行绿化景观装饰。架空层优势明显，安全、隔潮、通风，在校园中起着举足轻重的作用。在对架空层微改造时，应结合校园现状和周边环境，兼顾功能性、安全性和美观性。

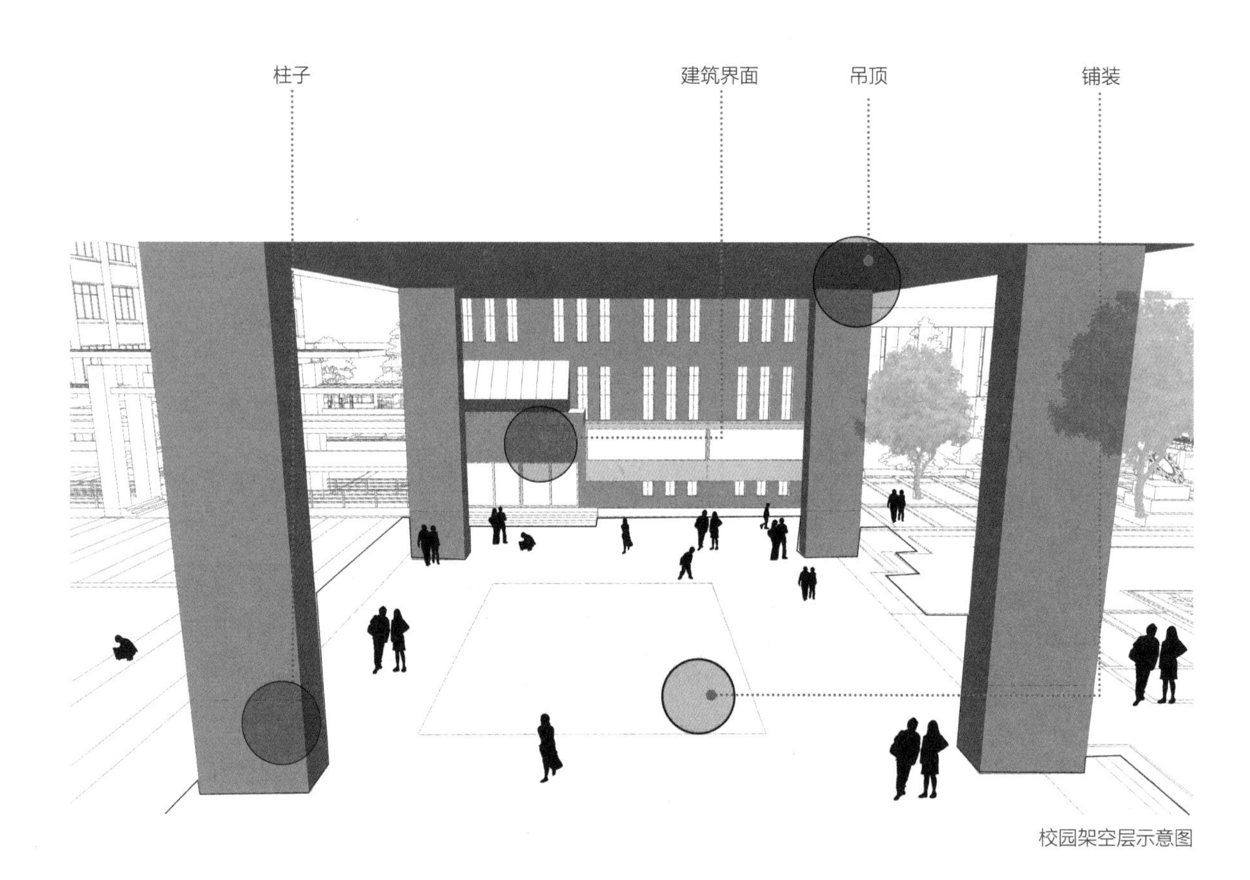

校园架空层示意图

4.7.2 架空层属性

①容纳公共活动

作为遮风避雨的区域，架空层承载了各种公共活动，是雨天的体育活动、英语角等活动的重要载体。

②提供展览展示

可作为小型的评比、文娱、图片、美工等校内活动的展览展示空间。

③交通功能

架空层与建筑出入口、楼梯、连廊直接连接，具有跟风雨连廊相似的交通功能，成为校园全天候无伞出行通道的重要组成部分。

④优化自然通风

对于一组围合式的建筑，可局部拆除墙体，形成建筑内自然风通道，打造自然通风系统，为地处湿热环境的校园自然降温。

⑤提供车辆停放空间

在不影响师生课余活动的情况下，可以把靠近校门的建筑架空层用于机动车停放。在教学楼、宿舍楼划分部分区域用于学生的非机动车停放。

美国人国际学校实景——架空层的交通属性

开发区第一幼儿园实景——架空层的公共活动属性

广雅中学实景——位于规划轴线的架空层入口形式

科学城中学实景——位于规划轴线的架空层空间

4.7.3 围合类型

围合空间是一种空间组织方式，不同的空间有不同的围合形式、使用不同的围合材料。找到合理的围合方式，能使空间在真正意义上达到统一。

（1）空间类型

- **无围合类型**

无围合架空层以交通性空间为主。所以底层空间视野最开阔，流线虽复杂却自由。

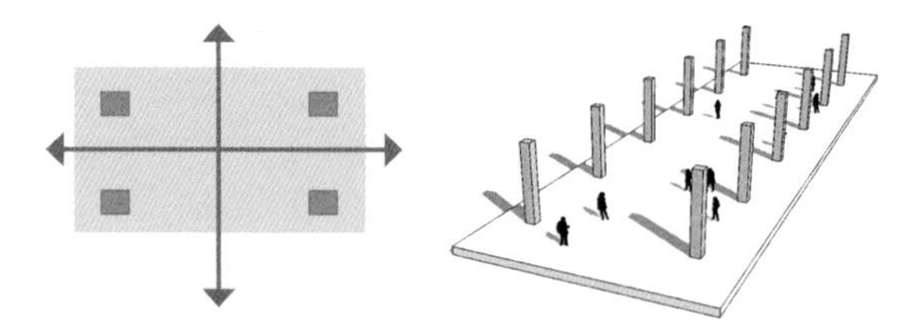

- **一面围合类型**

一面围合架空层以交通性空间为主，有较明确的流线指引作用，围合面往往成为架空层空间中的视觉中心。

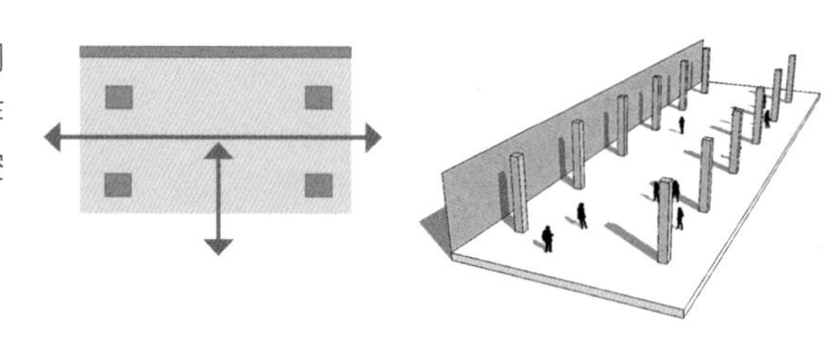

- **同方向两面围合类型**

两面围合架空层形成渠化的交通性空间，流线指引作用更加明确，围合面的视觉效果反而被弱化，但是可以起到空间烘托作用。

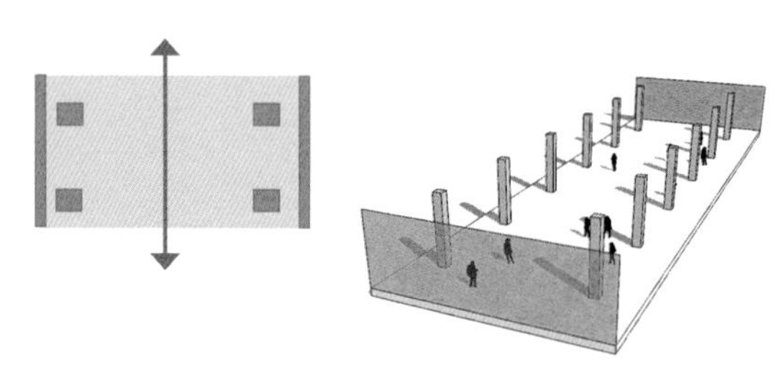

- **相邻两面围合类型**

相邻两面围合的架空层以功能活动空间为主，交通指向性较强，可以同时用作活动空间和交通空间。

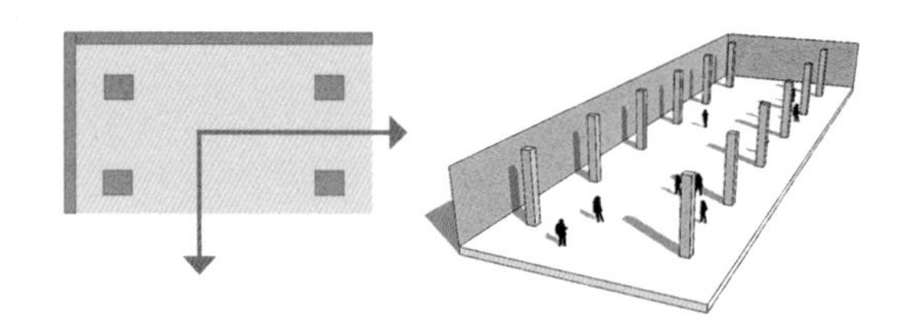

- **三面围合类型**

三面围合的架空层丧失交通性，成为私密性较强的公共活动空间，可以作为英语角、图书角、展览角等需要长时间停留的活动场所。

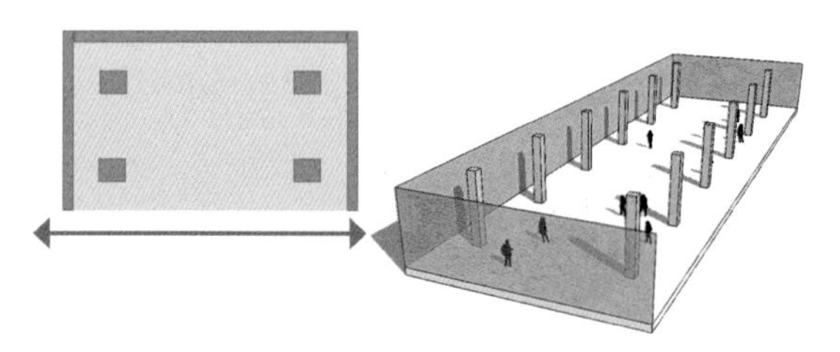

各围合空间类型分析图

（2）围合元素

常用的空间围合元素有很多。架空层的围合不单单可利用建筑墙，还能使用景墙、宣传栏、栏杆、花池和植物等。

景墙元素实景

栏杆元素实景

植物元素实景

4.7.4 微改造设计指引

（1）必要改造内容

- **全天候活动区域**

架空层作为校园风雨无阻的半室外空间，是校园全天候活动空间的重要组成部分，应与风雨连廊、建筑出入口、楼梯电梯等垂直交通空间相衔接。

- **优化功能性使用**

①局部增加墙体

a. 将架空层空间进一步分割，增加不同功能的活动区域或学习展示空间。

b. 临近校园出入口或架空层空间，可赋予停车功能。

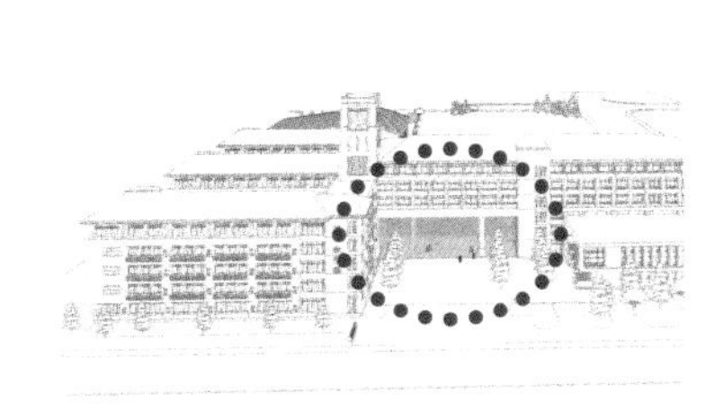

改造前示意图

改造后效果图

②局部拆除墙体（非承重墙体）

a. 优化交通空间。架空层常与连廊联系，建议学校打造无风雨出行环境。

b. 加强空气流动。结合中庭教学楼，形成通风通道，为校园自然降温。

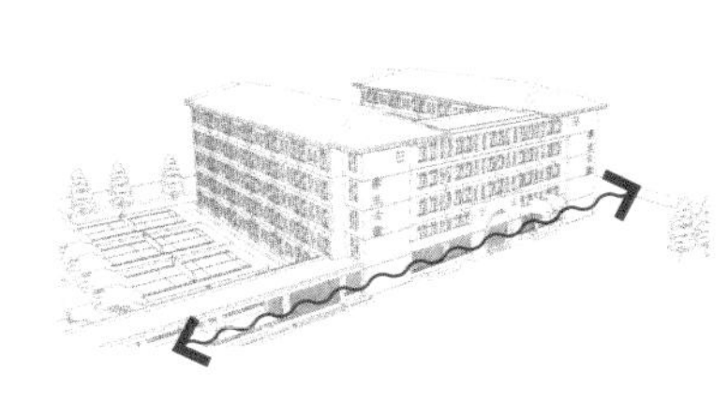

改造前示意图

改造后效果图

（2）提升优化建设

文化性建设是提升优化建设中非常重要的一项内容。文化性建设主要包括礼仪型、展示型、生态型、阅览型四种建设类型。

礼仪型：营造层次丰富的建筑入口空间实景

展示型：展墙的设置符合人体尺度实景

生态型：利用座椅及当地特色植被，表现校园特色实景

阅览型：设置有校园特色的几何图案构筑物与桌椅，提供阅览空间实景

增加展板、展墙等，种植本地植物，表现校园文化架空层改造效果图

4.8 建筑材料

4.8.1 概念

建筑材料研究，包括常规材料在当代建筑中的特殊运用以及常规材料在当代建筑中的引入。根据在建筑物中所起作用的不同，建筑材料可分为两大类:第一类是承重结构用途材料，如砖、石、混凝土、砂浆、钢铁和木材等。第二类是特殊用途材料，如吸声板、耐火砖、防锈漆、泡沫玻璃、彩色水泥等。建筑材料是建筑工程的物质基础，它决定了建筑物是否坚固、耐久、适用、经济和美观。建筑材料费占整个工程费的60%以上[29]。只有研究各种材料的原料、组成、构造和特性，才能合理选择和正确使用建筑材料。

材料根据使用范围，分为建筑界面、地面、屋顶以及节点装饰四类。校园建筑常用的材质有涂料、面砖、陶板、干挂花岗石、膜材料、金属表皮、混凝土表皮、砖表皮、天然表皮等。

4.8.2 常用材料与工艺

常用建筑材料及施工包括以下几种。

（1）涂料

涂料是一种流体，是一种可以采用不同的施工工艺涂覆在物体表面上，干燥后会形成黏附牢固、具有一定强度、连续的固态薄膜的材料。考虑广州地区地域环境，具有耐酸性能的涂料，是校园微改造的首选推荐建材。

名称	内容
有机涂料	溶剂型涂料、水溶性涂料、乳胶涂料
无机涂料	以水玻璃、硅溶胶、水泥等为基料，加入颜料、填料、助剂等经研磨、分散等
无机和有机复合涂料	硅溶胶、丙烯酸系列复合外墙涂料

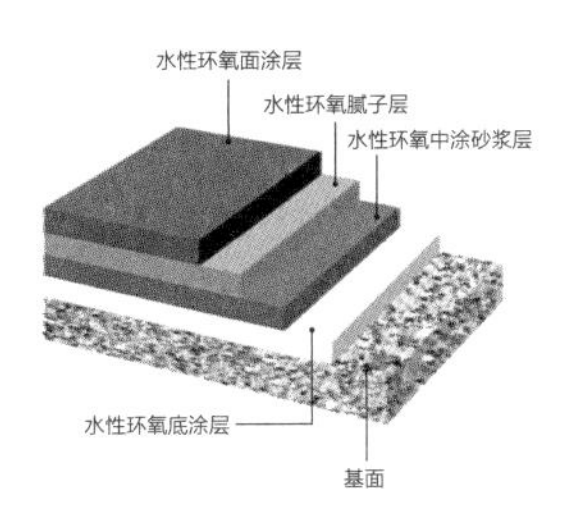

涂料工艺示意图

推荐使用材料:

名称	特点	用途
氟碳漆	一种使用寿命长达20年以上的外墙涂料，在行业内称“涂料王”	外墙涂料
彩砂外墙涂料	无毒、无味、施工方便、涂层干燥快、不燃、耐强光、不褪色、耐水性优良、黏结力强且装饰效果好	适用于新旧建筑内外墙面装饰，也可用于工艺美术和城市雕塑，如常应用的仿石漆涂料
复层建筑涂料	具有优良的耐候性、耐水性、耐碱性、耐冻融性、耐擦洗性、高附着性，涂层质感好、装饰效果好	可用于水泥砂浆抹面、石膏板和木结构等基层上，施工时可采用喷滚相结合的方法，制成优美且有质感的涂层

不推荐使用材料：

名称	特点	用途
丙乳液外墙涂料	施工方便、干燥迅速、色泽鲜艳、贮存稳定、涂层有透气性、耐水、耐碱、耐老化且保色性能好、附着力强	可用于木质或钢质门窗的保护装饰
聚氨酯系外涂料	固体含量高，涂膜柔软，弹性变形能力大，与混凝土、金属、木材等结合牢固，对基层的裂缝有很好的适应性；表面光洁度好，呈瓷状质感，耐候性、耐污性好，但价格较贵	可用于防水、防腐蚀，保护装饰表面.

（2）面砖

贴在建筑物表面的瓷砖统称面砖。面砖是用难熔黏土压制成型后焙烧而成的，通常做成矩形，尺寸有100mm×100mm×10mm和150mm×150mm×10mm等。它具有质地坚实、强度高、吸水率低（小于4%）等特点。有多种颜色与分类，用作外墙饰面[30]。

推荐使用材料：

名称	属性，适用范围	规格
釉面砖	被广泛使用于墙面和地面装修，分为陶制釉面砖、瓷制釉面砖两种，如常应用的纸皮砖面砖	常见规格： 100mm×100mm×10mm 150mm×150mm×10mm
通体砖	被广泛使用于厅堂、过道和室外走道等装修项目的地面，多数防滑砖都属于通体砖，如常应用的劈开砖、仿劈开砖	常见规格： 100mm×100mm×10mm 150mm×150mm×10mm
外墙面砖	外墙面砖俗称“无光面砖”，用难熔黏土压制成型后焙烧而成，通常做成矩形	常见规格： 100mm×100mm×10mm 150mm×150mm×10mm
马赛克砖	一种特殊的外墙砖，它一般由数十块小块的砖组成一个大砖，有陶瓷马赛克、大理石马赛克、玻璃马赛克几类	常见规格： 30mm×30mm 300mm×300mm
玻化砖	一种强化的抛光外墙砖，具有天然石材的质感	常见规格： 400mm×400mm 500mm×500mm 600mm×600mm 800mm×800mm 900mm×900mm
陶柔砖	也叫柔性面砖，是软瓷的升级换代新品。陶柔砖具有陶土砖的天然质感、柔性的可延展基材、砖样的纹理与装饰效果	常见规格： 100mm×100mm×10mm 150mm×150mm×10mm

面砖
饰面层
YT保温层
基层墙体

贴面类工艺示意图

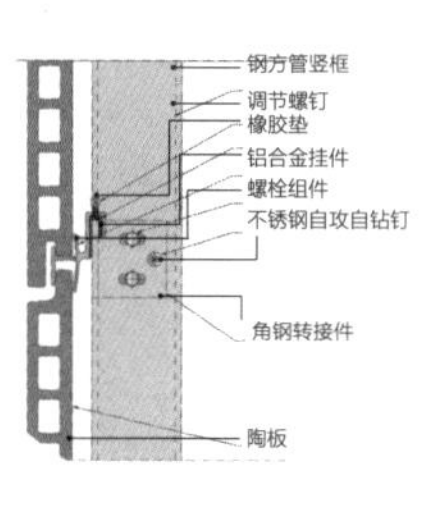

挂板类工艺示意图

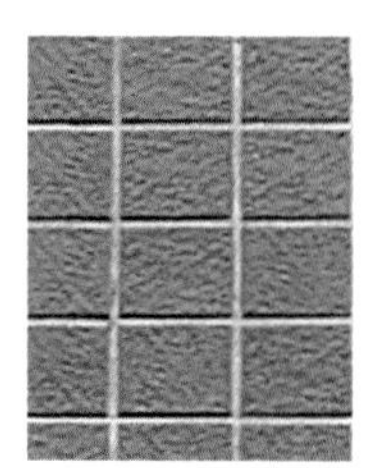
釉面砖

通体砖

外墙面砖

马赛克砖

玻化砖

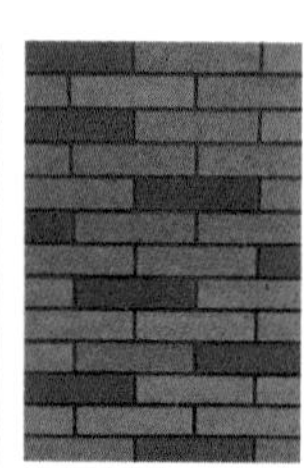
陶柔砖

面砖常用材料示意图

（3）膜材料

膜结构是一种全新的建筑结构形式，它集建筑学、结构力学、精细化工与材料科学、计算机技术等于一体，具有很高的技术含量。其曲面可以结合整体环境，随着设计需要任意变化。

在阳光的照射下，由膜覆盖的建筑物内部充满自然漫射光，无强反差的着光面与阴影的区分，室内空间的视觉环境开阔和谐。夜晚，建筑物内的灯光透过屋盖的膜照亮夜空，建筑物的体形显现出梦幻般的效果[31]。

张拉膜结构实景

（4）金属表皮

耐候钢，即耐大气腐蚀钢，是介于普通钢和不锈钢之间的低合金钢系列，耐候钢由普碳钢添加少量铜、镍等耐腐蚀元素而成，具有优质钢的强韧、塑延、成型、焊割、磨蚀、高温、抗疲劳等特性，耐候性为普碳钢的2~8倍，涂装性为普碳钢的1.5~10倍。同时，它具有耐锈、使构件抗腐蚀延寿、减薄降耗、省工节能等优点[32]。

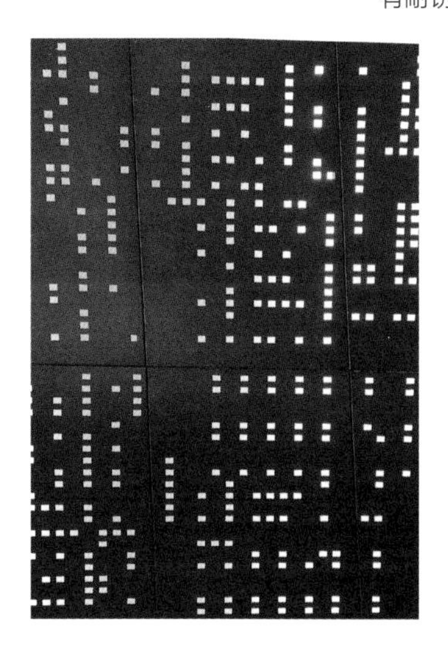

金属表皮示意图

金属表皮建筑实景

（5）混凝土表皮

- **清水混凝土**

清水混凝土又称“装饰混凝土”，因极具装饰效果而得名。它一次浇注成型，不做任何外装饰，直接采用现浇混凝土的自然表面效果作为饰面，因此不同于普通混凝土，表面平整光滑、色泽均匀、棱角分明、无碰损和污染，只是在表面涂一层或两层透明的保护剂，显得自然且不失庄重[33]。

- **透光混凝土**

透光混凝土由大量的光学纤维和精致混凝土组合而成。这种混凝土通常做成预制砖或墙板的形式，离这种混凝土最近的物体可在墙板上显示出阴影。承重结构也能采用这种混凝土，因为这种玻璃纤维对于混凝土强度没有任何负面影响。透光混凝土有不同的尺寸，能做出不同的纹理和色彩，且有绝热作用[34]。

- **PC材料**

prefabricated concrete structure，缩写为PC，意为“预制装配式混凝土结构”。它能够提高生产效率、节约能源，发展绿色环保建筑，且有利于保证并提高建筑工程质量。PC材料不仅作为建筑的外围护结构得到广泛使用，园区景观的铺砖、雕塑也可以通过PC材料来展现绿色建造、环保这一主题。例如，利用PC材料表现露石的效果，即通过几种颜色深浅不一的PC材料铺砖形成丰富的地表肌理[34]。

（6）天然表皮

天然表皮指在大自然中存在的材料，如土、草、苇、泥、竹、木、石材等，这些材料生态自然、美观优雅、朴实无华，让人回归大自然的天然生态。

随着可持续观念逐渐深入人心，有建筑师开始尝试使用天然材料，或由其加工而成的可自然降解、循环使用的材料来建造建筑表皮，以节省不可再生的材料资源，减少不可降解材料对环境的负面影响[36]。

植物表皮实景

砖瓦表皮实景

4.8.3 微改造设计指引

（1）不建议改造方案

建筑材料不建议使用大面积玻璃幕墙、大面积过于粗糙或易碎易脱落的面材，不应大面积使用易产生光污染的建材，楼地面面层和楼梯面面层铺装材料不应选用防滑性能差、不易清洁、不耐用的材料。

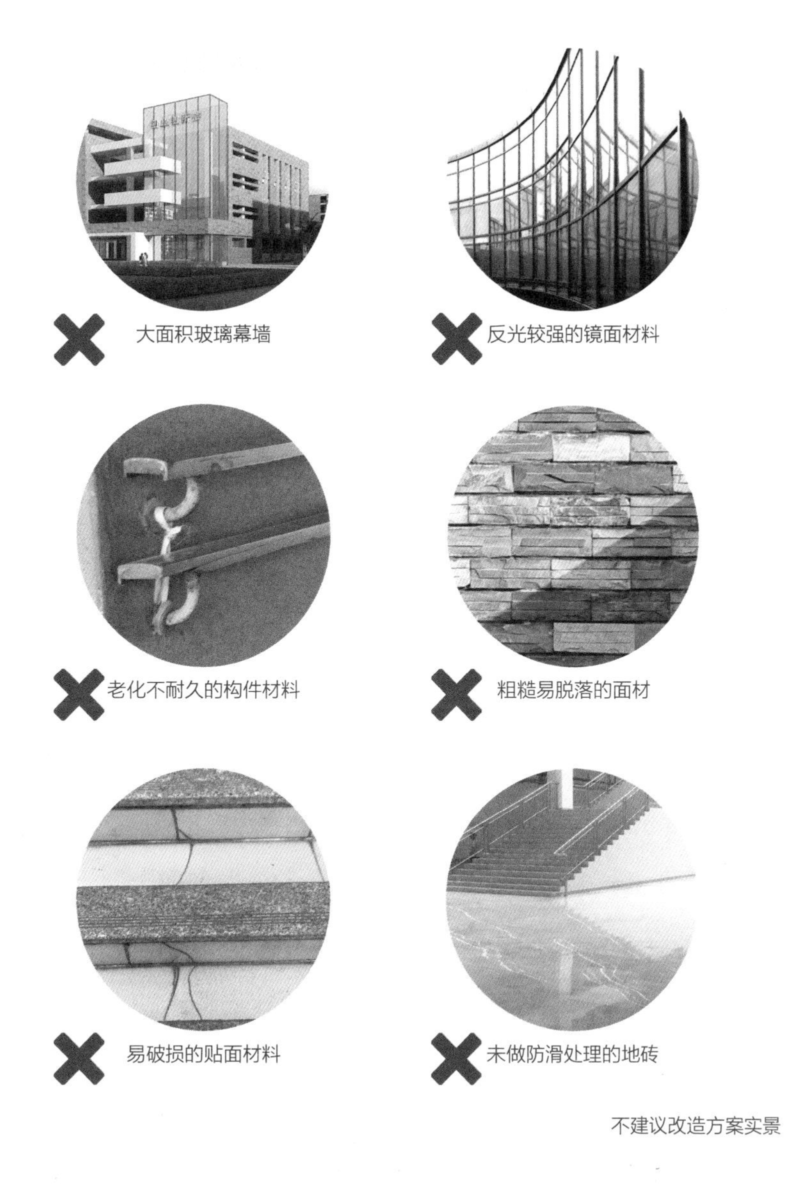

不建议改造方案实景

（2）改造实践　　广州农林下路小学——建筑立面材料选择

广州农林下路小学建筑立面的饰面改造，使用贴面砖、砖瓦、乳胶漆等材料，丰富建筑立面效果，满足相关建筑节能要求。

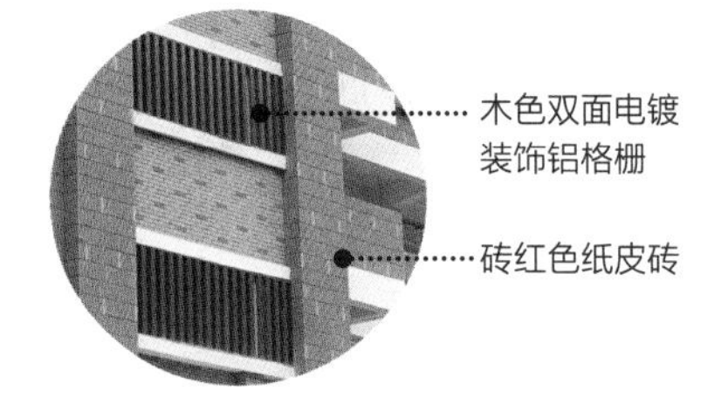

改造后实景

广州郑中钧中学——建筑立面材料选择

广州郑中钧中学建筑立面改造用新建筑材料改变了原有单一的粉饰效果，改造后材料运用丰富，效果和谐统一又富于变化，在实现建筑节能功能的前提下，打造了具有地域特色的校园环境。

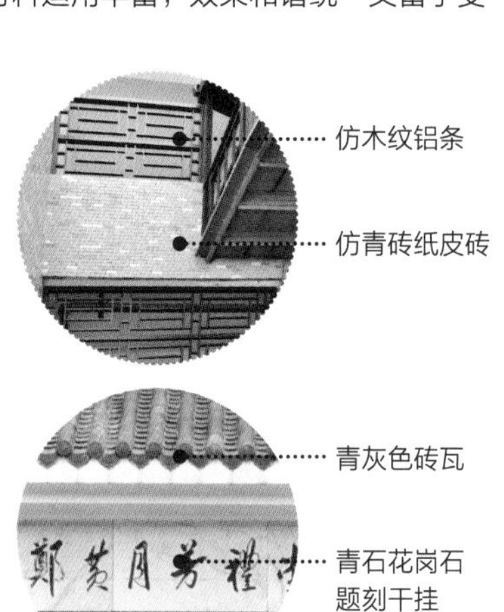

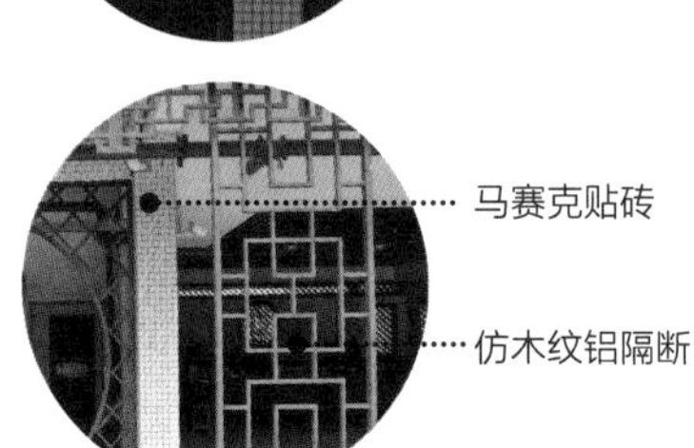

改造后实景

广州美国人国际学校

5

校园安全卫生设施微改造设计

5.1 校园安全卫生设施微改造的定义与范围

5.1.1 定义

校园设施安全包括教学活动的安全卫生设施保障、自然与人为灾害侵袭下的防御备灾条件、救援疏散时师生的避难条件等[37]。 保障校园安全卫生是校园微改造的重要一环，应把以人为本的精神融入人车分流、安全疏散、防滑防撞、无障碍设计及校园安全电子与信息化设计等建筑与环境的设施中，全方位保护师生安全。

5.1.2 范围

主要从六个方面总结校园安全卫生设施微改造内容，即人车分流、安全疏散、防滑防撞设计、校园卫生设施、校园安全电子与信息化设计。

人车分流设计实景

安全疏散实景

防滑防撞设计实景

无障碍设计实景

校园卫生设施实景

校园安全电子与信息化设计实景

5.2 校园人车分流

5.2.1概念

人车分流是在道路上将人流与车流完全分隔开，使其互不干扰地各行其道。校园中的人车分流，意在将师生活动的流线与车辆行进的流线分隔开来，最大限度地保障师生安全。

5.2.2人车分流的形式

人车分流需要合理的规划，科学的人车分流可以从根本上改善校园道路系统。根据现状建筑物的布局和校园面积，人车分流的形式可分为以下两种：

①用地面积较小的校园，在校园车行入口设置停车设施，禁止车辆进入校园。

②用地面积较大的学校，采用“外环路+尽端路”的形式布置机动车道，既禁止车辆穿越校园，又能使消防车道通向校内的每一栋建筑。校园中部设置由小广场、步道等组合而成的步行系统，把最好的环境留给师生。

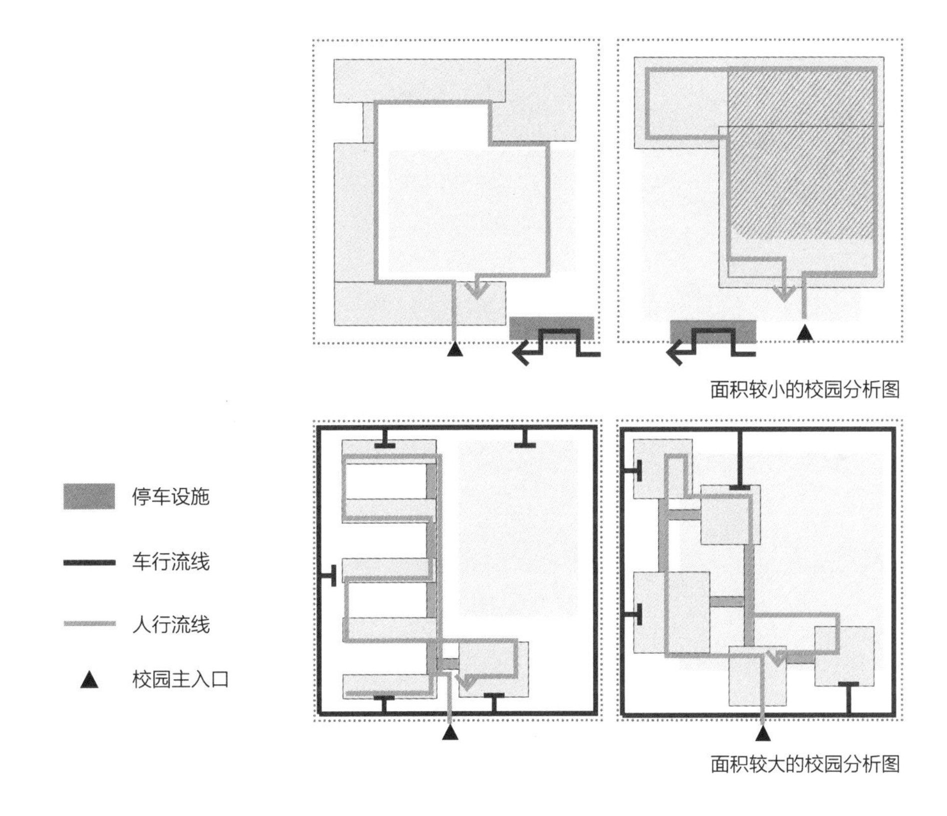

面积较小的校园分析图

面积较大的校园分析图

广州市天河外国语学校，位于次入口的停车场、地下车库入口及校内道路车辆禁行标志实景

5.3 校园安全疏散

5.3.1 整体疏散

校园整体疏散包括校园整体的出入口设置以及校园道路的设置两个方面。合理的设置是保证校园交通畅通的前提，是可以随时应对突发状况的基本保障。

（1）校园出入口

中小学校的校园应设置2个出入口。出入口的位置应符合教学、安全、管理的需要，应避免人流、车流交叉。有条件的学校宜设置机动车专用出入口。出入口设置应与市政交通衔接，但不应直接与城市主干道连接。主要出入口应设置缓冲场地。

（2）校园道路

关于校园道路设置，主要有以下几个方面的规则：

①校园内道路应与各建筑的出入口及走道衔接，构成安全、方便、明确、通畅的路网。

②中小学校校园应设消防车道。消防车道的设置应符合《建筑设计防火规范》GB 50016的有关规定。

③校园道路每通行100人，道路净宽为0.7m，每一路段的宽度应根据该段道路通达的建筑物容纳人数之和计算，每一路段的宽度不宜小于3m。

④校园道路及广场设计应符合《建筑设计防火规范》GB 50016的有关规定。

⑤校园内人流集中的道路不宜设置台阶。设置台阶时，不得少于3级。

⑥校园道路设计应符合《建筑设计防火规范》GB 50016的有关规定。

广州美国人国际学校道路实景

广州开发区第一幼儿园道路实景

广州市天河外国语学校道路实景

广东华侨中学金沙洲校区道路实景

5.3.2 消防车道

火灾对中小学生的生命安全有着极大的危害，所以必须对中小学校园的消防救援通道给予足够的重视。在消除校园安全隐患的改造设计中，应检查消防救援通道是否符合最新的消防规范，如果不符合，应予以整改。设置消防车道时需考虑或遵循的情况总结如下：

（1）根据与周边街区关系设置

校园消防车道设置受周围街区的影响。

①校园周围街区内的道路应考虑消防车的通行，道路中心线间的距离不宜大于160m。

②当建筑物沿街道部分的长度大于150m或总长度大于220m时，应设置穿过建筑物的消防车道。倘若不具备设置穿过建筑物消防车道的基本条件，则应设置环形消防车道。

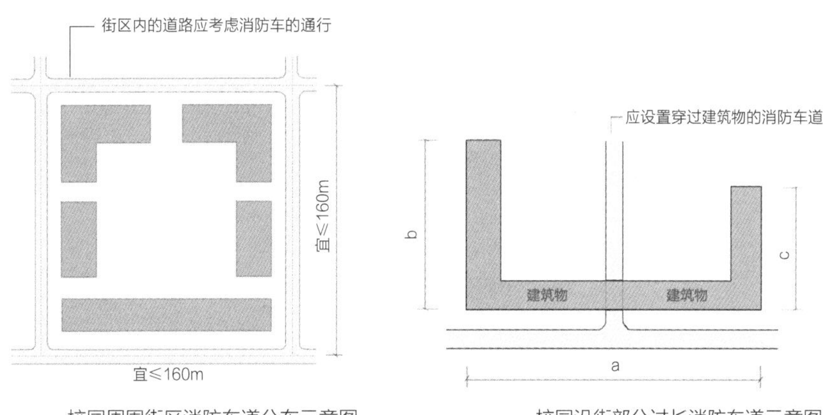

校园周围街区消防车道分布示意图　　　　校园沿街部分过长消防车道示意图

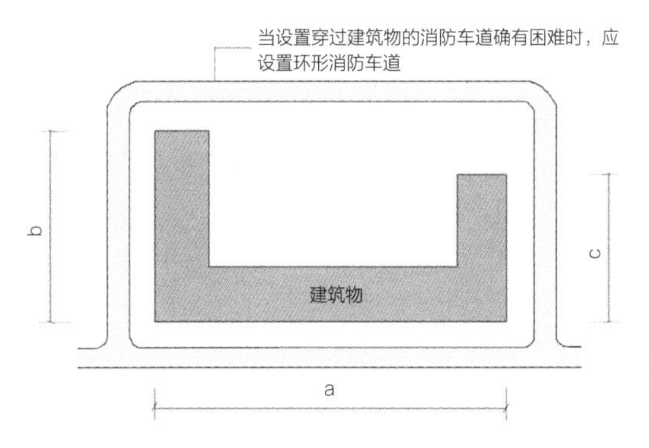

a＞150m（长条形建筑物）
a+b＞220m（L形建筑物）
a+b+c＞220m（U形建筑物）

环形消防车道示意图

（2）根据校园建筑类型设置

①校园建筑属单、多层公共建筑，周围应设置环形消防车道。确有困难时，可沿建筑的两个长边设置消防车道。

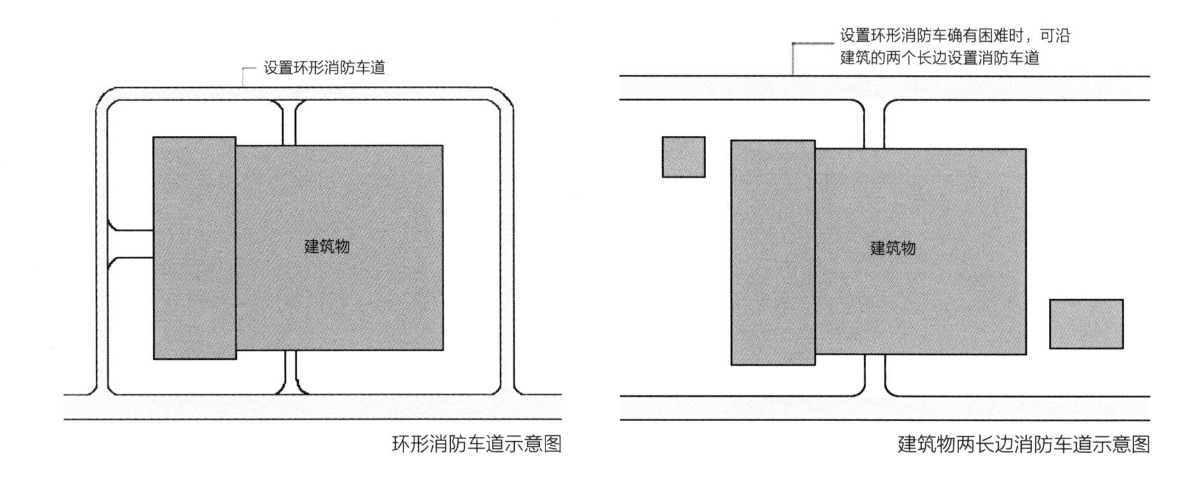

环形消防车道示意图

建筑物两长边消防车道示意图

②对于有封闭内院或天井的建筑物，当内院或天井的短边长度大于24m时，宜设置进入内院或天井的消防车道；当该建筑物沿街时，应设置连通街道和内院的人行通道（可利用楼梯间），其间距不宜大于80m。

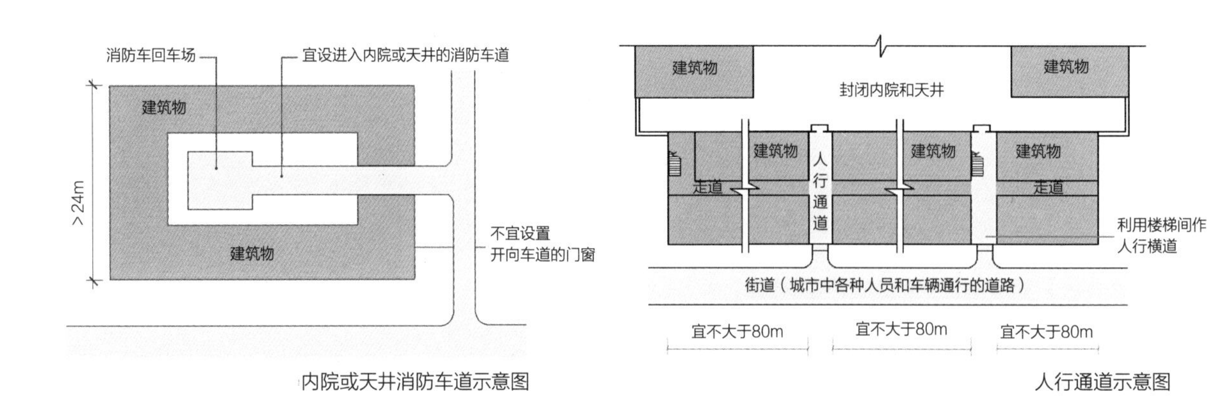

内院或天井消防车道示意图

人行通道示意图

（3）与周边设施的关系　　在穿过建筑物或进入建筑物内院的消防车道两侧，不应设置影响消防车通行或人员安全疏散的设施。

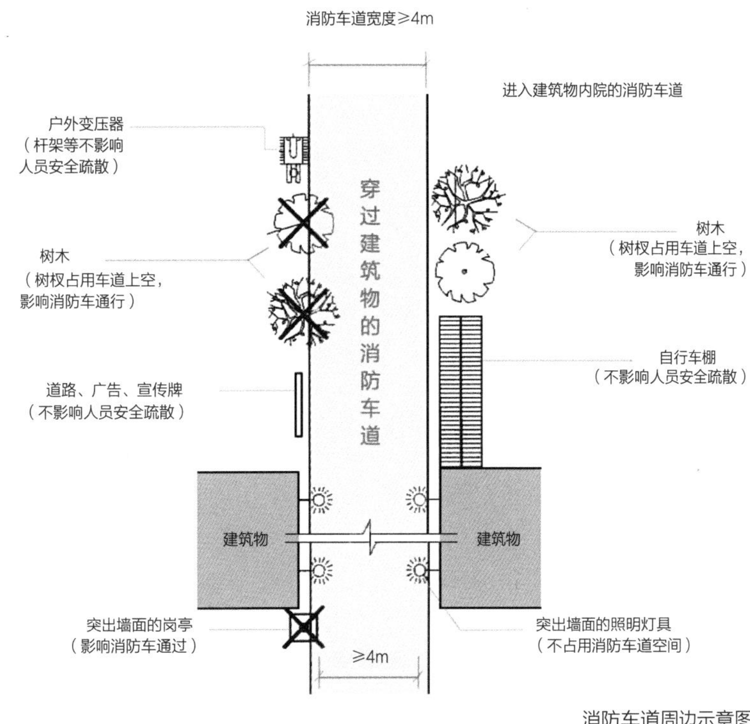

消防车道周边示意图

（4）与其他车道关系　　环形消防车道至少应有两处与其他车道连通，尽头式消防车道应设置回车道或回车场，回车场的面积不应小于12m×12m。

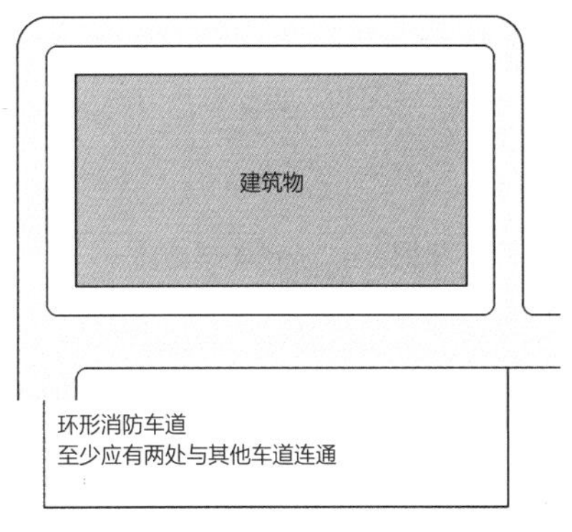

环形消防车道与其他车道连通示意图

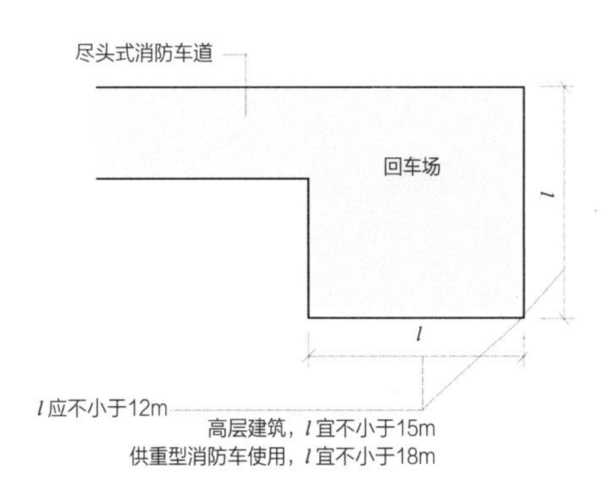

消防车道设置回车场示意图

5.3.3 建筑物疏散 建筑物疏散主要是指建筑物内部的流线要畅通，主要包括疏散通行宽度、建筑物出入口、教室疏散、走道、楼梯五个部分。

（1）疏散通行宽度

疏散通行宽度应符合下列规则：

①中小学校内，每股人流的宽度应按0.6m计算。

②中小学校建筑的疏散通道宽度最少应为2股人流，并应按0.6m的整数倍增加疏散通道宽度。

③中小学校建筑的安全出口、疏散走道、疏散楼梯和房间疏散门等处每100人的净宽度应按《中小学校设计规范》GB 50099-2011中的规定计算。教学用房的内走道净宽度不应小于2.4m，单侧走道及外廊的净宽度不应小于1.8m。

④房间疏散门开启后，每樘门净通行宽度不应小于0.9m。详见疏散通行宽度示意图。

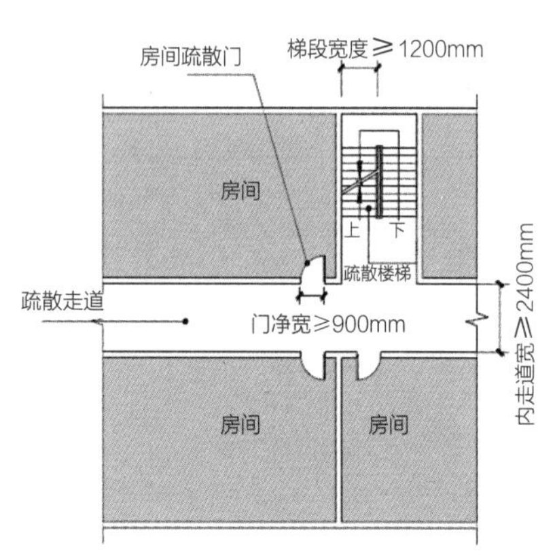

疏散通行宽度示意图

资料来源：根据《中小学校设计规范》GB 50099-2011插图改绘

（2）建筑物出入口

校园安全疏散在建筑物出入口方面，主要应符合以下规则：

①校园内除建筑面积不大于200m²、人数不超过50人的单层建筑外，每栋建筑应设置2个出入口。非完全小学内，单栋建筑面积不超过500m²，且耐火等级为一、二级的低层建筑可只设1个出入口。

②教学用房在建筑的主要出入口处宜设门厅。

③教学用建筑物出入口净通行宽度不得小于1.4m，门内与门外各1.5m范围内不宜设置台阶。详见建筑物出入口示意图。

④在寒冷或风沙大的地区，教学用建筑物出入口应设挡风间或双道门。

⑤教学用建筑物的出入口应设置无障碍设施，并应采取防止上部物体坠落和地面防滑的措施。

⑥停车场地及地下车库的出入口不应直接通向师生人流集中的道路。

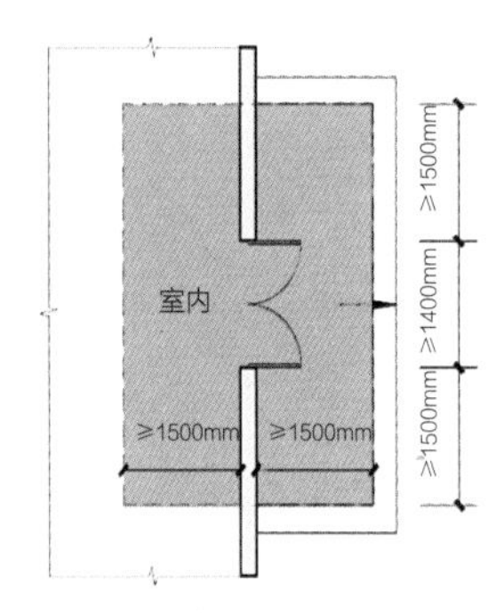

建筑物出入口示意图

资料来源：根据《中小学校设计规范》GB 50099-2011插图改绘

（3）教室疏散

校园安全疏散在教室疏散方面，主要应符合下列规则：

①每间教学用房的疏散门均不应少于2个，疏散门的宽度应经过计算；同时，每个疏散门的通行净宽度不应小于0.9m。当教室处于袋形走道尽端时，若教室内任一处距教室门不超过15m，且门的通行净宽度不小于1.5m时，可设1个门。

②普通教室及不同课程的专用教室对教室内桌椅间的疏散走道宽度要求不同，教室内疏散走道的设置应符合《中小学校设计规范》GB 50099-2011第5部分对各教室设计的规定。

（4）走道　根据《中小学校设计规范》GB 50099-2011，教学用建筑的走道宽度应符合下列规定：

①应根据在该走道上各教学用房疏散的总人数，按照下表计算走道的疏散宽度。

走道耐火级别：安全出口、疏散走道、疏散楼梯和房间疏散门每100人最小疏散净宽度（m）

所在楼层位置	建筑的耐火等级		
	一、二级	三级	四级
地上一、二层	0.70	0.80	1.05
地上三层	0.80	1.05	—
地上四、五层	1.05	1.30	—
地下一、二层	0.8	—	—

②走道疏散宽度内不得有壁柱、消火栓、教室开启的门窗扇等设施。

③建筑物内，当走道有高差变化应设置台阶时，台阶处应有天然采光或照明，踏步级数不得少于3级，并不得采用扇形踏步。当高差不足3级踏步时，应设置坡道。坡道的坡度不应大于1：8，不宜大于1：12。

（5）楼梯　校园楼梯建造规范应符合下列规定：

①中小学校建筑中疏散楼梯的设置应符合《民用建筑设计通则》GB 50352、《建筑设计防火规范》GB 50016和《建筑抗震设计规范》GB 50011的有关规定。

②中小学校教学用房的楼梯梯段宽度应为人流股数的整数倍。梯段宽度不应小于1.2m，并应按0.6 m的整数倍增加梯段宽度。每个梯段可增加不超过0.15m的摆幅宽度。

③中小学校楼梯每个梯段的踏步级数不应少于3级，且不应多于18级,并应符合下列规定：

a. 各类小学楼梯踏步的宽度不得小于0.26m，高度不得大于0.15m；

b. 各类中学楼梯踏步的宽度不得小于0.28m，高度不得大于0.16m；

c. 楼梯的坡度不得大于30°。

④疏散楼梯不得采用螺旋楼梯和扇形踏步。

⑤楼梯两梯段间楼梯井净宽不得大于0.11m，大于0.11m时，应采取有效的安全防护措施。两梯段扶手间的水平净距宜为0.1m~0.2m。

⑥中小学校的楼梯扶手的设置应符合下列规定：

a. 楼梯宽度为2股人流时，应至少在一侧设置扶手；

b. 楼梯宽度达3股人流时，两侧均应设置扶手；

c. 楼梯宽度达4股人流时，应加设中间扶手；

d. 中小学校室内楼梯扶手高度不应低于0.9m，室外楼梯扶手高度不应低于1.1m；水平扶手高度不应低于1.1m；

e. 中小学校的楼梯栏杆不得采用易于攀登的构造和花饰，杆件或花饰的镂空处净距不得大于0.11m，楼梯扶手上应加装防止学生溜滑的设施。

⑦除首层及顶层外，教学楼疏散楼梯在中间层的楼层平台与梯段接口处宜设置缓冲空间，缓冲空间的宽度不宜小于梯段宽度。

⑧中小学校的楼梯两相邻梯段间不得设置遮挡视线的隔墙。

⑨教学用房的楼梯间应有天然采光和自然通风。

5.4 校园防滑防撞设计

5.4.1 防滑防摔

校园防滑防摔主要体现在地面防滑材料的选用及栏杆扶手的设置两个方面。在广州的中小学校园微改造中，应特殊考虑广州多雨潮湿的气候特点和学生好动的行为特点，多采用防滑系数较大、具有弹性且坚固耐用的材料。

（1）防滑防摔地面

疏散通道、教学用房走廊、有给水设施的教学用房及教学辅助用房等路面及地面应采用防滑地面。地面使用防滑有弹性的面胶材料，在梯级处设置防滑条，减小雨天滑倒摔伤的可能。

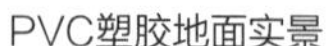

PVC塑胶地面实景　　楼梯防滑条实景　　PS仿木地面实景

为了达到防滑防摔的目的，中小学校园地面也可以使用PVC塑胶地板、防滑地砖、防滑剂等材料。

①PVC塑胶地板

PVC也称为“轻体地材”。PVC塑胶地板具有质轻、装饰性强、安装施工快捷、维护方便、安全性能较高、环保再生等特点，是校园功能微改造防滑地面的首选材料。

②防滑地砖

最常用的防滑地砖是通体砖，这是一种不上釉的瓷质砖，有很好的防滑性和耐磨性。普通通体砖的表面粗糙，毛孔多，在施工或使用过程中污物尘土等易渗入砖体，污染物一旦渗入很难清除；通体砖经抛光后就成为抛光砖，硬度和耐磨程度增强，但防滑效果减弱[38]。

③防滑剂

防滑剂是一种恢复或提高物体表面抗滑能力的溶剂，可用于石材或硬瓷砖表面，具有超强的渗透力，能有效渗入地面毛细管道，与地面砖发生化学反应，增宽管道，遇水或油渍时与鞋底接触能产生物理的吸盘作用，地面越湿滑，效果越显著[39]。

（2）扶手　扶手是指用来保持身体平衡或支撑身体的横木或把手。扶手的设置高度应考虑中小学生的身高等实际情况，在材料选用上宜采用高分子新材料，质轻坚韧、容易擦拭、美观、坚固耐用。

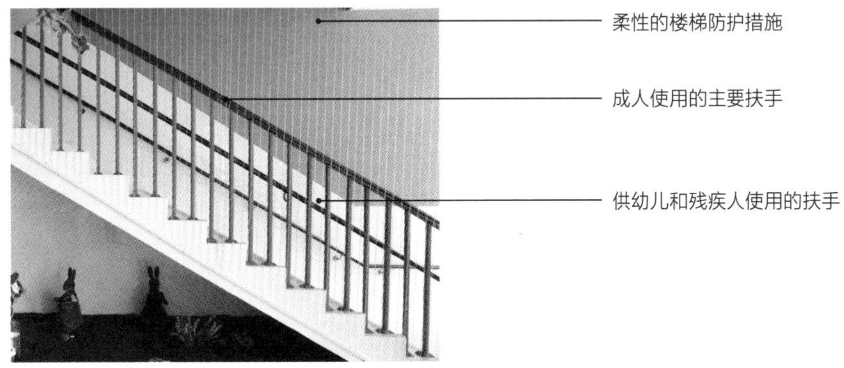

广州开发区第一幼儿园楼梯局部实景

（3）栏杆　上人屋面、外廊、楼梯、平台、阳台等临空部位必须设防护栏杆，高度不应低于1.1m，防护栏杆最薄弱处承受的最小水平推力应不小于1.5kN/m，以达到防滑防摔的目的。在栏杆的样式选择上，应将安全原则贯穿始终，选择不宜攀爬的竖向栏杆，并且控制栏杆的密度。避免选择较容易攀爬的样式，从细节上保护学生的安全，减少意外事故。

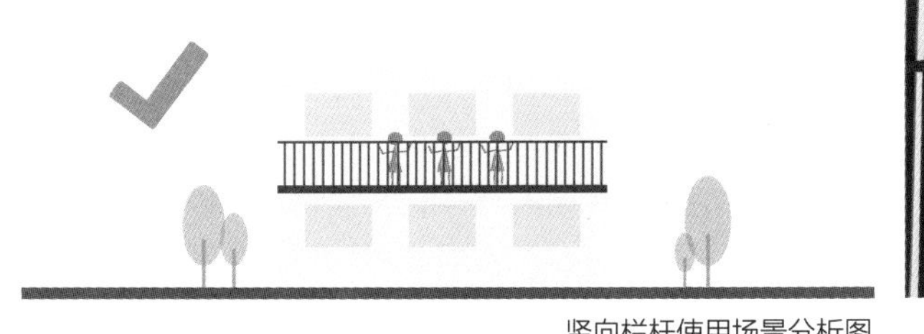

竖向栏杆使用场景分析图

竖向栏杆实景

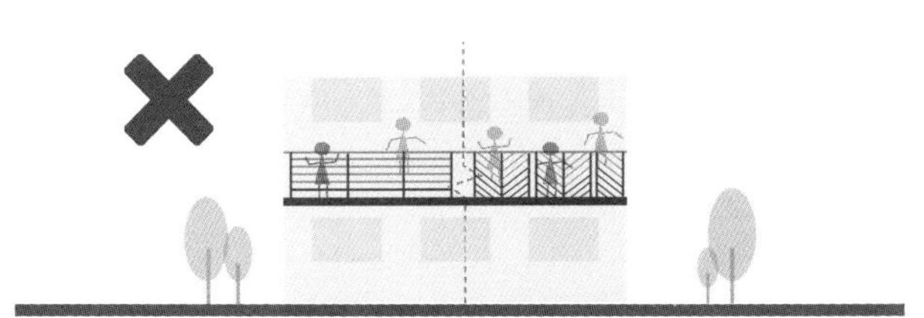

横向或交错栏杆使用场景分析图

横向栏杆实景

交错栏杆实景

5.4.2 防撞设计

由于中小学生活泼好动，因此在学生主要活动区域，应采用柔性材料包裹柱子和墙角，以降低碰撞伤害，防止意外事故。

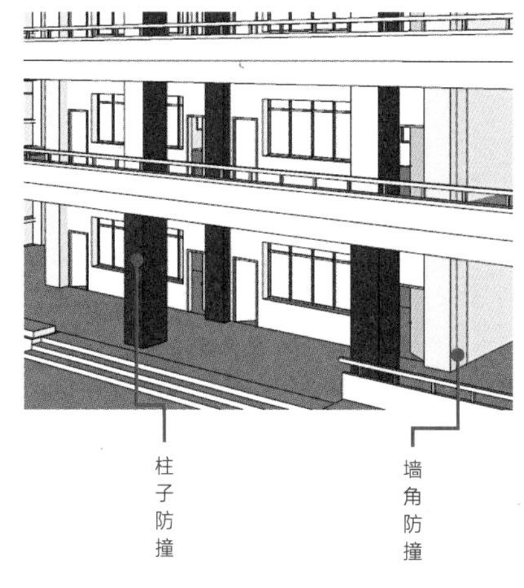

防撞设计位置示意图

柱子防撞实景

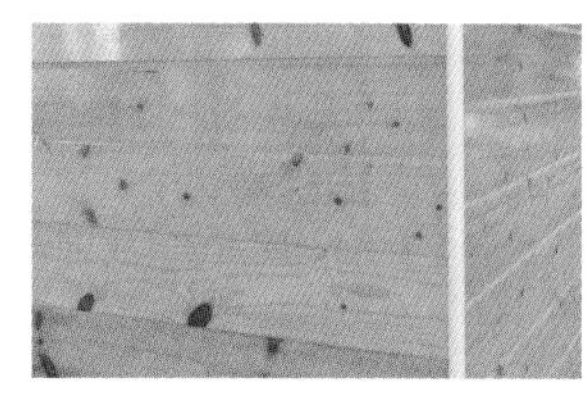

墙角防撞实景

5.4.3 悬挂设备

外悬挂设备如空调等，应与地面有至少2.2m的距离，且不能采用简易支架进行支撑，以防掉落。最好结合窗台、遮阳板等水泥构件一并设计。

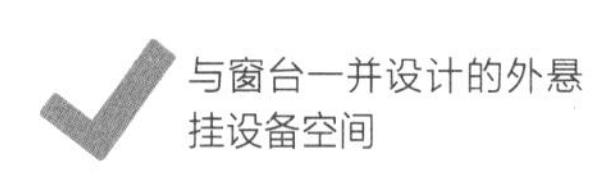

窗外悬挂设备实景

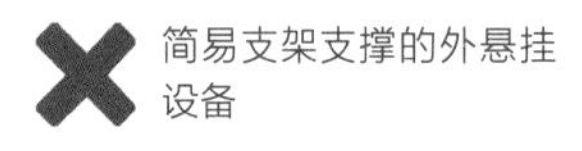

窗外悬挂设备实景

5.5 校园无障碍设计

5.5.1 无障碍出入口

为防止雨水倒流入室内，建筑入口外侧需设一定的室内外高差，因此会存在若干台阶，不利于残疾人使用。根据《中华人民共和国国家标准无障碍设计规范》GB 50763-2012，凡供教师、学生和婴幼儿使用的建筑物主要出入口应为无障碍出入口，宜设置为平坡出入口，方便残疾人出入。平坡出入口的地面坡度不应大于1：20，当场地条件比较好时，不宜大于1：30。坡道宜设计成直线形、直角形或折返形，常用的有“一”字形坡道、“U”形坡道、多段“L”形坡道几种形式。

无障碍出入口的轮椅坡道净宽度不应小于1.2m，轮椅坡道的高度超过300mm且坡度大于1：20时，应在两侧设置扶手。

无障碍出入口实景

残疾人坡道

≥1500mm

≥1500mm

无障碍出入口示意图

①“一”字形坡道

采用直线形坡道，轮椅使用者的入口与普通行人的入口分开，轮椅使用者需要走较长的路进入建筑物。

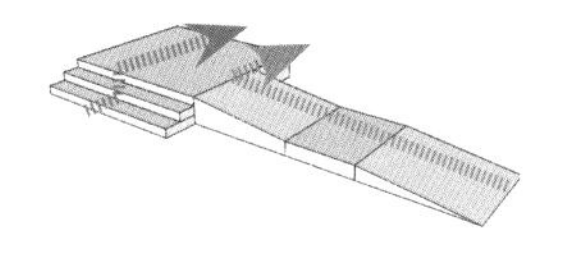

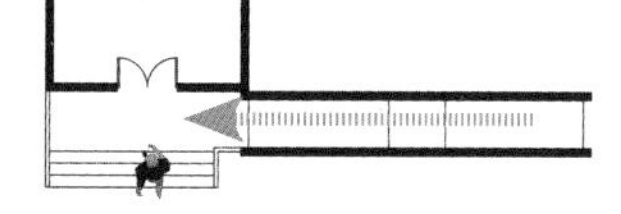

“一”字形坡道实景

“一”字形坡道示意图

②“U”形坡道

坡道入口在建筑物前面，轮椅使用者与普通人从相同位置进入建筑物。

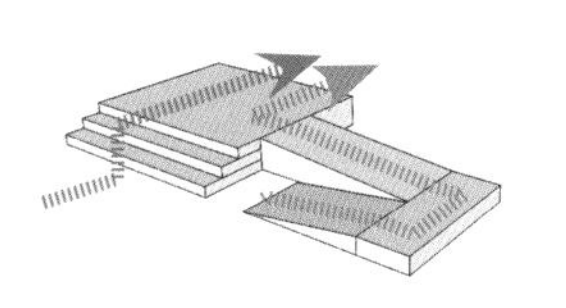

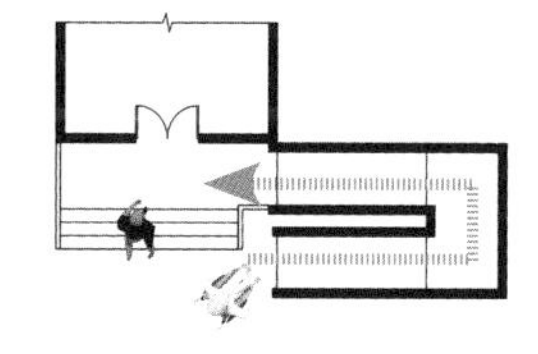

“U”形坡道实景

“U”形坡道示意图

③多段“L”形坡道

坡道的入口在建筑物的前面，但空间利用不如“一”字形坡道，需要休息平台。

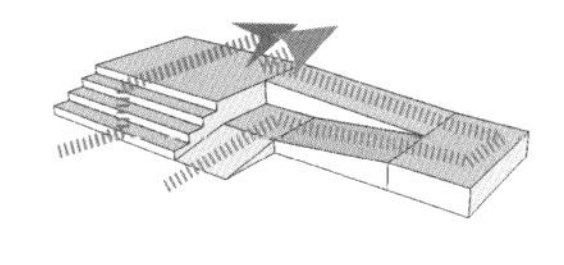

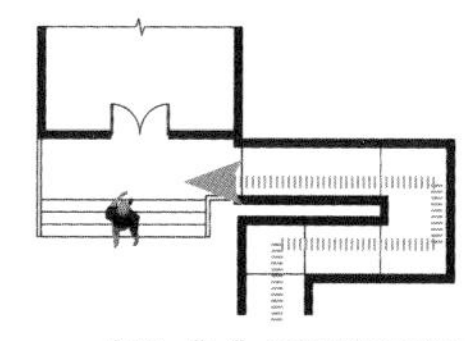

多段“L”形坡道实景

多段“L”形坡道示意图

5.5.2 无障碍栏杆扶手

无障碍栏杆扶手，也称“安全抓杆”或“安全扶手”，主要使用在过道走廊两侧、卫生间、公厕等场所，是一种帮助老年人和残疾人行走和上下的公共设施。

坡道、台阶及楼梯两侧应设高0.85m的扶手。设两层扶手时，下层扶手高应为0.65m。

扶手内侧与墙面的距离应为0.04～0.05m。扶手应安装牢固，形状易于抓握。

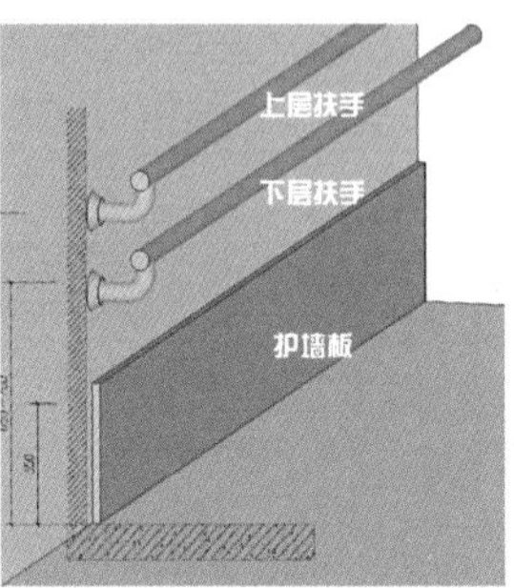

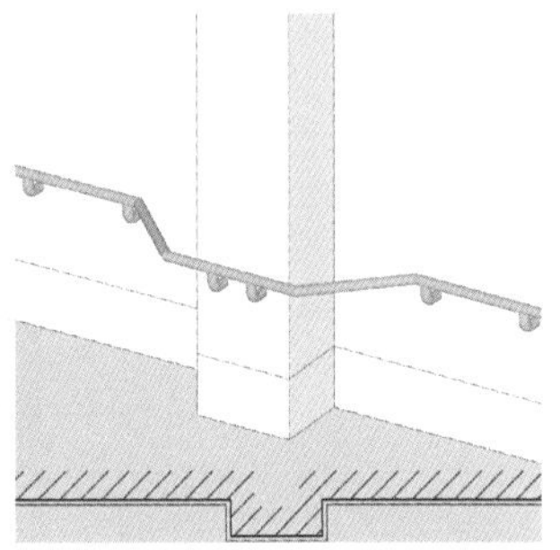

走廊有壁柱时扶手形式示意图

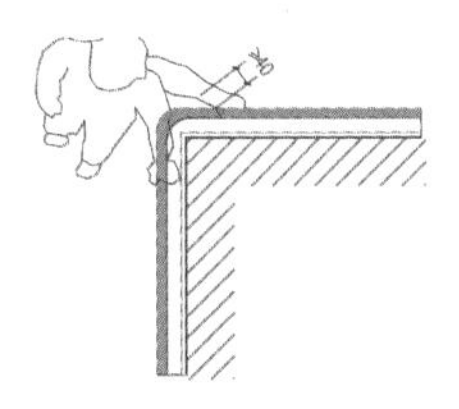

墙角处为直角时扶手形式示意图

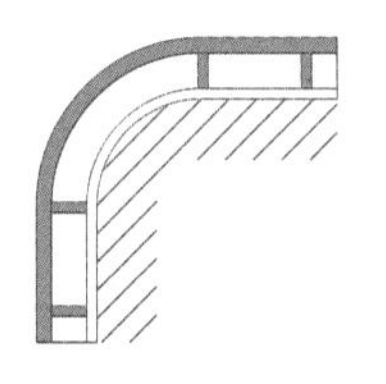

墙角处为圆角市扶手形式示意图

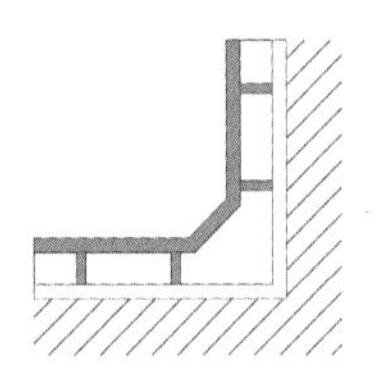

墙角为阴角时扶手形式示意图

资料来源：根据《中南地区工程建设标准设计建筑图集》改绘

5.5.3 道路导盲系统

接收残疾生源的中小学校，需完善盲道等导盲装置。盲道按其功能可分为行进盲道和提示盲道。盲道铺设应连续，应避开树木（穴）、电线杆、拉线等障碍物，其他设施不得占用盲道。行进盲道的宽度宜为0.25~0.5m，行进盲道在起点、终点、转弯处及其他有需要处应设提示盲道。在扶手、标牌等设施上增加盲文标志牌。

地面盲道实景

栏杆导盲实景

5.5.4 无障碍电梯

候梯厅无障碍设施的设计要求如下：候梯厅深度大于或等于1.8m，按钮高度0.9~1.1m，电梯门洞净宽度大于或等于0.9m，显示与音响能清晰显示轿厢上、下运行方向和到达层数，每层电梯口应安装楼层标志，电梯口应设提示盲道。

电梯轿厢无障碍设施的设计要求如下：电梯门开启净宽大于或等于0.8m；轿厢深度大于或等于1.4m，宽度大于或等于1.1m；轿厢正面和侧面应设高0.8~0.85m的扶手；轿厢侧面应设高0.9~1.1m带盲文的选层按钮；轿厢正面高0.9m处至顶部应安装镜子；轿厢上、下运行及到达应有屏幕清晰显示和报层音响。

无障碍电梯实景

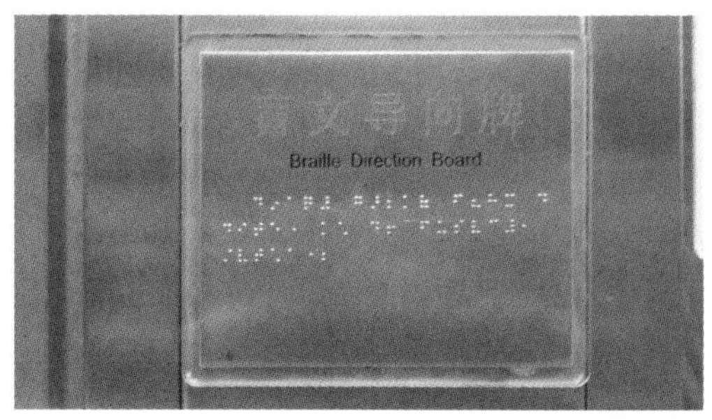

盲文导向牌实景

5.5.5 无障碍卫生间

无障碍卫生间配备专门的无障碍设施包括方便乘坐轮椅人士开启的门、专用的洁具、与洁具配套的安全扶手等，给残障者、老人或病人如厕提供便利。

①卫生间通道的最小宽度应不小于1.5m。

②门的通行净宽度不应小于0.8m，平开门外侧应设高0.9m的横扶把手，门扇里侧应采用门外可紧急开启的门锁。

③地面应防滑、不积水，门内外高差不应大于0.015m，并应以斜面过渡。

④配备安全扶手，座便器扶手离地高0.7m，间距宽度0.7~0.8m，小便器扶手离地1.18m，台盆扶手离地0.85m。

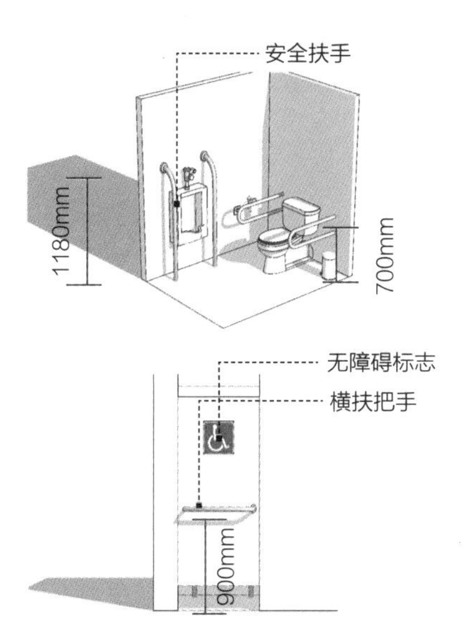

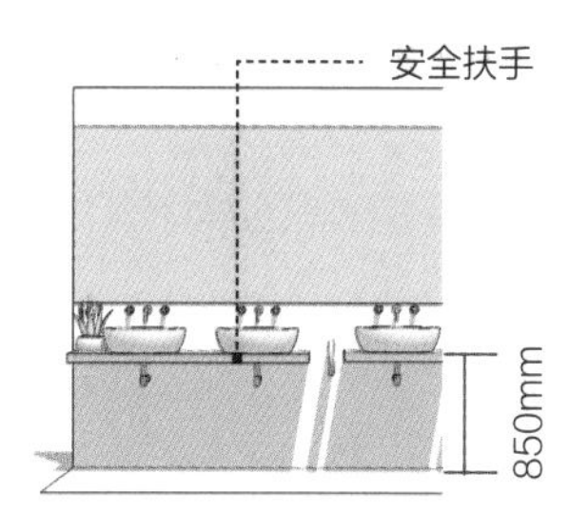

无障碍洗手间各尺寸示意图

5.6 校园卫生设施

5.6.1 校园卫生设施内容

校园卫生设施是指校园内的卫生间及其附属设施，主要包括卫生间厕位（间）、卫生间室内设计、标识与导向系统以及环境保护设施四个部分。

5.6.2 设计要点

①建筑主体材料及装饰材料是指用于建筑内部墙面、顶棚、柱面、地面等的罩面材料。对于学校卫生间来说，应使用无毒无害节能环保的装饰材料，例如使用不含甲醛、芳香烃的油漆涂料。材料的防火性能应符合《建筑设计防火规范》GB50016的规定。

②学校卫生间的设计风格应与校园整体风格相协调。在进行室内环境构造时，应当将学校具有代表性的元素通过材质、布局、标识与导向系统等融入卫生间装饰装修细节中。在进行室外环境构造时，也要注意卫生间室外标识与导向系统与校园整体视觉导向系统的协调，以及卫生间外墙、门窗的材质、装饰等与校园整体空间的协调，构造协调的整体校园环境。

③卫生间应注意隐私保护。大门的门扇与门框间应防夹手。对于面积小且整体设计不是全封闭的卫生间来说，适合采用隔断墙设计，既保护隐私，又可以增强卫生间的通透感，不会给人造成拥挤的感觉。

④卫生间的位置应方便使用且不影响其周边教学环境卫生。建筑面积、厕位数量及布局根据学校师生使用便利度设置，设计应考虑瞬时人流量承受负荷及与教学环境的关系。

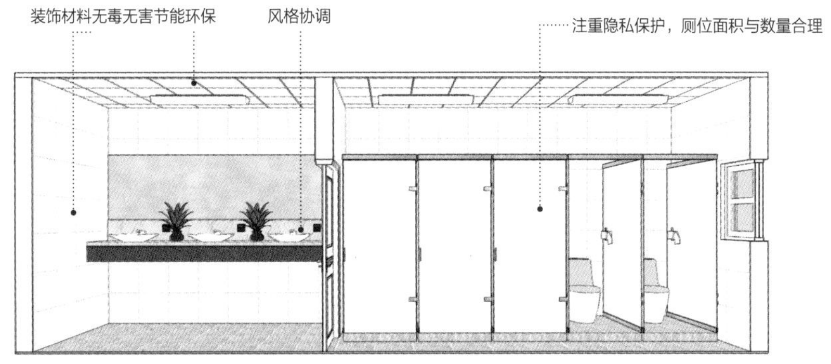

设计要点示意图

5.6.3 数量与分布

①教学用建筑每层均应分设男、女学生卫生间及男、女教师卫生间。学校食堂宜设工作人员专用卫生间。当教学用建筑中每层学生少于3个班时，男、女生卫生间可隔层设置。

②在中小学校内，当体育场地中心与最近的卫生间的距离超过90m时，可设室外卫生间。所建室外卫生间的服务人数可依学生总人数的15%计算。室外卫生间宜预留扩建的条件。

5.6.4 厕位（间） 厕位（间）的设计是对卫生间内基础设施的设计，是保障学生安全健康，提升校园环境的重要手段。

（1）便池

便池的设置应当遵循以下标准：

①男生应至少为每40人设1个大便器或1.2m长大便槽，每20人设1个小便斗或0.6m长小便槽。

②女生应至少为每13人设1个大便器或1.2m长大便槽。男女厕位比例（含男用小便位）不大于2:3，大小便位中至少各设1个无障碍便位。

③中小学校的卫生间内，厕位蹲位距后墙不应小于0.3m。

④各类小学大便槽的蹲位宽度不应大于0.18m。

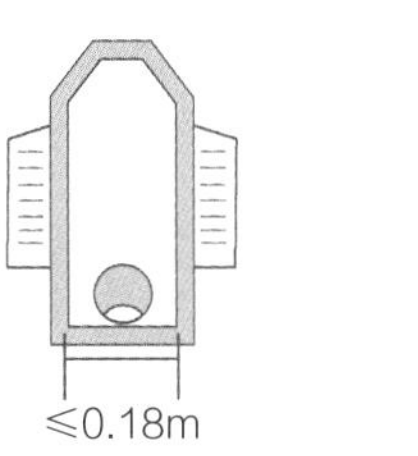

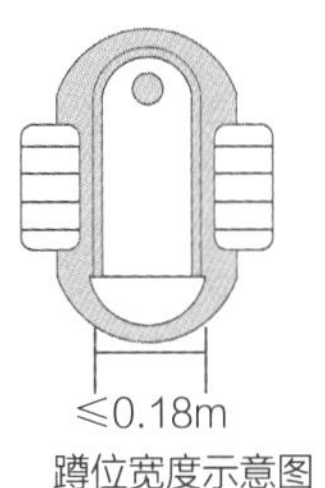

蹲位宽度示意图

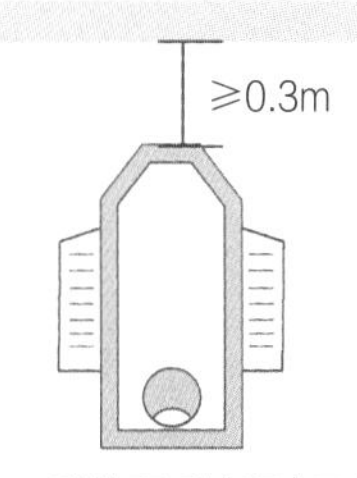

蹲位距后墙距离示意图

⑤便池的清洁方式应尽量选择水冲式。水冲式卫生间厕位内地面宜与卫生间内地面标高一致。卫生间厕位内地面宜不超过室内地面标高0.18m。当必须设置旱厕时，应按学校专用无害化卫生厕所设计。

水冲式卫生间实景

（2）洗手盆

中小学卫生间中，应当每40～45人设1个洗手盆或0.6m长盥洗槽。根据需求量设置匹配的洗手盆及长盥洗槽，满足学校教学生活日常需求。同时洗手池的数量也与厕位数量有关，如下表。

洁手设备与厕位数量关系表

厕位数/个	男洁手设备数/个	女洁手设备数/个
4个以下	1	1
5~8	2	2
9~12	3	3
13~16	4	4
17~20	5	5
21以上	每增加5个厕位增设1个	每增加6个厕位增设1个

（3）厕位（间）分隔设施

▪ **隔板**

厕位间宜设隔板，隔板高度不应低于1.2m。

大便位隔断板上沿距地面高度应在1.8m以上，下沿距地面高度应在0.15m以内。

小便位隔断板上沿距地面高度应在1.3m以上，下沿距地面高度应在0.6m以内。

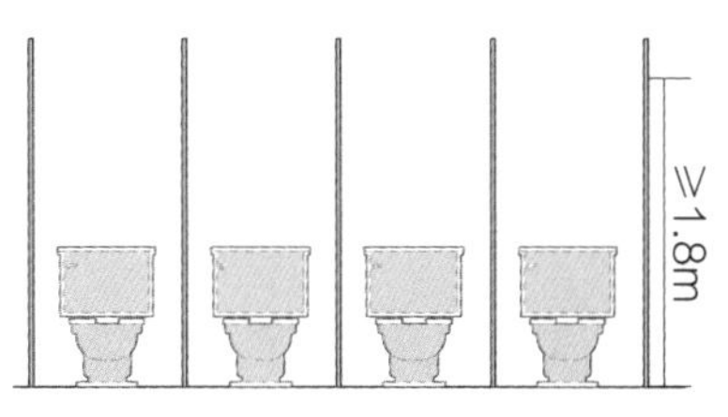

厕所隔板高度示意图

厕所隔板实景

▪ **门锁**

厕位的门锁应牢固，应可内外开启。厕位宜设无人功能提示装置。

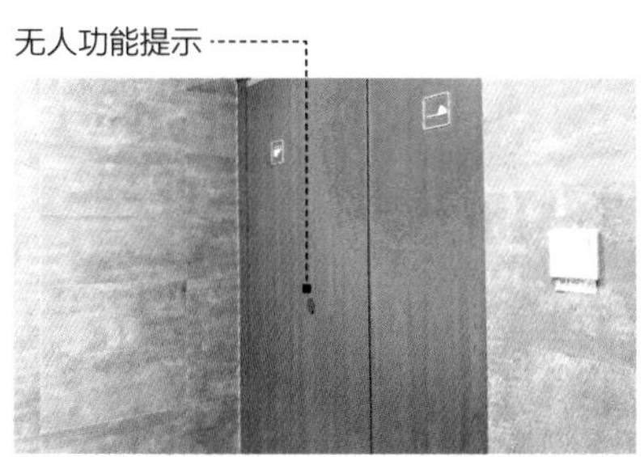

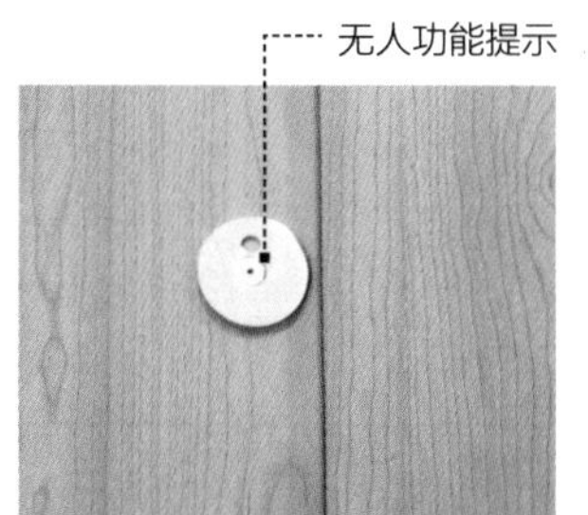

无人功能提示装置示意图

（4）其他附属设施

每个厕位内应设手纸盒、衣帽钩、废弃手纸收集容器，宜设搁物板(台)。每个厕位内应设不少于1个扶手，且位置合理，安装牢固。

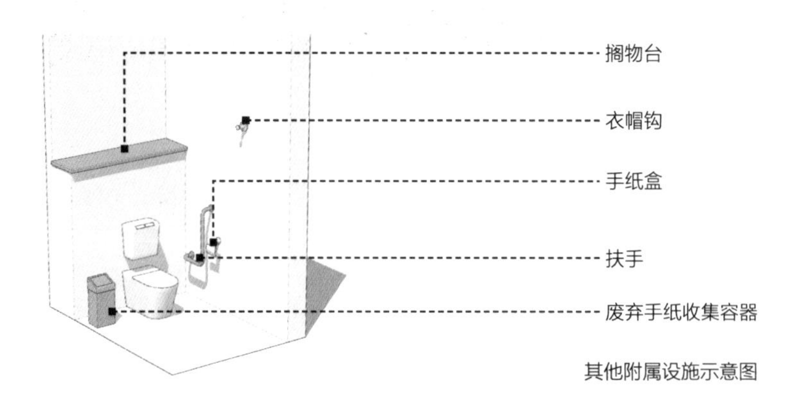

其他附属设施示意图

5.6.5 室内设计

卫生间的室内空间设计应当注意以下几点:

①卫生间的通风设计应满足换气次数5次／时以上。应优先采用天然采光、自然通风，卫生间窗地面积比宜不小于1:8。当自然通风不能满足要求时可增设机械通风。

②中小学校的卫生间应设前室。男、女生卫生间不得共用一个前室。

③中小学校的卫生间外窗距室内楼地面1.7m以下部分应采取视线遮挡措施，利用视线遮挡设施保护隐私安全。

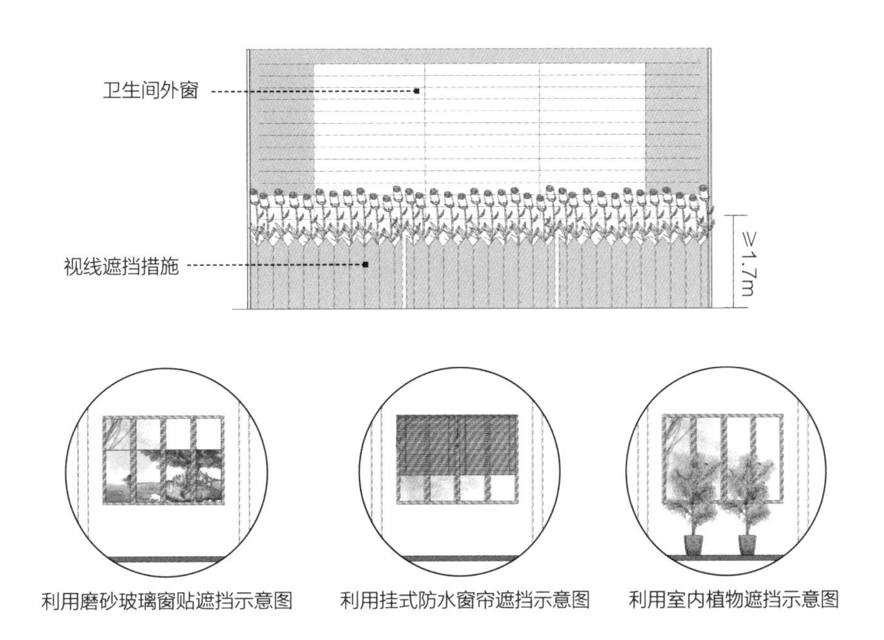

利用磨砂玻璃窗贴遮挡示意图　利用挂式防水窗帘遮挡示意图　利用室内植物遮挡示意图

④室内装饰材料应符合安全标准。室内地面铺装前应做防水，装饰面应采用防滑、防渗、防腐、易清洁建材。内墙面应采用防水、防火、易清洁材料。室内顶棚应选用防潮、防火、易清洁材料。

⑤室内照明应选用节能、防潮灯具。如以节约电能的LED灯具配合白色墙身，提高室内的亮度，再利用大面积的镜面增加光照的反射，能够在减少照明灯具数量的基础上增加室内亮度。

⑥管理间宜根据管理、服务需求设计，使用面积宜不小于4m²。工具间根据需求设计，使用面积宜不小于1m²。

5.6.6 标识与导向系统

于夜间也开放的卫生间，卫生间标牌应昼夜可识别。卫生间应有文明用厕宣传牌，文字规范，宣传内容通俗易懂。

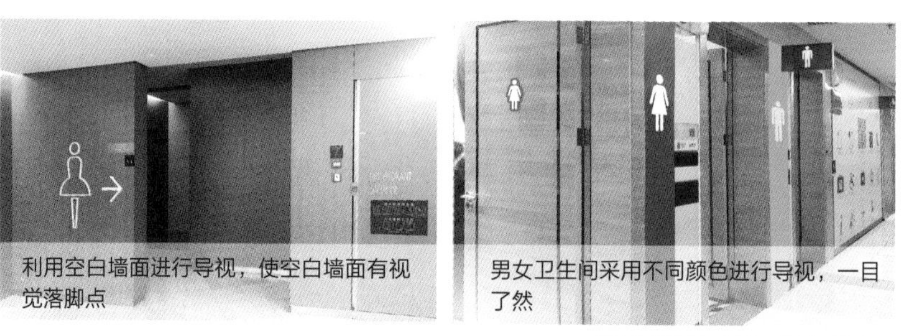

利用空白墙面进行导视，使空白墙面有视觉落脚点

男女卫生间采用不同颜色进行导视，一目了然

卫生间标识与导向系统设计实景

男女卫生间标志牌安装在男女厕所入口处，无障碍厕间的标志牌安装在厕门外，卫生间蹲坐位标志牌宜安装在厕位门的中上部。

男女卫生间标志牌实景

无障碍卫生间标志牌实景

卫生间蹲坐位标志牌实景

5.6.7 环境保护

环境保护主要从设备设施与环境美化两个方面入手。

（1）设备设施

- **中小学校应采用水冲式卫生间，宜选择节水型便器**

卫生间可选用无水小便器、节水座厕及真空座厕，以大量节省用水及减少废物体积，减少污水池的污染。真空节水座便器每次冲洗只需消耗约1L水，对比传统座便器所需要消耗的7~9L水，节约大概85%的用水量。

- **洗手盆宜配节水龙头**

通常，水龙头的出水水流速度保持在6升/分钟上下，就可以达到节水的目的。安装有限流阀芯和蜂窝状限流片的水龙头，能让水呈泡沫状流出，限制流速，让使用者感觉水流更加柔和，同时感觉水力充沛。也可采用洗吹合一水龙头。卫生间不设干手纸，每次洗手后，使用干手器干手，可以节约干手纸，实现绿色环保[40]。

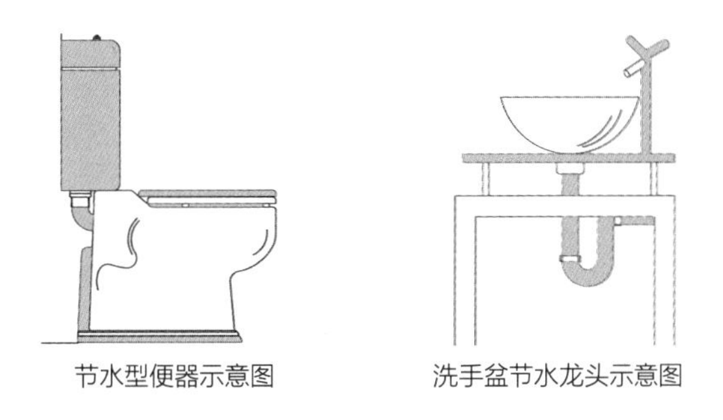

节水型便器示意图　　洗手盆节水龙头示意图

- **照明及其他用电设备选择智能节电开关**

使用LED灯可以节省超过70%的电力，并兼具更长的续航时间、维护成本低、高效等特点。

- **有条件的学校，可采用新型水处理技术**

利用负压技术和循环处理技术，使洗手池、地漏、淋浴间的废水能就地处理、循环利用。卫生间废水回收利用系统包括净水箱、进水管、洗手池、废水箱、液位传感器、冲水泵、三通电磁阀、便池、开关和排污管。

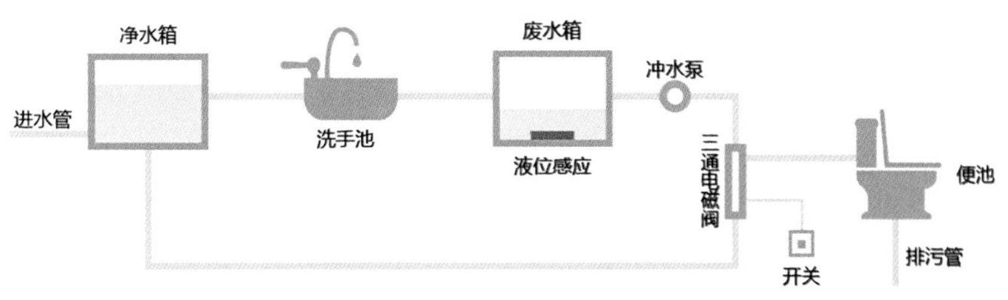

新型水处理技术原理示意图

（2）环境美化

- **添加绿色植物以净化空气和增加空气含氧量，打造绿色健康如厕环境**

  室内绿色植物在温度较高的夏季通过“蒸腾作用”降低空气温度，促进卫生间整体空间的空气流动，协助降低空调的制冷负荷。

- **设计风格符合校园整体设计风格，根据学校特质提高趣味性**

  结合每个学校的文化，设计符合校园整体风格的卫生间，从细节处出发，体现以人为本的理念。卫生间的装饰要与整体装修风格相得益彰，卫生间的风格主要通过饰面材料和用具来体现。如在古典风格中，饰面砖的对比不要太强烈；现代风格中，颜色冲撞可以较大；田园风格中，可选择粗犷风格的饰面砖。

5.6.8 管理制度与管理服务质量

中小学校园卫生设施管理应当满足以下要求，以保证卫生设施的服务质量:

①厕所内异味浓度应控制在恶臭强度0~2级水平之间。在空气不易流通的封闭空间建设厕所应考虑对排出气体进行处置，卫生间内排出的异味浓度，应不超过下表中恶臭强度2级水平。

卫生间恶臭强度同恶臭气体浓度及嗅觉感受的关系

恶臭程度	恶臭气体		正常嗅觉的感受
	NH_3	H_2S	
0	0	0	无味
1	0.1	0.0005	勉强能感受的气味
2	0.6	0.006	气味很弱但能分辨其性质
3	2.0	0.06	很容易感觉到气味
4	10.0	0.7	强烈的气味
5	40.0	3.0	无法忍受的极强的气味

②卫生间的设施应保持洁净，隔断板、搁物墙、无障碍设施、灯具、开关、扶手、手纸盒、面镜及台面应牢固完好、干净无污渍。

③扶手应定期消毒。暴露的管路、管件外表面应无污垢、无水渍。卫生间及其设施不应有乱刻、乱写、乱画、熏烫、污迹、残标等，如有刻画、熏烫的地方，应及时处理、覆盖、修复。

④卫生间内外各种标识、提示牌、引导牌和宣传牌等应保持干净、整洁、醒目有效，不应损毁。

⑤卫生间内的废弃纸收集容器应及时清理，保持不破损。

⑥卫生间内地面、外墙、顶棚、墙角、门窗（含天窗）、窗台、屋檐应保持整洁无破损，不应有蜘蛛网和落尘。

⑦卫生间照明应保持安全有效，卫生间照明灯具破损、丢失应在检查当日60min内报修，修复时间不大于24h。

⑧卫生间出现洁具漏水、堵塞，电气设备故障等小修复项目时，应在36min内修复。

⑨卫生间内洗手台、面镜、顶棚、地面等设施损坏，修复时间不应大于48h，便器及其触发装置应保持正常运转率不低于80%。

5.7 校园安全电子与信息化

5.7.1 闭路电视监控系统

在教学楼、办公楼等重要部位安装低照度摄像机、自动光圈摄像机，并将监控图像传送到报警管理中心控制室，控制室对整个监控区域进行24小时实时监控和记录。

5.7.2 出入口管理及周界防越

建立封闭式校园，加强出入口管理，防范闲杂人员进入，同时禁止非法翻越围墙或栅栏，在学校内建立周界防越报警系统。在校区内安装探测器，当发生非法翻越时，探测器可立即将警信传送到智能化管理中心，中心将在电子地图上显示翻越区域，以利于保安人员及时准确地处理。

5.7.3 升降路桩

升降路桩又名自动升降路桩或自动升降路障，具有防撞、防暴功能。在校园出入口区域应设置可升降路桩，防止车辆恶意冲撞，保证学生安全。

升降路桩实景

广州协和中学

6

校园景观环境微改造设计

6.1 校园景观环境微改造的定义与范围

总体指引：校园景观环境的整体设计，应协调校园内部各功能区、各建筑群以及各景观元素的相互关系，并与校园的人文精神系统紧密地联系起来，使具有文化内涵的人文精神贯穿学校景观设计的每一个细部，营造优美的校园景观环境，增加校园自身的可识别性以及校内师生对校园环境的认同感、归属感。

6.1.1 定义

校园景观环境是由校园内一切物质因素和精神因素所构成的整体环境，包括户外公共空间及其构筑物、景观小品、自然环境、教学设施、运动器材等构成的物质环境，以及各种人文要素所构成的精神环境。

6.1.2 范围

校园景观环境微改造主要针对户外公共空间景观环境的改造和优化。户外公共空间根据功能、形态等方面的区别，可分为校园入口空间、校园广场空间、校院庭院空间、校园交通空间、校园屋顶空间和校园架空层空间6类，需对每一类空间进行具体的指引设计。

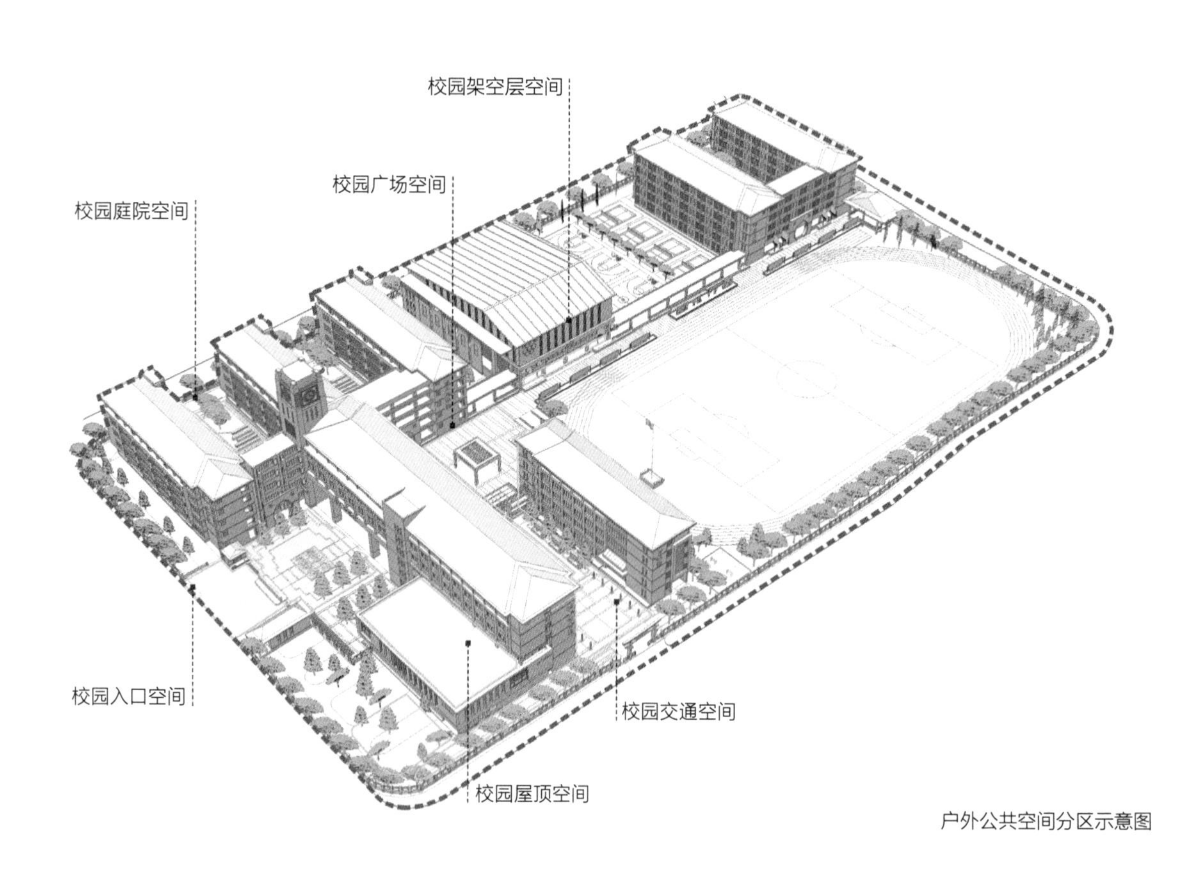

户外公共空间分区示意图

6.1.3 改造项目类型清单

（1）基础清单——必要改造内容

①完善功能布局，配套功能设施

根据校园景观空间的使用功能，进行次空间的划分与限定，使景观空间利用率更高。在各类空间配备满足功能服务的相关设施，如校园入口实现人车分流，规范化设置交通指示牌、标线、地面标识、防冲撞设施等安全设施。

②优化交通流线

优化校园内人车分流区域，包括校园入口区、家长等候区、校园内停车区人行及车行流线的优化设计。

③无障碍设计

校园景观空间应规范化设置无障碍设施。

④景观材料及设计的安全性

景观构筑物、设施、小品等采用安全、绿色的材料，设计符合规范。

（2）提升清单——提升优化建议

①校园景观环境的文化展示设施

在校园各景观空间设置展示墙、展示廊、雕塑、小品等文化设施，充分展现校园文化。

②屋顶生态化设计

对屋顶进行生态化处理，优化校园建筑的第五立面，提高校园的生态环保性。

（3）负面清单——不建议改造方案

①采用不安全的材料和设施

采用不符合安全要求的材料，或采用对青少年活动具有潜在危险的材料和设施，如不环保的铺装材料、有尖锐边角的设施等。

②景观改造存在安全隐患

对景观改造存在一定的安全隐患，如缺乏防护设施的高台、水景水深不符合规范要求等。

6.2 校园入口空间

6.2.1 概念

校园入口空间是指以校园正大门入口为核心的内外周边区域，是连接校园与外部城市道路的通道，是进入校园的人群集散缓冲的地带，也是人们对学校的第一印象。

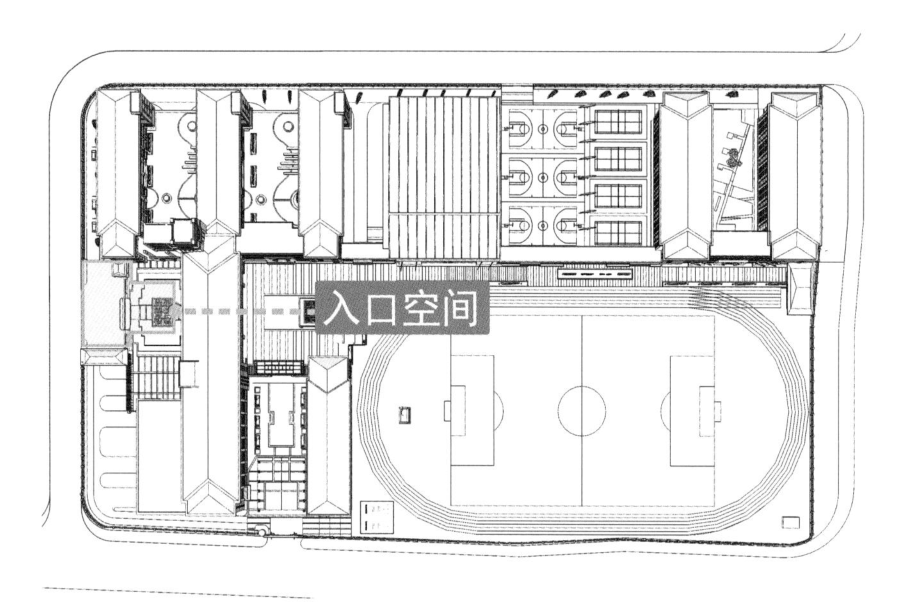

入口空间示意图

6.2.2 功能组成类型及设计要素

（1）功能组成

校园入口空间主要包括门内空间、大门区和门外空间。门内空间位于校门内侧，一般用于师生活动集散；大门区通常包括学校大门及保卫室；门外空间则为家长接送、科教宣传、临时停车提供了场地。

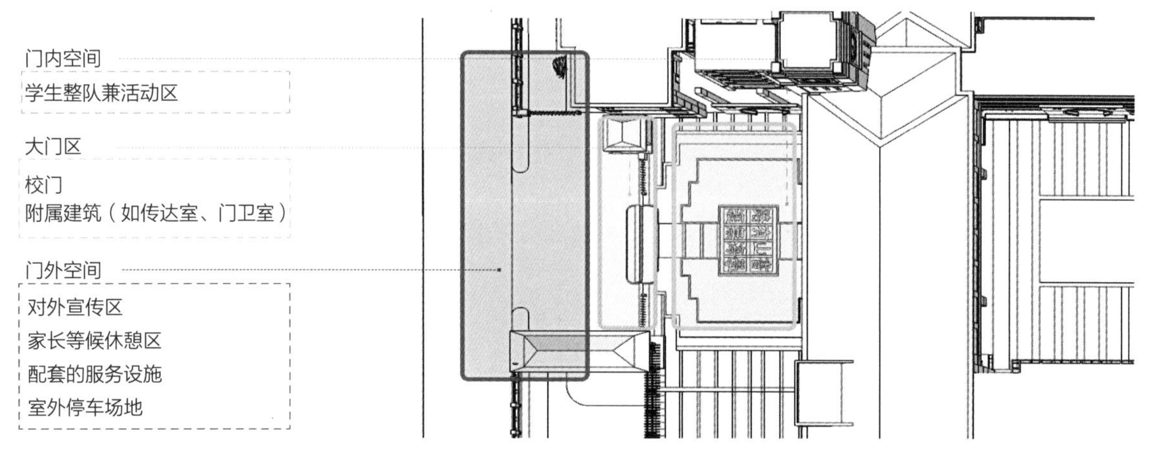

功能组成示意图

（2）类型　　校园入口空间的类型根据形态可分为一字型、半凹型、凹型和建筑底部开口过街楼型四类。

①一字型

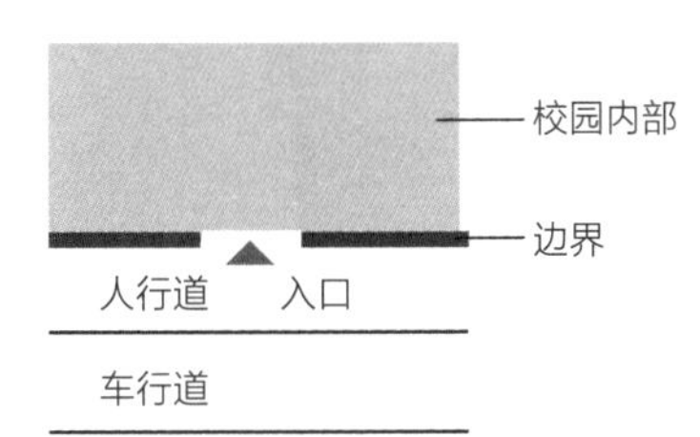

一字型入口空间实景

②半凹型

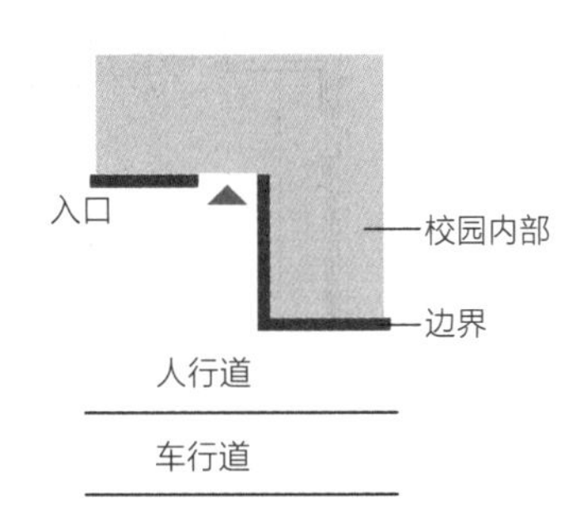

半凹型入口空间实景

③凹型

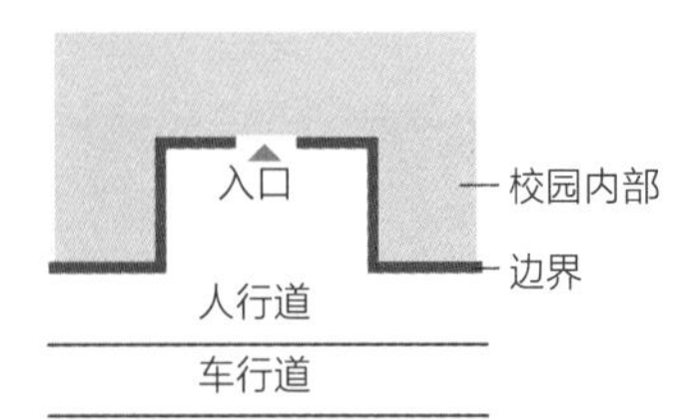

凹型入口空间实景

④建筑底部开口过街楼型

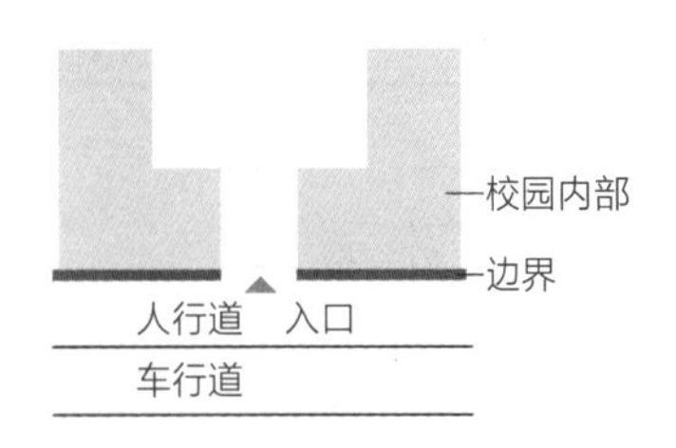

建筑底部过街楼型入口空间实景

（3）设计要素

中小学校园入口设计中，除了应注意构成校园入口的基本要素外，还应注意一些提升和优化要素，包括满足接送学生家长需求和校园文化展示需求的相应设施等。

整体设计应遵循以人为本的原则，对构成校园入口空间的各设计要素进行具体设计。关注不同人群，如学生、教师、工作人员、访客以及残障人士的生理和心理需求，注重无障碍设计，从设计细节上体现人文关怀。

建筑及构筑物：校门、校门附属建筑、围栏
安全设施：交通标志与标线、防冲撞设施
文化设施：文化墙、雕塑、校铭墙

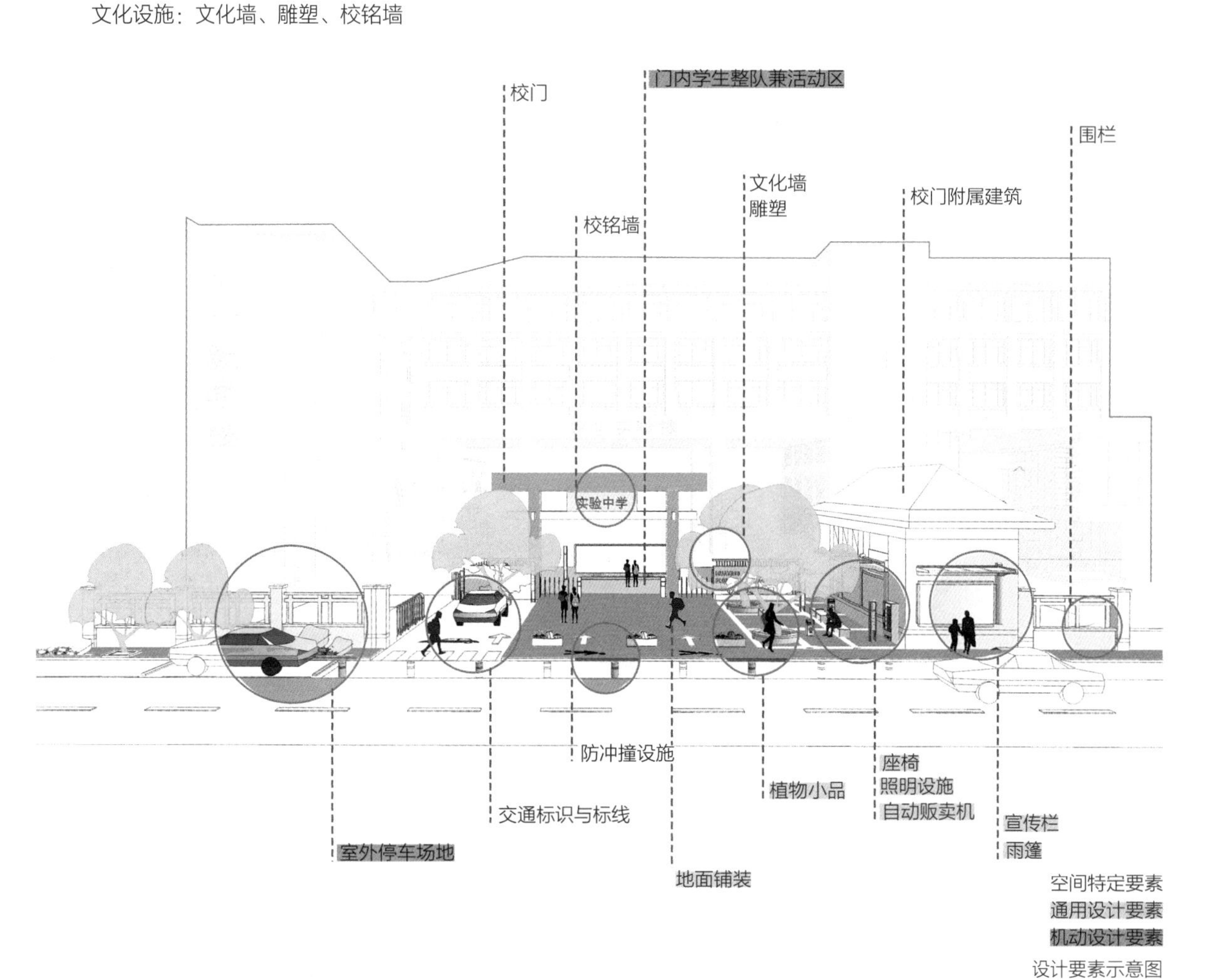

设计要素示意图

6.2.3 改造设计原则

①优化入口空间交通流线

通过优化平面布局，理清交通流线，包括学生及学生家长、车行流线及人行流线等之间的关系，引导不同流线，减少流线的冲突和交叉，使车行、人行合理疏散。

②优化入口功能布局及组织

通过优化平面布局，完善入口功能，划分功能区域，在入口留出缓冲空间，优化入口各功能区的设置。

③提升入口环境设施品质

通过设施及景观提升，完善校园入口空间相应设施配置，增加必要的设施；提升校园入口的形象品质，如校门、标志小品等的设计改造，以及景观绿化的配置。

案例分析：

梅江小学校园入口空间设计

一体化的校园入口设计

校园入口经过改造后，与内部结构造型协调统一，预留了足够的缓冲空间，利用简洁的造型拓宽了校门的实际尺度，体现了校园特色。

梅江小学改造前校园入口实景

梅江小学改造后校园入口效果图

资料来源：广州市教育局梅江小学微改造方案

6.2.4 微改造设计指引

（1）必要改造内容

■ **平面布局优化**

平面布局优化，根据不同的平面形态采取有针对性的优化措施 。

①一字型平面布局优化

a. 在可能的情况下沿街设置车辆临时停靠场地；

b. 等候区设置在校门外；

c. 对外宣传区与等候区结合布置；

d. 在校园围墙立面上设计展示栏，或者是设置底部带有轮子的可移动式成品展示栏；

e. 家长等候区考虑设置遮蔽设施。

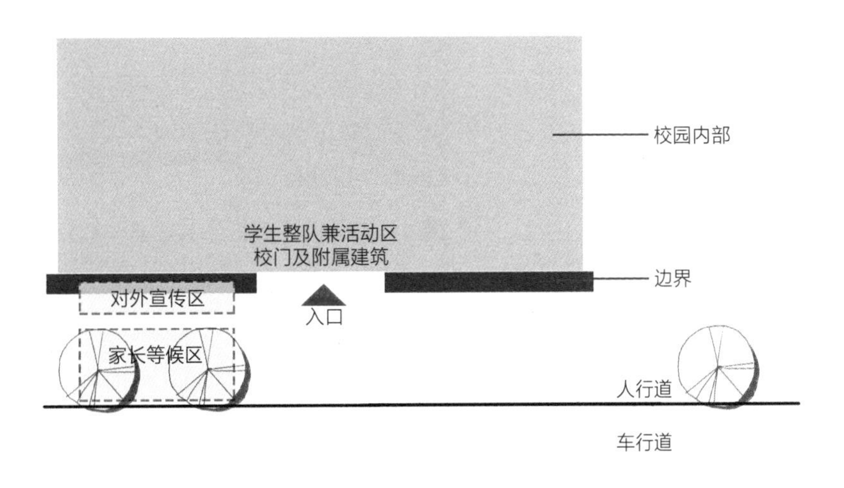

平面布局示意图

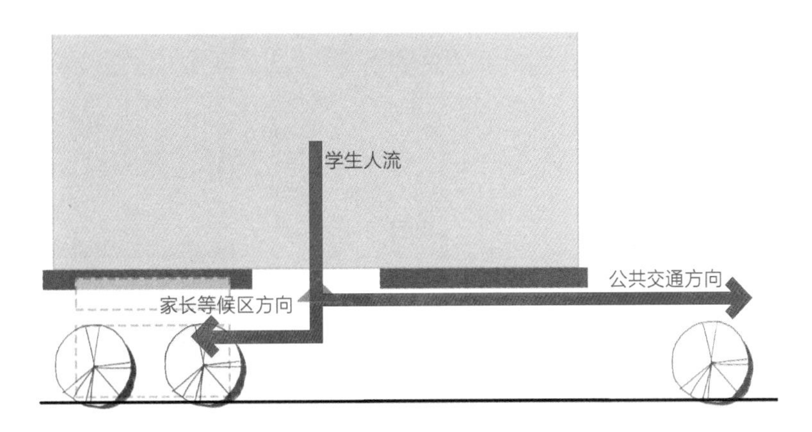

交通流线分析图

②半凹型平面布局优化

a. 可灵活利用半凹型入口的缓冲空间;

b. 在校门前的广场空间结合入口景观和绿化设置家长等候区和对外宣传区;

c. 家长等候区考虑设置遮蔽设施。

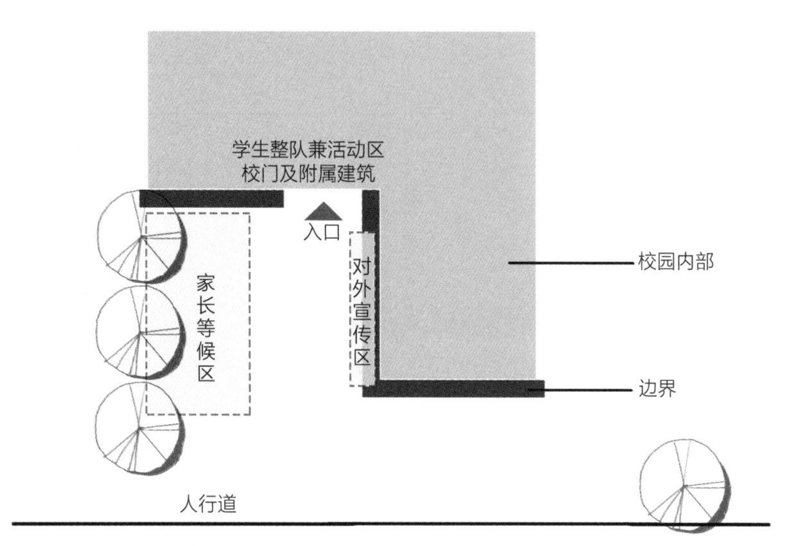

平面布局示意图

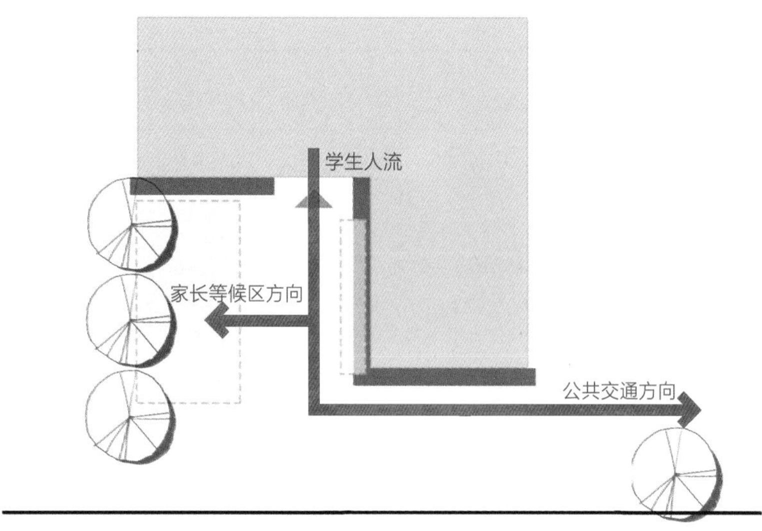

交通流线分析图

③凹型平面布局优化

a. 利用入口内凹空间，将对外宣传区和家长等候区结合布置；

b. 入口空间可加设小型售卖点或其他设施；

c. 家长等候区可设置具有展示功能的座椅及遮蔽设施。

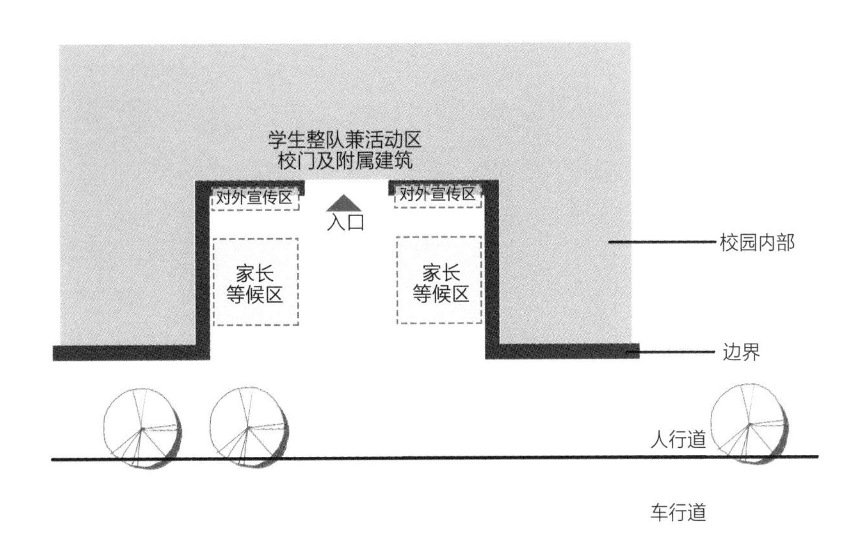

平面布局示意图

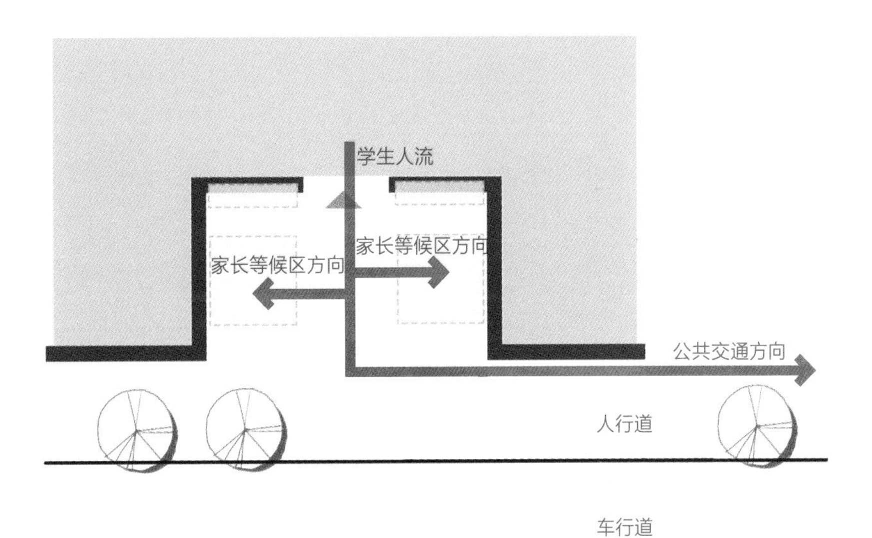

交通流线分析图

④建筑底部开口过街楼型平面布局优化

a. 考虑通过改造将校门后退至建筑靠内一侧，增加缓冲空间；

b. 入口两侧外墙处可设置对外宣传区，以便对外展示；

c. 家长等候区可布置在入口内部校门前的位置，利于家长等候时遮阳避雨。

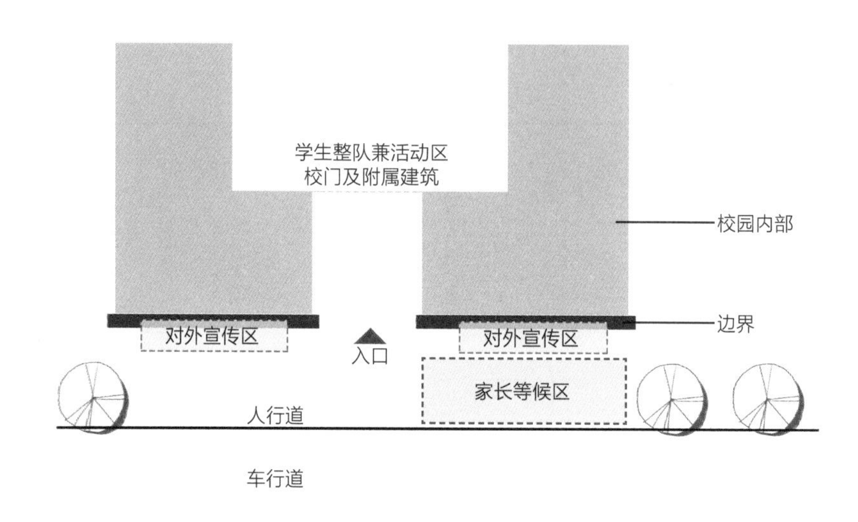

平面布局示意图

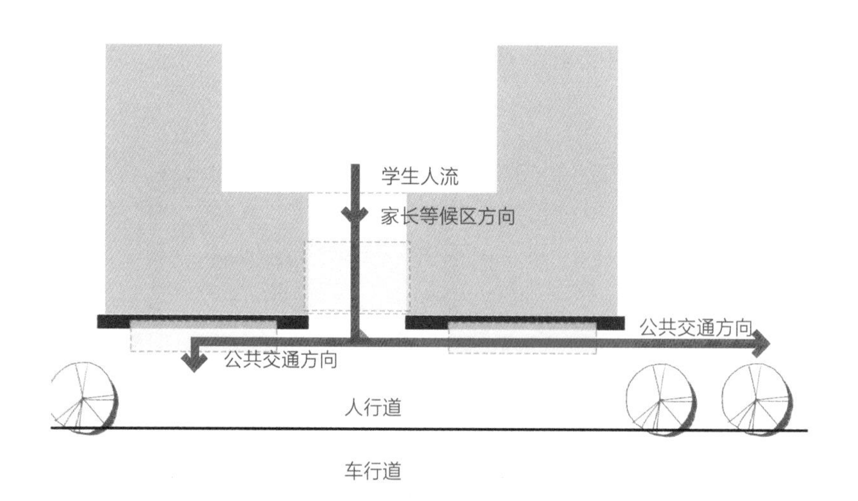

交通流线分析图

建筑要素改造

建筑入口是学生进入教学场所的第一入口，因此入口处的建筑及构筑物改造十分必要。建筑及构筑物指校门、校门附属建筑、围栏等。

建筑及构筑物实景

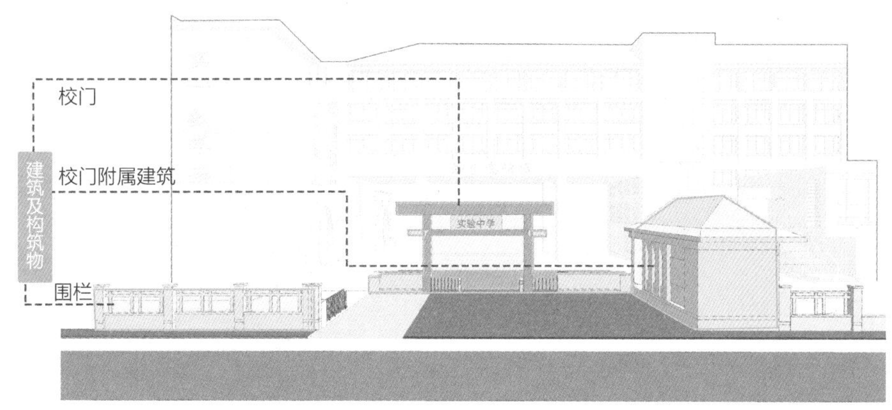

校园入口空间建筑及构筑物要素示意图

满足使用功能

校门、围栏、附属建筑等要满足使用功能。建筑及建筑周边应提供家长等候、门卫值班、校园文化展示和张贴通知的空间。

彰显学校形象

校门及围栏是学校的标志性建筑及构筑物，是人们对校园的第一印象，具体形态的设计要体现校园的文化精神和风貌，材质、色彩、肌理、主题等应协调统一，应具有校园自身特色，彰显校园形象。

新中式风格校门实景

现代风格校门实景

中式风格校门实景

校门及围栏设计实景

▪ 加强安全设施建设

校园入口是城市道路和学校内部交汇之处，安全设施是校园入口交通顺畅与安全的重要保障，交通标志与标线、防冲撞设施等安全设施应该根据相关规范设置。

安全设施实景

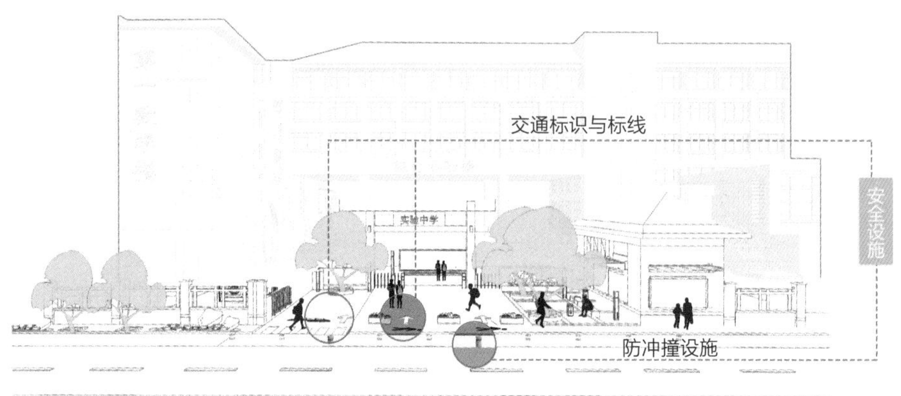

校园入口安全设施要素示意图

①交通标志与标线

交通标志有多个种类，可简单分为可动式标志和固定式标志。交通标线主要指各种路面标线、箭头、文字、立面标记、突起路标和道路边线轮廓标等。交通标志和标线的设置要求醒目、清晰、明亮。

校园入口处设置减速、限速、禁鸣标志示意图

资料来源：根据《道路交通标志和标线》GB5768—1999绘制

校园入口前的城市道路设置减速带、斑马线实景

②防冲撞设施

常见的有固定式路桩和活动式路桩，也可采用更加灵活的液压升降路障、升降柱等，防止车辆随意进入人群集散停留区域。

固定式路桩实景

活动式路障实景

液压升降路障实景

（2）提升优化建议

建设校园入口文化设施

校园入口文化设施应结合其他设施一起布置，如将文化墙与校园围墙相结合，雕塑结合座椅设计，更有创意和趣味性，校铭墙则与校门的设计密不可分。

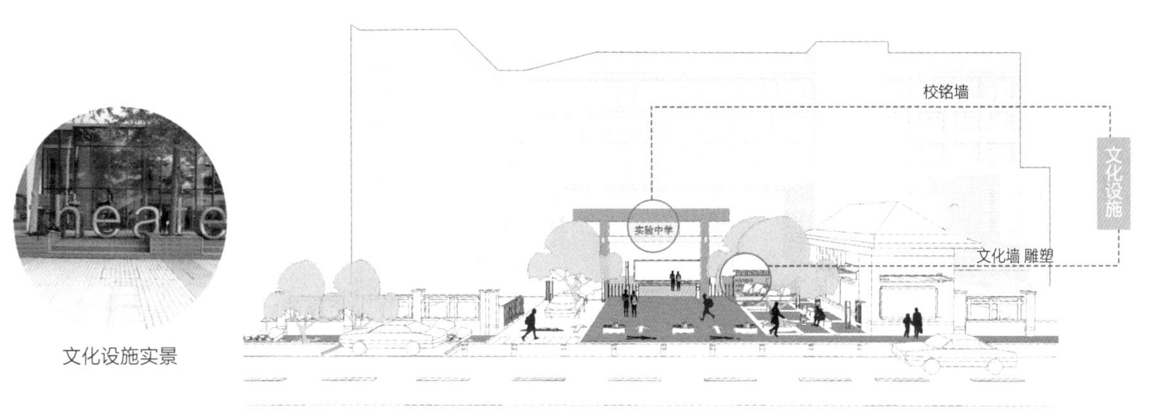

文化设施实景

校园入口文化设施要素示意图

①校铭墙

校铭墙的位置在校园入口处应突出、醒目，其设计要凸显校园特色。

校名牌实景

校铭墙实景

②文化墙

文化墙可以通过呈现校徽、校证、校服、校训、校歌、校刊、校旗、校节等内容，传承校园文脉和精神。

名人墙实景

文化墙实景

③校园雕塑

校园入口的雕塑应能够彰显校园特色，塑造良好的校园形象。

校园名人雕塑实景

校园雕塑实景

（3）活动空间设计　　指校园外部的门前广场、室外停车场地和校园内部的门内学生整队兼活动区。

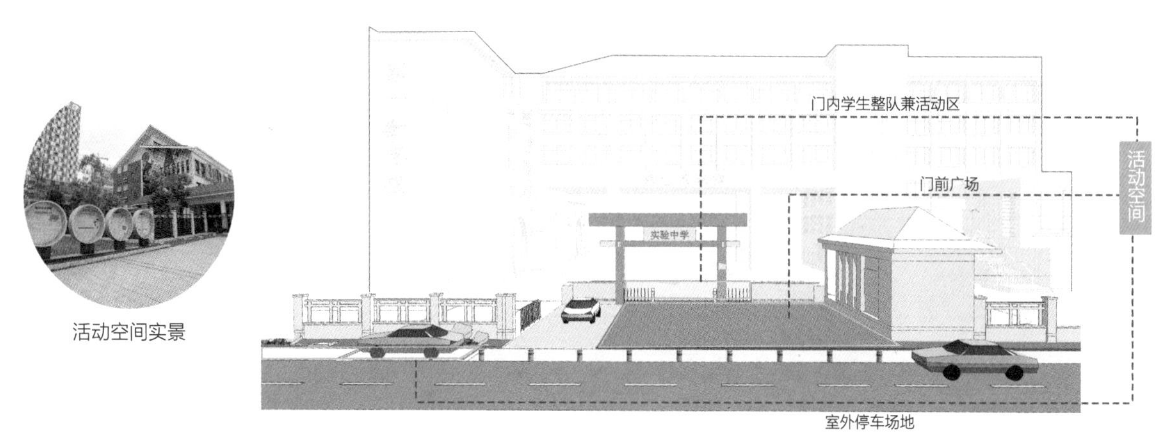

活动空间实景

校园入口空间活动空间要素示意图

①门前广场

在空间较为充足的情况下，校园入口应预留一定位置设置门前广场，作为校内和校外的人群集散缓冲地带，并摆放车挡以防止家长停车阻塞交通，同时避免学生忽然进入嘈杂的人车环境出现安全隐患。

同时也可将部分区域设置为家长等候区和对外宣传区。两个区域结合利用，家长等候区中宜有座椅、雨棚等相应设施。

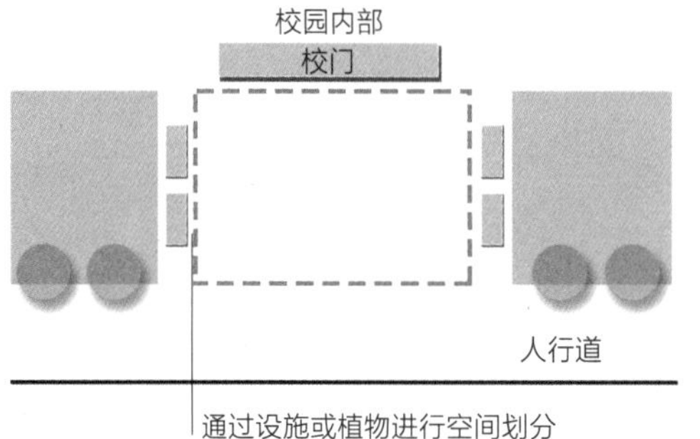

校门外部广场示意图

②门内学生整队兼活动区

校园入口内应预留一定缓冲空间，用于学生的队形整理和活动休闲。

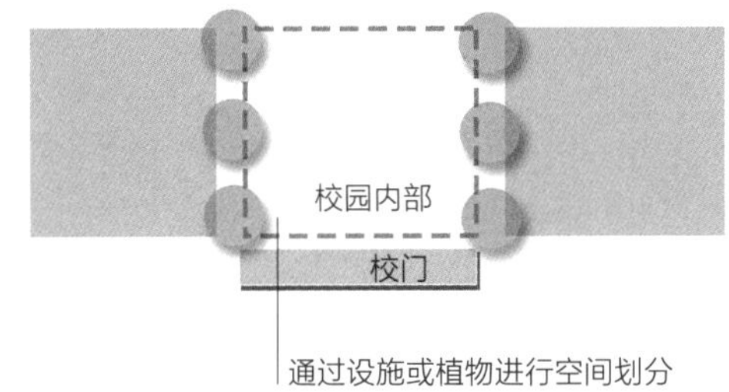

校门外部广场示意图

③室外停车场地（空间足够的条件下设置）

校园入口如有足够空间，应设置室外停车场地，或在入口附近就近设置停车场地，以便接送学生的家长临时停车。

校园入口停车场地实景

校园入口停车场地设置示意图

（4）改造实践　　在实际案例中运用以上改造手法进行校园入口空间微改造。

改造前入口空间：空间单一，功能缺失。

改造前入口空间示意图

改造后入口空间：增加宣传栏、座椅等休憩设施、树池等景观设施、路桩等安全设施，完善校园入口功能。

改造后入口空间示意图

6.3 校园广场空间

6.3.1 概念

校园广场一般是学校进行公共活动或举行仪式（如集会、升旗等）的主要空间，是校园中使用率最高、兼容性最强的重要室外空间。

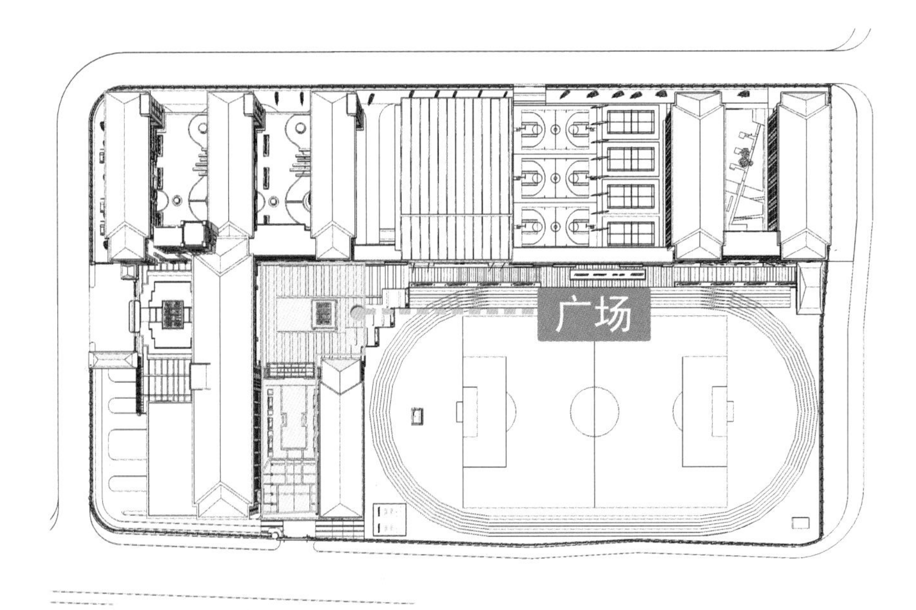

广场示意图

6.3.2 功能组成类型及设计要素

（1）功能组成

校园广场由广场区和主席台区组成。

功能组成示意图

（2）类型　校园广场主要分为集会广场和轴线广场两类，两类广场在形态构成和功能作用上有一定区别。

①中轴广场

主要用于彰显校园的轴线效果，以景观功能为主，并展示校园文化。

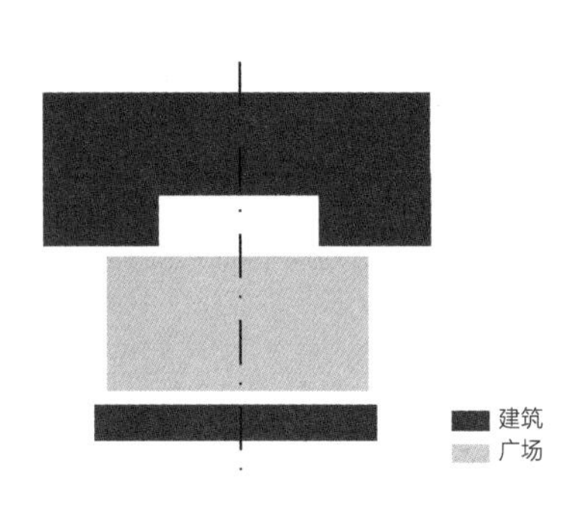

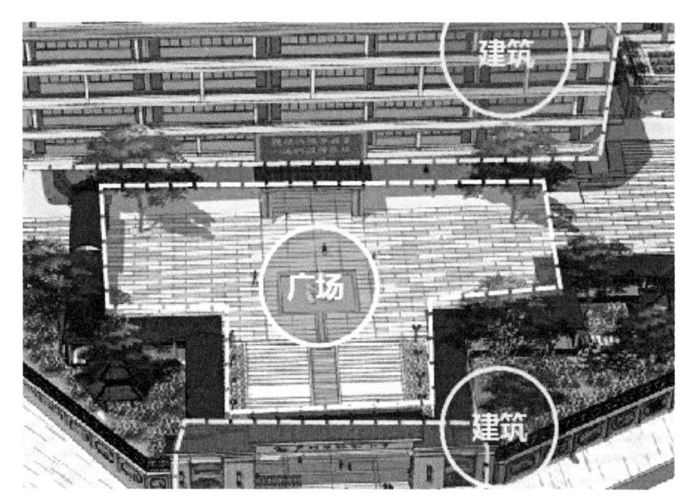

中轴广场示意图

②集散广场

主要用于学校较为重要的公共活动和仪式，一般包括广场区和主席台区。

集散广场实景

（3）设计要素

广场的设计既要满足师生集会的场地需要，又要满足活动与交流的需要，同时还要兼具美化校园景观的功能。

对各要素进行设计，以使校园广场满足各项使用需求。

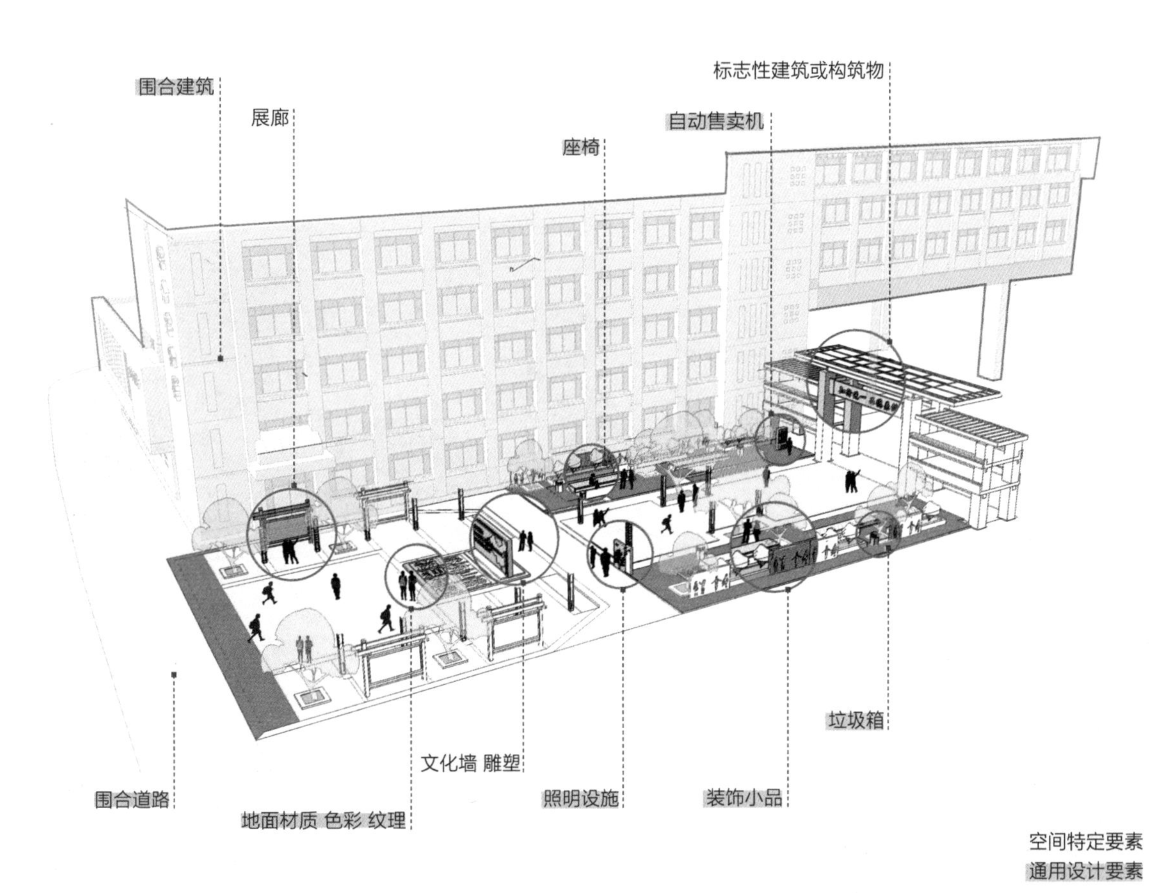

设计要素示意图

6.3.3 改造设计原则

①优化广场空间层次

通过优化广场的空间层次，减少广场空间的单调感，同时达到灵活使用广场空间的目的。

②优化功能布局

通过优化广场的平面布局，明确广场功能分区，优化广场不同区域的功能。

③提升广场环境设施品质

通过对设施和景观进行提升，完善广场空间相应设施配置，增加活动等所需的设施；提升广场设计品质，对广场本身的元素（如铺装、色彩等）进行改造提升。

④展现校园文化

在广场空间展示与表现校园文化特色，可通过提升校园文化展示设施，如增加展示性的展廊、小品、标志等，以景观风格特色展示校园文化。

案例分析：

广州市花都区第一中学榕树广场改造

与植物有机结合的广场设计

该广场的设计以榕树为主题，大量种植榕树，营造适合休憩的树荫。

巧妙地利用地形制造绿地斜坡，作为学生的活动场所。

广场上还分布有各种类型的活动设施，满足学生户外活动需求。

改造前榕树广场实景

花都区第一中学榕树广场效果图

资料来源：广州市教育局花都区第一中学微改造方案

6.3.4 微改造设计指引

（1）必要改造内容

■ **平面布局优化**

首先从整体上优化平面布局，对两种类型的广场进行梳理和分区，区别各区域的主要使用功能。

中轴广场一般分为3个区域，分别是边缘区、中心区和建筑过渡区。集散广场一般分为5个区域，分别是中心区、边缘区、建筑过渡区、主席台区和升旗台区。

①中轴广场平面布局优化

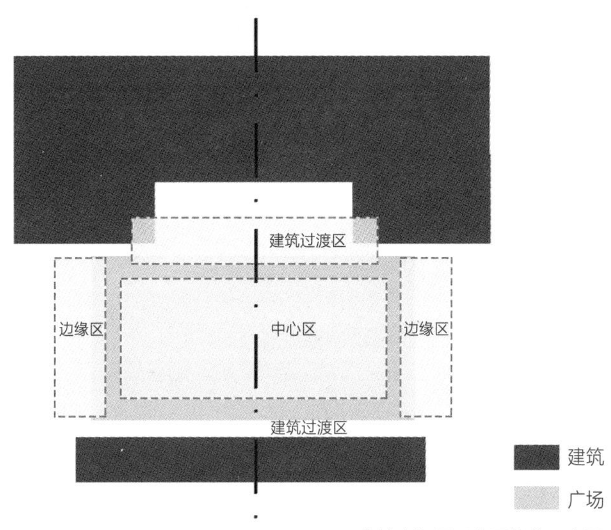

中轴广场平面布局优化示意图

②集散广场平面布局优化

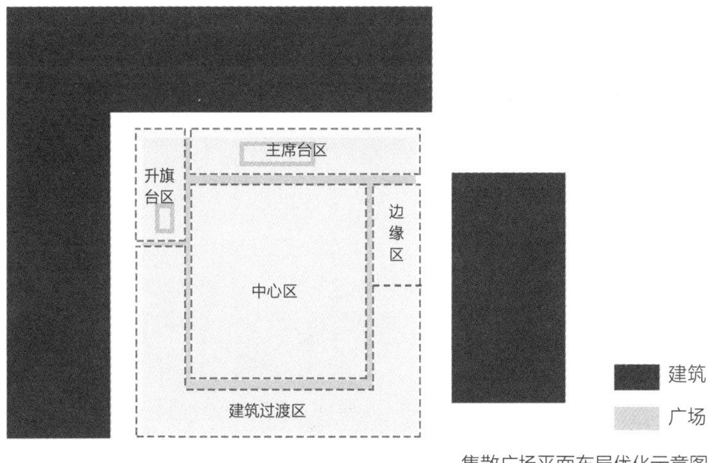

集散广场平面布局优化示意图

▪ 分区空间设计

根据不同分区的功能和使用要求，设置不同的要素，并对这些要素进行合理的组合和设计。

①中心区

中心区是校园广场中的主要活动场地，应有足够的开阔空间。部分具有展示校园形象功能的广场，在中心区放置标志性的雕塑、标志物，会有较好的效果。

中心区示意图

②边缘区和建筑过渡区

通过地形高差变化、座椅、植物、小品设施将边缘区和建筑过渡区分隔成若干个亚空间，创造出良好的观感和归属感，方便学生休憩交流。通过这些设施也可以更自然地过渡广场与周边的建筑或其他场地。

边缘区与建筑过渡区示意图

③升旗台区与主席台

周边可种植植物作为配景，衬托作为主体的升旗台与主席台。

升旗台区与主席台区示意图

▪ 空间限定元素

主要包括建筑、道路、设施、植物。

从平面和立面上限定了广场的形态和范围，不同的限定形式其具体设计也有不同的要求。

①建筑围合

建筑空间限定应考虑建筑低层与广场的空间过渡和面向广场的建筑立面形式。

建筑围合实景

②道路围合

包括人行道和车行道。应处理好道路和广场之间的人流关系，车行道尤其要避免过往车辆造成的安全问题。

道路围合实景

③设施围合

是指布置在广场边缘的设施，对广场起空间限定的作用。这些设施与其他设施一样应符合校园设施的设计要求。

设施围合实景

④植物围合

运用植物对广场进行空间限定，能美化景观，增加广场的生态性，提供更多的绿荫。

植物围合实景

（2）提升优化建议

■ **文化展示设施**

校园广场中的文化展示设施是指以体现校园历史文化特色、校园形象风貌为主题的设施，是校园文化的物质载体。这些文化设施的设置，能有效提升校园文化氛围，优化校园空间品质，包括雕塑、文化墙、展廊以及标志性建筑或构筑物等。

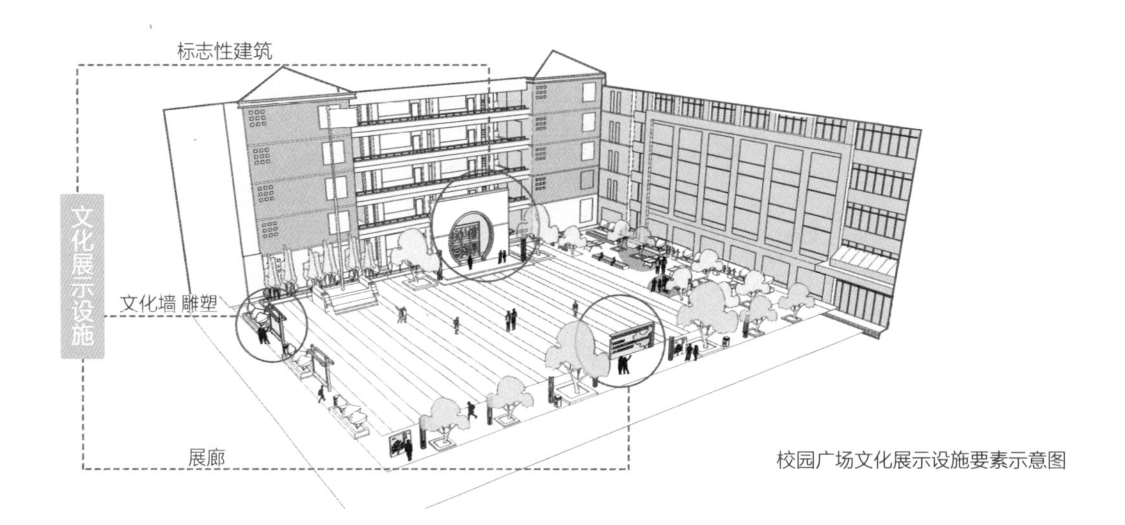

校园广场文化展示设施要素示意图

①文化墙、展廊

在广场周边可利用文化墙、展廊等进行校园文化展示，也为校园宣传和举办活动提供合适的场所。

文化墙、展廊实景

②校园雕塑、标志性建筑

可设置有代表性的校园标志或雕塑，体现校园特色。

校园标志性建筑、雕塑实景

（3）不建议改造方案

广场空间在提供足够硬质场地、满足使用需求的前提下，还应营造丰富的空间层次，避免空旷单调。

大而空旷的广场实景

通过绿化、设施的设计丰富空间的广场实景

细节设计如地面铺装、防护围栏等，也应注意安全保障。

过于光滑的地面材质实景

防滑地砖实景

缺少防护的主席台实景

有防护的主席台实景

（4）改造实践　　在实际案例中运用各种优化设计手法对校园广场空间进行微改造。

改造前广场空间：缺少地面铺装设计和各类设施。

改造前广场空间示意图

改造后广场空间：丰富地面铺装，增加座椅、小品等设施，更适合学生活动。

改造后广场空间示意图

6.4 校园庭院空间

6.4.1 概念

校园庭院空间是由学校建筑单体或邻近建筑组合或围合的室外空间，是建筑与外部环境之间的过渡空间，对建筑及其组合的依附性较强。庭院既可以用作课间活动、课外活动的场所，也可以以绿化景观为主要空间内容，起到美化校园环境、提升校园品质的重要作用。

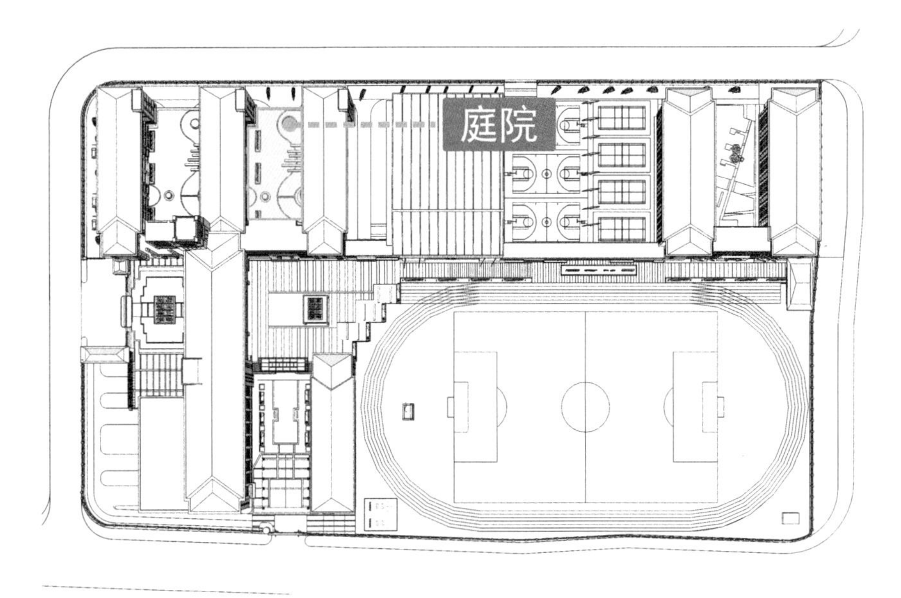

庭院示意图

6.4.2 功能组成类型及设计要素

（1）功能组成　校园庭院空间主要的功能区域包括中心区、建筑渗透区、边缘区。

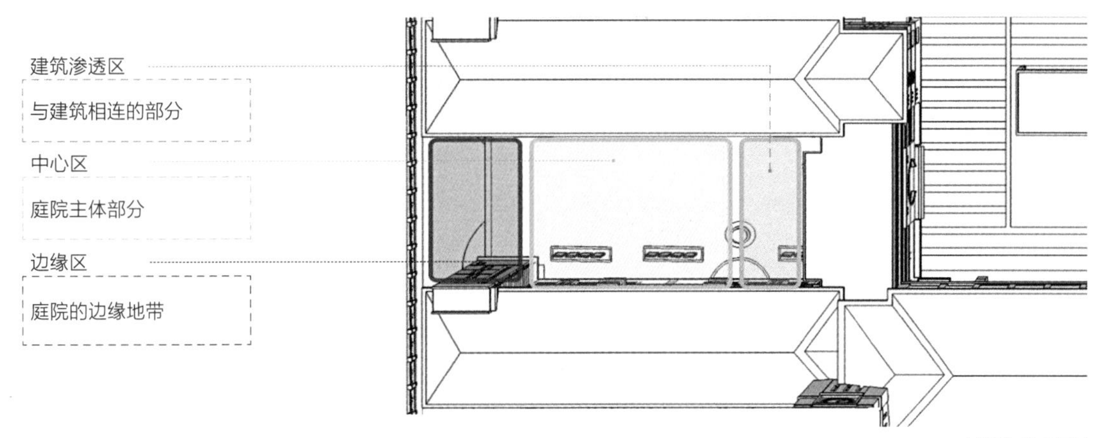

功能组成示意图

（2）类型　校园庭院空间的类型主要包括建筑围合庭院（中庭）及建筑外部庭院（包括建筑前庭、后庭、侧庭）。

①建筑围合庭院

主要指校园内的中庭空间，由校园建筑围合，四周一般有敞廊环绕，是学生课间主要的户外活动场所和与周边建筑通行、联系的空间。

围合庭院实景

②建筑外部庭院

位于建筑周边，属于建筑物的附属场地，与建筑的联系相对而言不太紧密，交通性较弱。

外部庭院实景

（3）设计要素　校园庭院的设计要素与广场较为相似，但在各要素的具体设计上有所不同。文化设施的设置能使庭院的校园文化特色更突出，有效提升庭院空间品质。

市政设施：垃圾桶、照明设施、座椅
文化设施：文化墙、雕塑、展廊、文化小品、构筑物

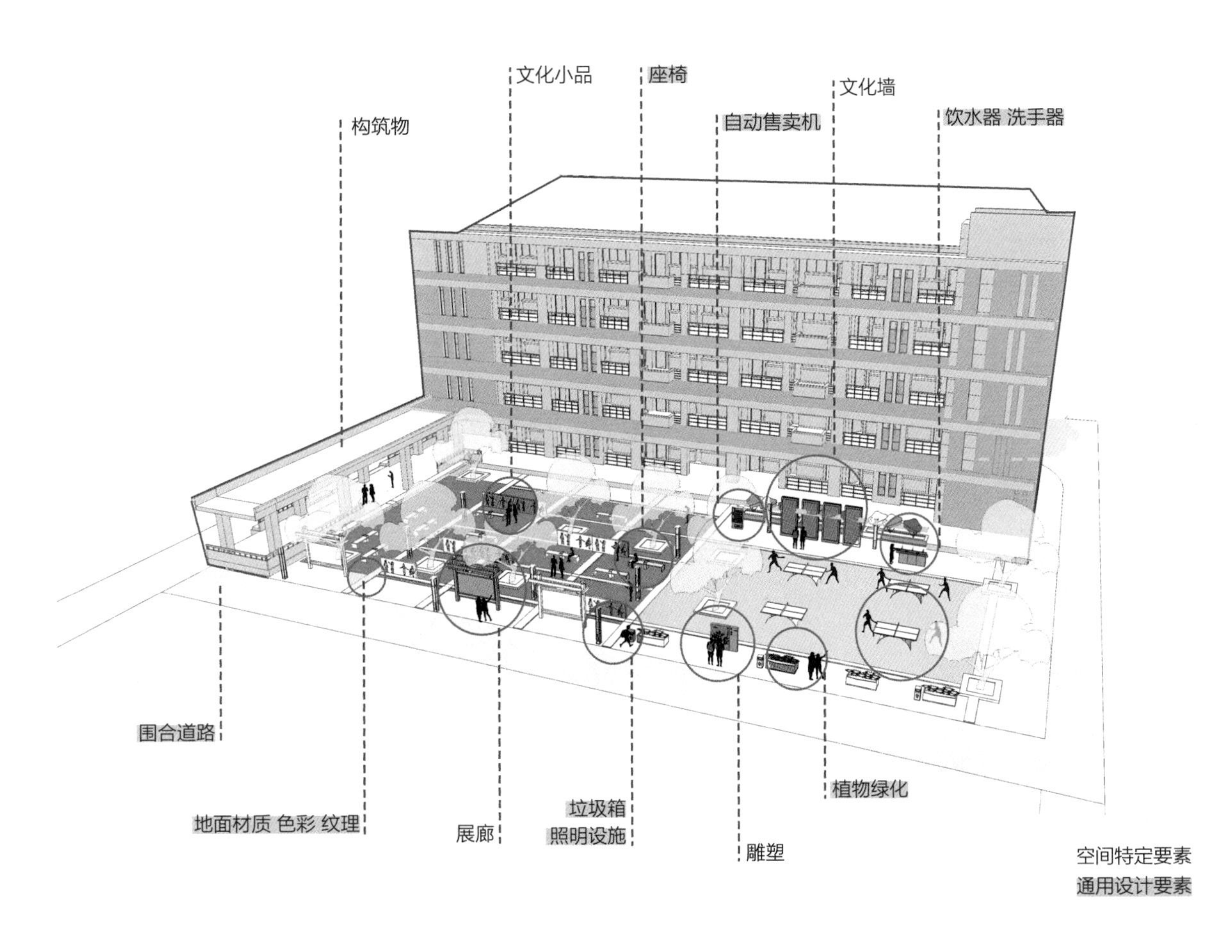

设计要素示意图

6.4.3 改造设计原则

①优化庭院空间层次

通过建立校园庭院空间体系，对校园内不同的庭院空间进行统一调整及优化，形成校园庭院空间体系；对校园庭院的空间层次进行提升，达到灵活使用庭院空间的目的。

②优化功能设置

采用平面布局优化的手法，从学校教学及教育需求出发，结合不同位置的庭院进行功能调整与优化。

③提升庭院环境设施品质

完善庭院空间相应设施配置，增加休憩设施、灯具等；提升庭院本身的设计品质，如植物配置、景观特色营造等。

④展示校园文化

对校园文化进行展示，完善校园文化的展现设施，如展示墙、小品等。

案例分析：

广州市番禺区实验中学庭院改造

创建多层次空间设计

该庭院改造尊重场地特色，保留现有多棵白兰大树。庭院中部作为主要的活动场地和通行空间，与建筑相接处通过植物绿化分隔和过渡；公共座椅与植物绿化结合设置，增加庭院空间层次，提供交流空间。

改造前庭院空间实景

改造后庭院空间效果图

资料来源：广州市教育局番禺区实验中学微改造方案

6.4.4 微改造设计指引

（1）必要改造内容

■ **平面布局优化**

校园庭院微改造的平面布局优化有两部分内容：一是将散布在校园中缺乏组织性的各庭院组成一个相互联系的庭院空间体系，二是针对单个庭院进行功能分区和平面布局优化。从两方面建立校园庭院空间体系，首先统一校园中各庭院的风格，其次应对校园中的不同庭院进行功能区分，有效组织校园中的庭院空间，提高利用率。

校园庭院风格的统一需要通过标识系统的统一，色彩、铺装的统一，以及小品设施风格的统一来实现。

①标识系统的统一

标识系统风格可通过相同的材质、色彩、形态保持统一。

标识系统的统一实景

②色彩、铺装统一

庭院色彩可通过相同的主、辅色调或相互搭配的色系保持统一，铺装可通过选择相同的材质、纹理保持统一。

色彩、铺装统一实景

③小品设施风格统一

小品设施风格可通过相同的材质、造型等保持统一，并赋予其相互联系的文化寓意，创造风格统一的庭院空间。

小品设施风格统一实景

■ **校园庭院功能调整与优化**

由于庭院的形态、位置、大小有所不同，其承担的功能也有所区别。对不同庭院的功能加以区分，可以提高校园庭院的利用效率。

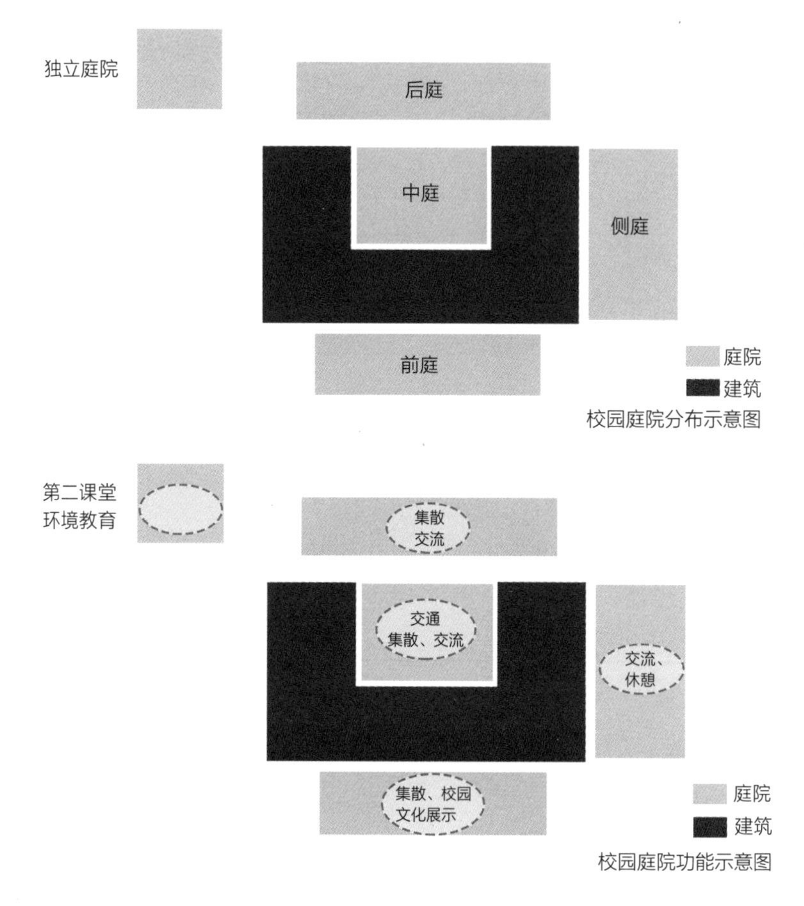

校园庭院分布示意图

校园庭院功能示意图

单个庭院平面布局优化：单个庭院根据主要使用功能，一般可分为三个区域，分别是边缘区、中心区和建筑过渡区。

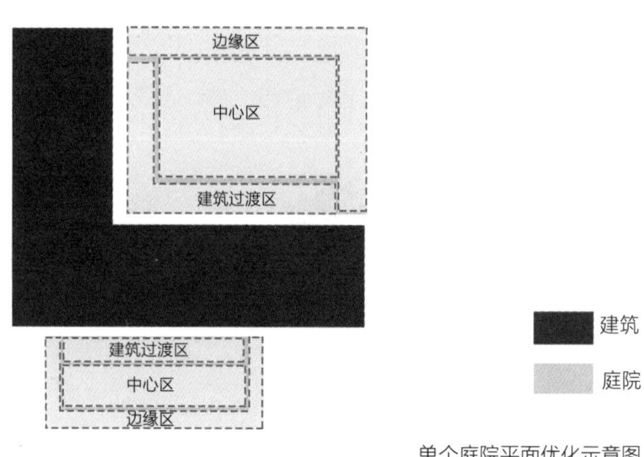

单个庭院平面优化示意图

（2）提升优化建议

在对校园庭院进行分区和功能划分的基础上，进行各分区设计。

由于不同类型的庭院区别较大，对于植物园、科学院等主题庭院，各分区的设计需要灵活变通。

①中心区

中心区是校园庭院中的主要活动场地，应有足够的开阔空间，可以安置一些较大型的设施或保持场地的开敞空旷，以供学生活动。

中心区示意图

②建筑过渡区

通过地形高差变化、座椅、植物、小品设施将其分隔成若干个亚空间，避免由建筑到庭院过渡生硬。营造一些私密性较强的空间，方便学生休憩交流。

过渡区示意图

③边缘区

庭院的边缘区指庭院空间不由建筑围合的边缘，可摆放小型设施，列植高大乔木。庭院与校外环境相邻的，可以通过植物绿化、景观美化隔绝校园外部不良影响。

边缘区示意图

▪ 空间限定元素

主要包括地形、道路、设施、植物。

建筑围合庭院和建筑外部庭院的围合程度有较大的不同，围合庭院的围合程度更高，而建筑外部庭院则更加开放、流通。在要素的具体设计中，要注意两种类型庭院的设计需求，不能一概而论。

①地形划分空间

通过地形的高低划分庭院与其他空间，增加空间层次。

地形划分空间实景

②道路划分空间

庭院与人行道或车行道相邻，可以通过植物绿化或设施分隔过渡，避免相互干扰。

道路划分空间实景

③设施划分空间

庭院以设施进行空间划分，使原本过于开敞的空间碎片化地分布在校园中的各个角落。细化的分区更适合师生停留与交流。

设施划分空间实景

④植物划分空间

通过植物对庭院进行空间划分，巧妙运用错落的乔灌木、花坛、地被花圃及设施小品等在庭院内部围合出小空间，增加庭院空间层次。

植物划分空间实景

▪ 文化展示设施

校园庭院中的文化展示设施除文化墙、构筑物、展廊、雕塑、文化小品之外，还包括露天书吧、英语角等户外学习空间。这些文化设施的设置，能有效提升校园文化氛围，优化校园空间品质。

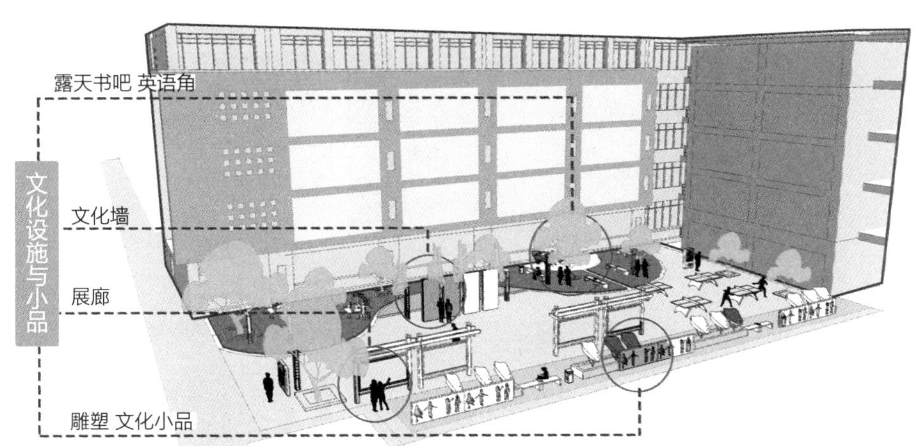

建筑围合庭院文化设施与小品示意图

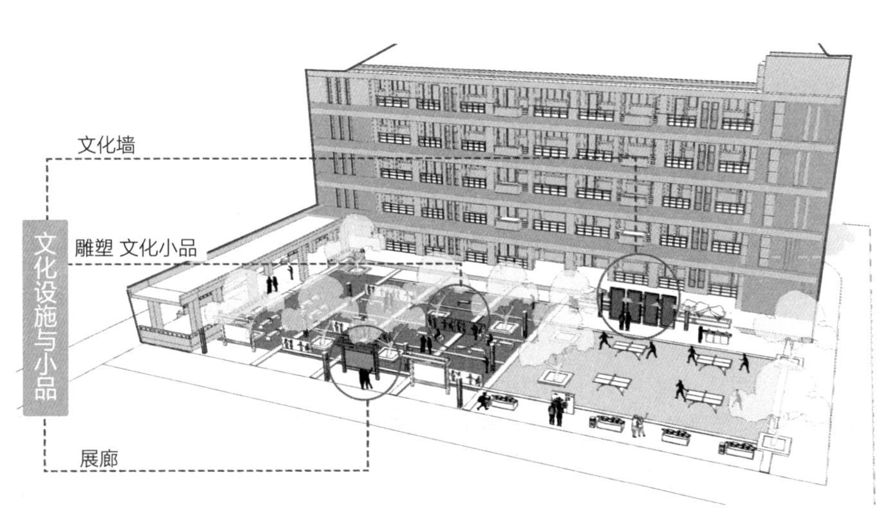

建筑外部庭院文化设施与小品示意图

①文化墙、展廊

庭院文化墙融入校园文化，结合庭院建筑主题及设施安置，同时考虑设计人群集聚的小空间，形成良好的观赏效果。

文化墙、展廊实景

②构筑物

在融入校园文化设计的同时，也可进一步结合庭院中的学生课余活动设施一同设计，创造丰富多样的停留休憩娱乐空间。

构筑物实景

③雕塑、文化小品

雕塑与文化小品可结合一定的景观设施进行设计，创造活泼有趣的庭院空间。

雕塑、文化小品实景

④户外学习空间

庭院能为学生创造互相交流学习的良好环境，设置露天书吧、英语角等户外学习空间，有益于学生学习与交流，营造校园氛围。

户外学习空间实景

（3）不建议改造方案　　庭院空间设计应避免场地空旷、缺乏层次。

层次单一的庭院实景

通过绿化、设施的设计丰富空间的庭院实景

细节设计应注意安全保障，如避免使用带有尖角的小品、座椅，水景池的水不应过深。

带有尖角的座椅实景

圆滑的座椅实景

较深的水景池实景

较浅的水景池实景

（4）改造实践　　在实际案例中运用以上优化设计方法进行校园庭院空间微改造。

改造前庭院空间：场地缺少设计，过于空旷。

改造前庭院空间示意图

改造后庭院空间：增加座椅、绿化、地面铺装及其他设施，使庭院成为一个交流、休憩的空间。

改造后庭院空间示意图

6.5 校园交通空间

6.5.1 概念

交通空间是一种线状的连续空间，校园中的各类空间主要通过这种空间形式相互联系，例如主次要道路，或者联接校园内不同标高地坪的室外坡道等。停车场一般位于校园出入口处，与校园主要车行道路相连接。

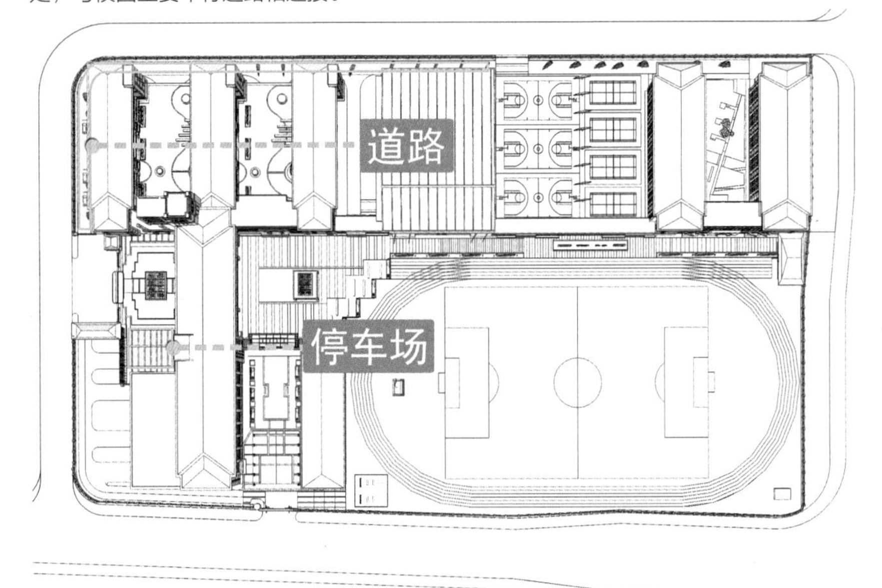

道路、停车场示意图

6.5.2 功能组成、类型和设计要素

（1）功能组成

校园交通空间的功能组成分为道路空间和停车场空间，道路空间包括车行道和步行道，主要分为路沿绿化区、路面区；停车场空间包括绿化区和停车区。

①道路空间功能组成

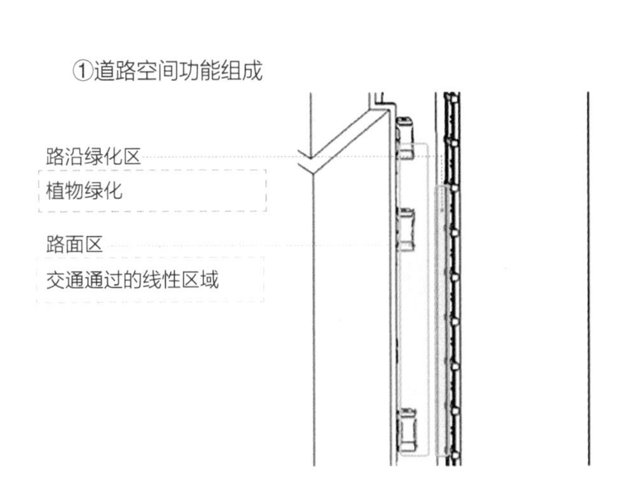

②停车场空间功能组成

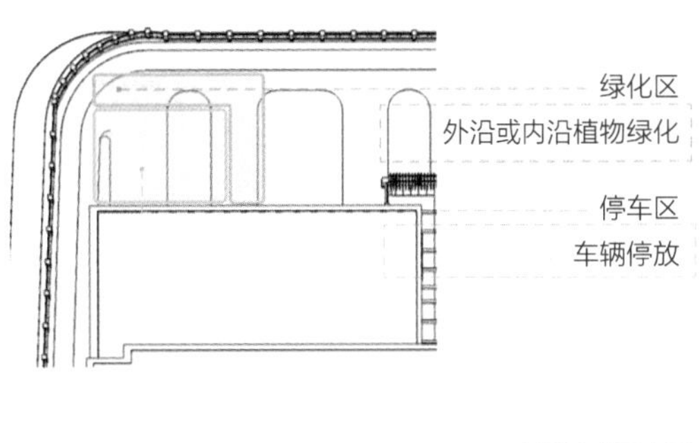

功能组成示意图

（2）类型　　校园交通空间的类型主要包括车行空间（车行道）、步行空间（步行道）和停车场。

①车行空间

主要是供机动车、非机动车通行的道路空间。

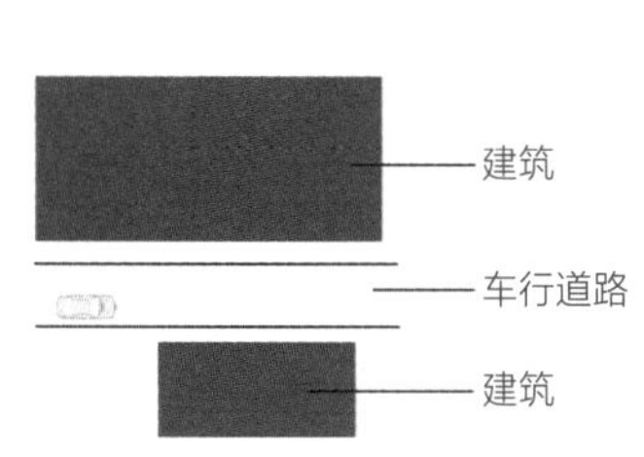

车行空间实景

②步行空间

主要是供人步行通行的道路空间。

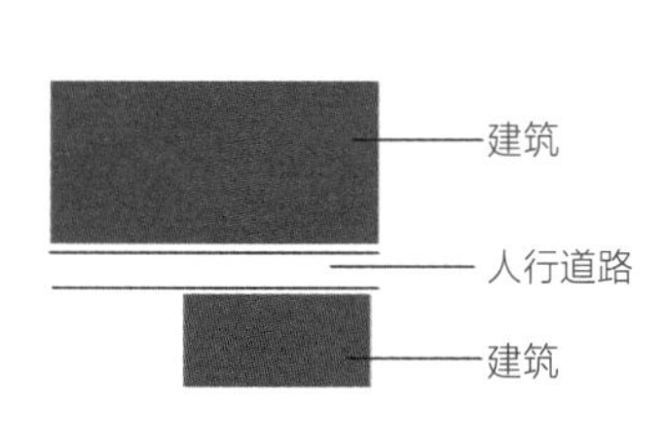

步行空间实景

③停车场

属于静态交通空间，包括机动车、非机动车停车场。

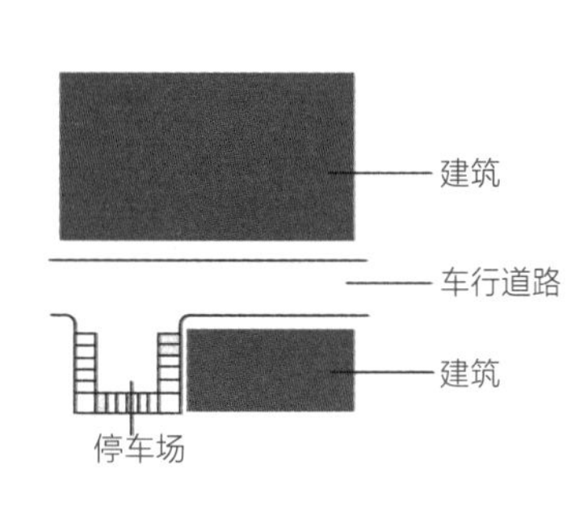

停车场实景

（3）设计要素　　道路空间和停车场空间设计在尺度要素上存在一定差别。

通过改造标识系统和遮蔽设施，完善交通空间相应设施配置，提升交通空间环境品质。

道路尺度要素：车行道宽度、人行道宽度、绿化带尺度。

标识系统：指示牌、地面标识与标线。

遮蔽设施：道路遮蔽设施、停车场遮蔽设施。

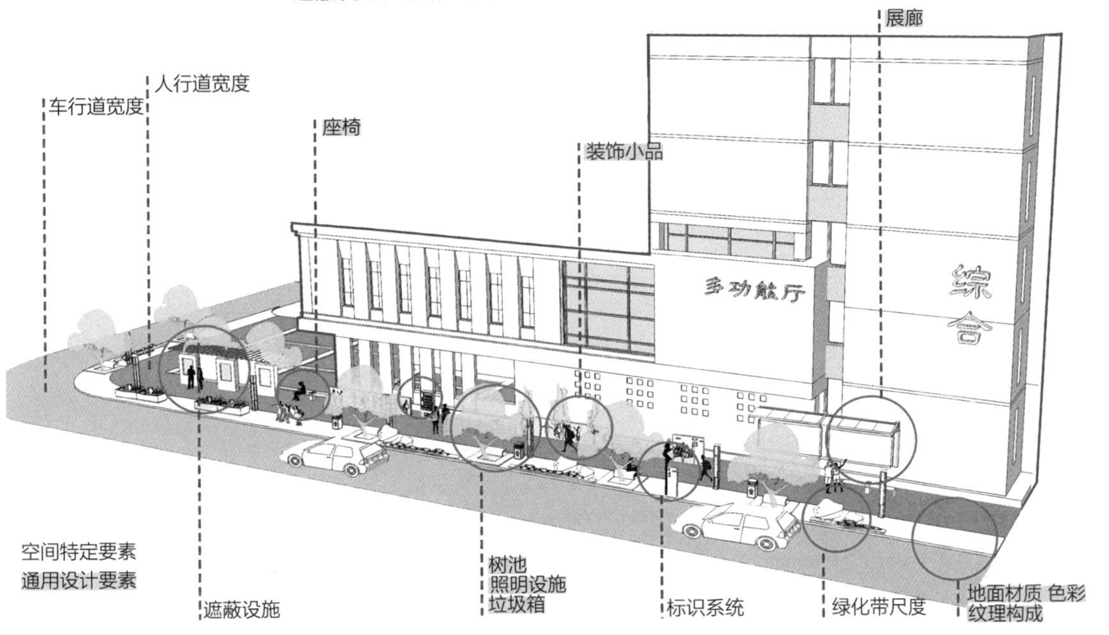

道路空间要素示意图

照明设施
展廊
座椅

地面材质 色彩
纹理构成

装饰小品

遮蔽设施

廊架

空间特定要素
通用设计要素

车位尺寸
车位数量
停车方式

绿化带尺度
垃圾箱

标识系统

停车场空间要素示意图

6.5.3 改造设计原则

①优化校园交通环境

优化调整校园交通流线，明确交通空间的功能，在可能的条件下增设停车空间，重视安全性。

②提升交通空间环境品质

完善交通空间相应设施配置，如路障、灯具等；提升交通空间设计品质，对路面、停车场铺装、交通空间周边的绿化景观进行改造设计，产生遮阴作用并提供更好的景观效果，进行景观与设施提升。

6.5.4 微改造设计指引

（1）必要改造内容

▪ **平面布局优化**

改造校园交通空间，首先应从整体上对校园交通流线进行优化，除改变道路的具体形态，还可以通过建立交通标识系统对交通进行引导和控制。在校园中还应该增加更多静态交通空间，设置多处停车场。

①交通标识系统建立

交通标识系统的内容包括校园地图、道路指引牌、指示牌、地面标线等。可在入口设置校园地图，在道路交叉口等位置设置指路牌，增加明确的道路交通标识。

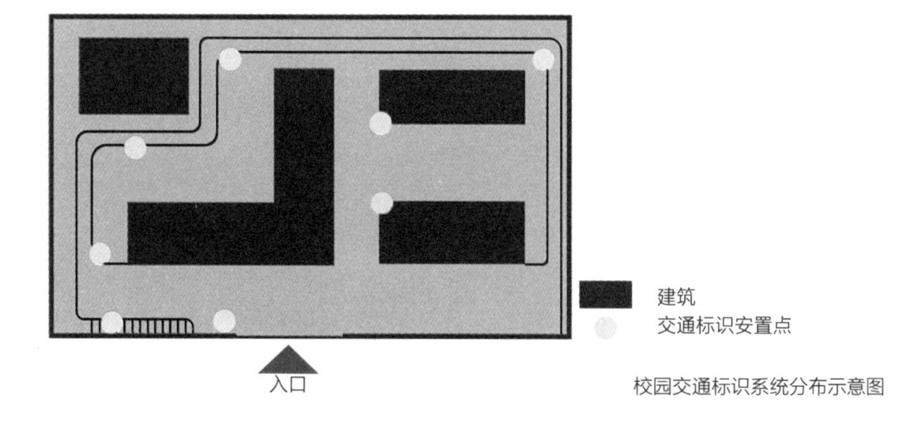

校园交通标识系统分布示意图

校园地图实景

道路指引牌实景

地面标线实景

②设置停车场

在校园出入口、广场周边等位置适当地设置停车场地，增加校园内的停车空间。

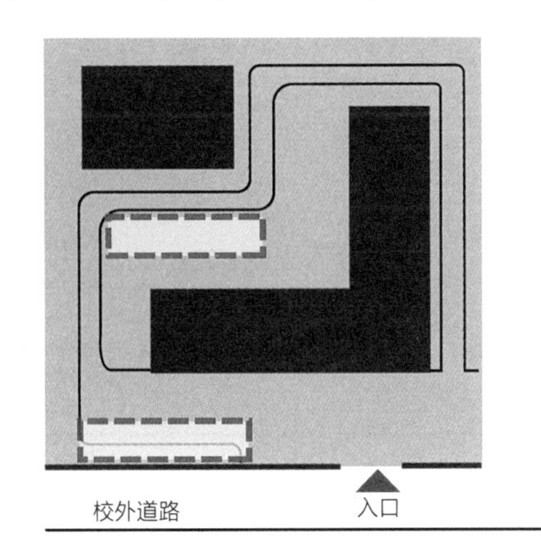

校园停车场分布示意图

- **道路空间尺度要素**

包括人行道宽度、车行道宽度、绿化带尺度。尺度要素改造较大程度受限于原有道路基础，但在具备一定改造空间的情况下，也应当尽量使道路空间更加优化和完善。道路空间的尺度、具体形态应符合相关规范要求，保障师生在校园内的通行安全。

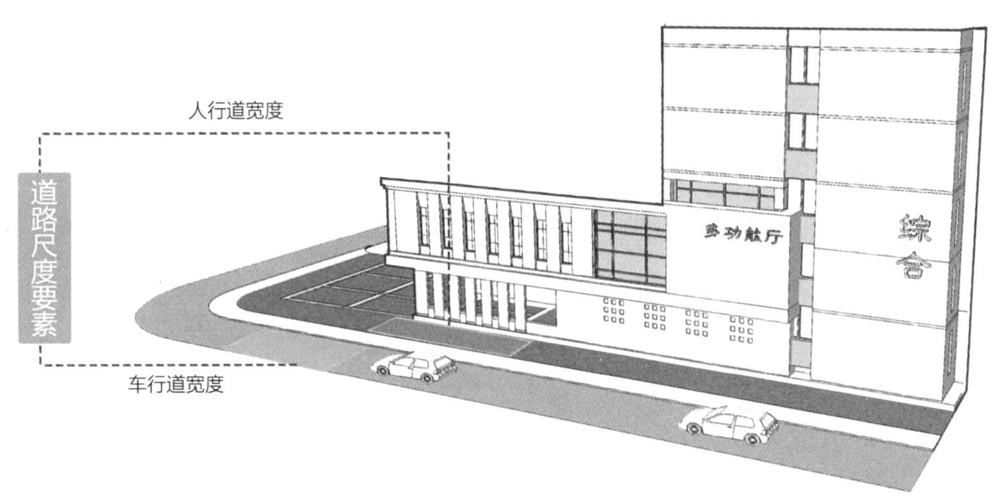

道路空间尺度要素示意图

①车行道尺度要素

指车行道的断面形态和尺度需符合地方设计规范，并满足消防等要求。

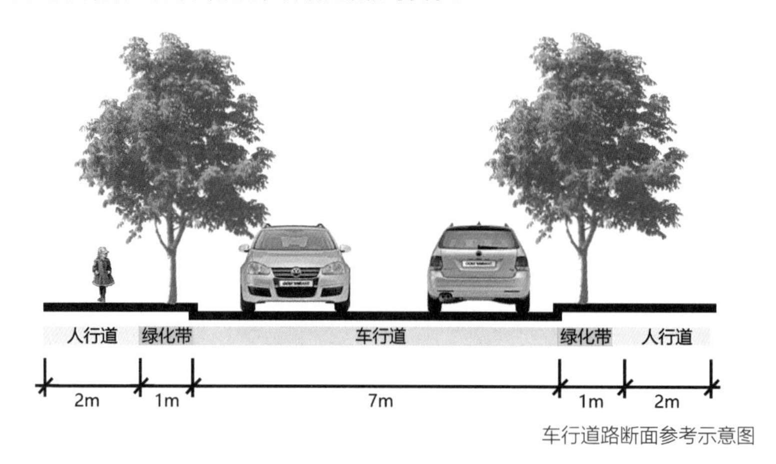

车行道路断面参考示意图

②人行道尺度要素

指人行道的断面形态和尺度应符合人体尺度，依据日常通行人流数量进行具体设计。

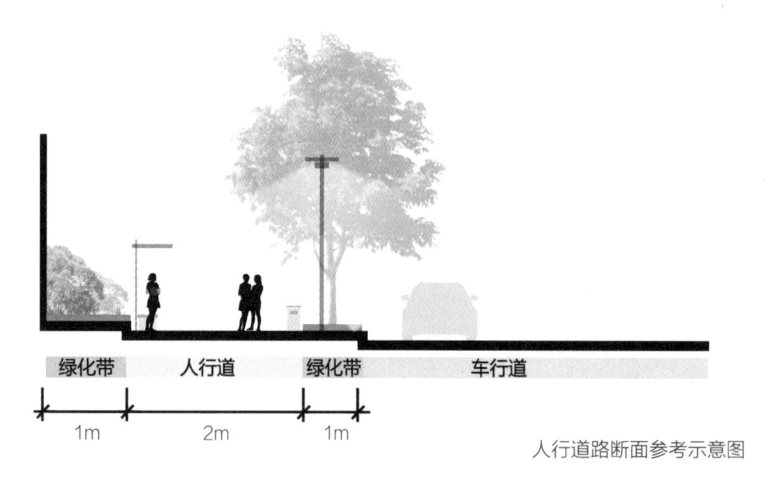

人行道路断面参考示意图

- **标识系统**

包括指示牌、地面标识与标线等，用于组织人流、车流通行。

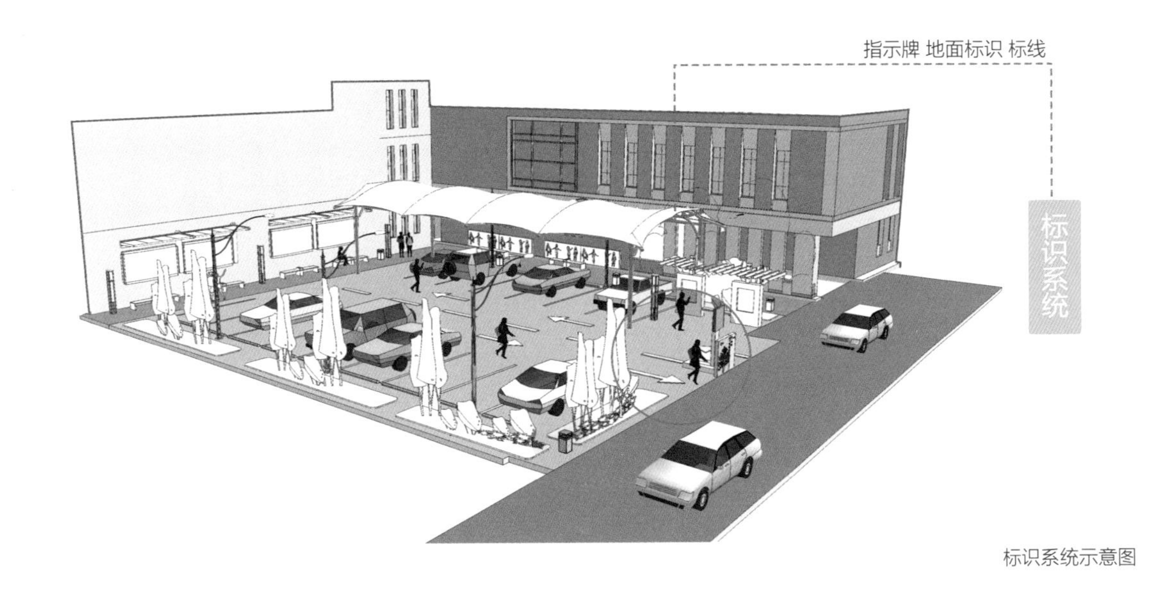

标识系统示意图

道路指示牌示意图

道路地面标识与标线实景

停车场指示牌示意图

资料来源：根据《道路交通标志和标线》GB 5768—1999绘制

停车场地面标识与标线实景

（2）提升优化建议

■ **遮蔽设施**

校园道路空间的遮蔽性设施要素主要是指一些行道树、绿化隔离带等景观绿化设施和沿道路两侧布置的装饰小品、校园文化展示设施。

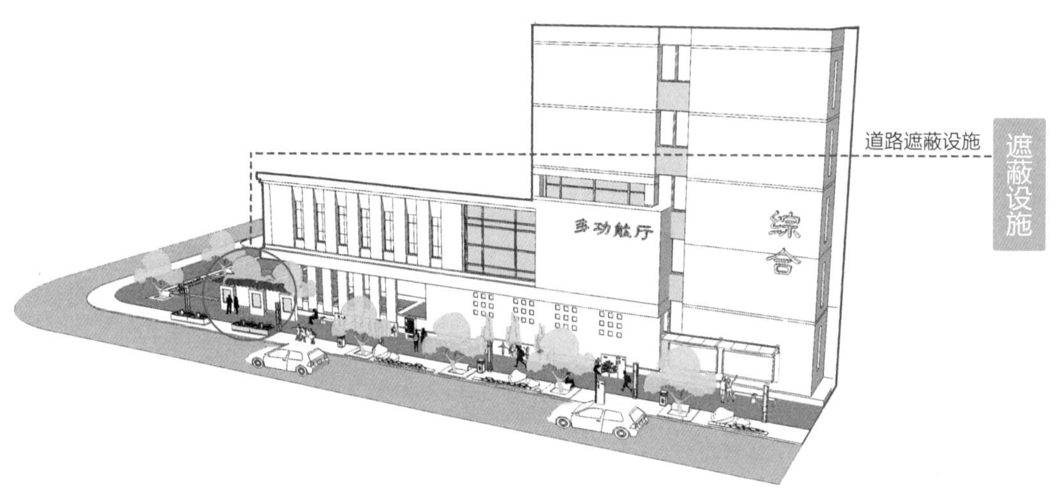

遮蔽设施示意图

①道路遮蔽设施

一般与座椅结合设计，用于休憩、交流时遮阳避雨。

遮蔽设施与座椅结合实景

②停车场遮蔽设施

主要供车辆使用，避免车辆暴晒。可以选择的车棚类型有彩钢板车棚、阳光板车棚、耐力板车棚、膜结构车棚、混凝土车棚等。

彩钢板车棚实景

耐力板车棚实景

膜结构车棚实景

■ **分区设计**

对道路空间和停车场分别提供具体的设计参考。

①道路空间

a. 人车分流　　校园中车行道和人行道结合设置，应通过高差、铺装材质、色彩、绿化隔离带等区分车行和人行路面。

b. 设施布置　　沿道路种植行道树，在道路两侧设置座椅、装饰小品等，注意提供清晰、明确的交通标识和标线。

道路空间示意图

②停车场

校园中的停车场一般尺度较小，要注意景观绿化和地面铺装的生态化设计。

停车场示意图

（3）改造实践　　在实际案例中运用以上改造手法进行校园交通空间微改造。

改造前道路空间：空间单一，缺少绿化和装饰。

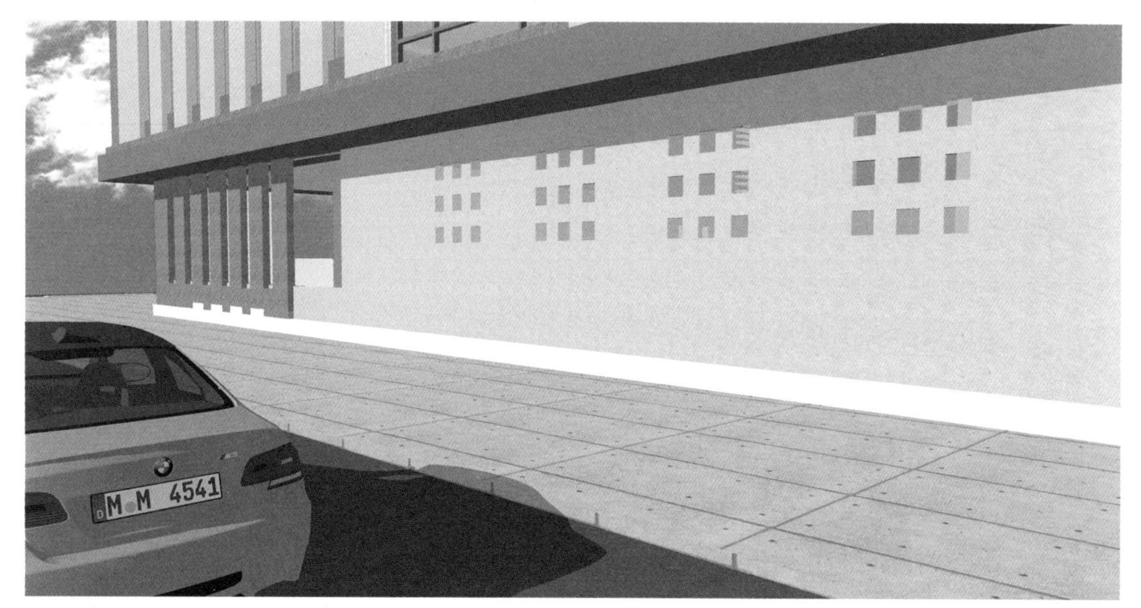

改造前道路空间示意图

改造后道路空间：增加座椅、垃圾桶、标识等服务性设施和行道树、绿化带、雕塑等装饰性设施。

改造后道路空间示意图

改造前停车场空间：空间单一，缺少绿化和装饰。

改造前停车场空间示意图

改造后停车场空间：增加遮阳棚、垃圾桶、标识等服务性设施，丰富地面铺装形式，通过使用嵌草砖使场地更为生态化。

改造后停车场空间示意图

6.6 校园屋顶及架空层空间

6.6.1 概念 校园屋顶空间指的是校园内各类建筑物、构筑物等的屋顶，也可包括露台、天台等。校园架空层指校园建筑特别是教学楼底部的半开放式空间。架空层既可用作课间休息活动的场所，也可进行景观绿化。

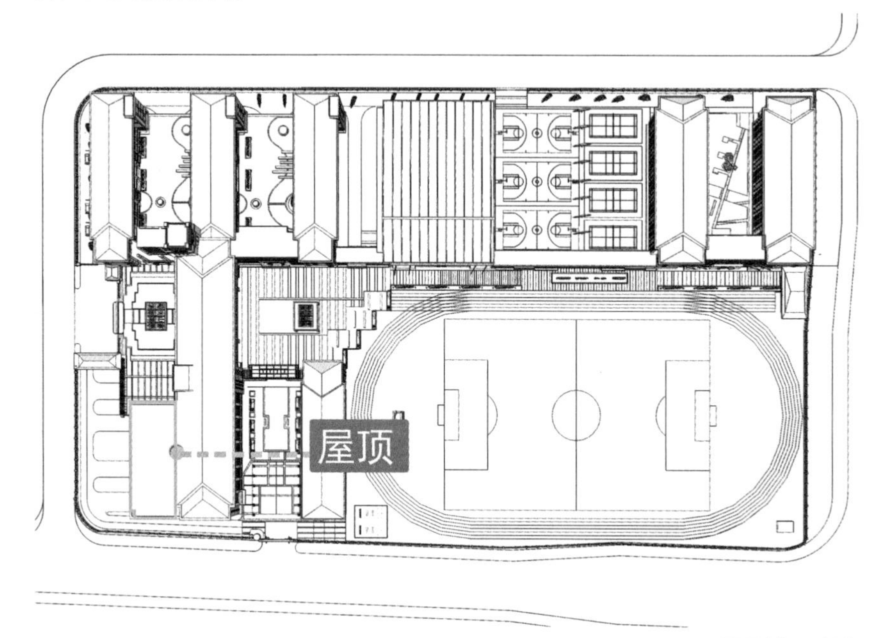

屋顶空间示意图

6.6.2 类型 可分为活动型架空层（硬质铺装为主）及绿化型架空层（植物种植为主）。

①绿化型架空层

架空层内有大面积植物绿化，硬质铺装地面较少。

绿化型架空层实景

②活动型架空层

架空层内的主要场地都为硬质铺装，便于学生活动。

活动型架空层实景

6.6.3 改造设计原则

- **屋顶生态化**

主要是对屋顶进行生态化处理，优化校园建筑的第五立面，提高校园的生态性。

①对屋顶进行防水、排水处理，可以在屋顶摆放种植槽模块，也可以将植物直接种植在屋顶表面。

②利用雨水收集系统、建筑中水系统、城市再生水系统、植物净水系统结合滴灌、喷灌、微喷灌等技术为屋顶的生物群落提供水源，净化后多余的水可以储存在储水箱中，用于冲洗厕所、浇洒校园植物等[41]。

- **架空层多功能优化**

①提升架空层空间丰富性

完善架空层空间相应设施配置，如休憩设施等；提升架空层空间的设计品质，包括铺装处理、设施设计等。完善绿化型架空层的植物配置。

②校园文化表达

利用设施及景观改造提升，对校园文化进行展示和体现，增设校园文化展示区。

案例分析：

广州市从化六中架空层改造

架空层空间使用体验的优化

该小学灵活利用架空层，在架空层设置活动设施增加了架空层的功能性，把它从一个简陋的体育休闲场所变成可进行课外教学、互动交流的空间。

改造前架空层空间实景

改造后架空层空间效果图

资料来源：广州市教育局从化区第六中学微改造方案

6.6.4 微改造设计指引

（1）必要改造内容

■ **平面布局优化**

对架空层进行功能分区，合理布置架空层功能空间。活动区一般位于架空层中间位置，文化展示区和绿化区位于架空层边缘，具体位置可灵活选择，但文化展示区一般依托墙面设置，绿化区主要用于分隔架空层与其他区域。

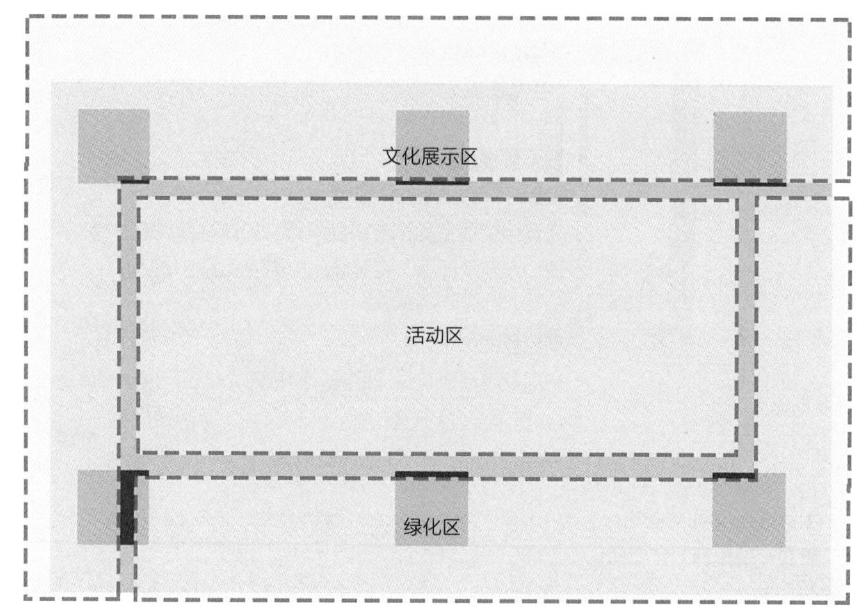

平面布局优化示意图

活动区实景

绿化区实景

文化展示区实景

（2）提升优化建议

■ **空间丰富性设计**

架空层空间的围合主要在于地面、顶棚两个面，立面上只有1~2面墙体和支柱作围合，围合感较弱，空间开放、流通。架空层在围合要素和地面铺装的设计上要考虑引入室外景观，使室内外空间自然融合。

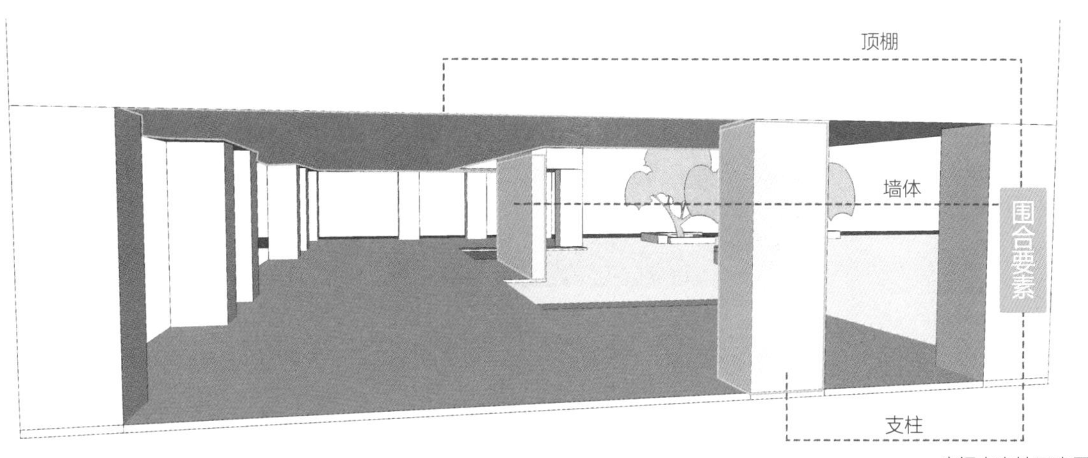

空间丰富性示意图

①支柱与墙面改造

墙面彩绘和饰面材质变化使支柱和墙面具有展示或使用功能，如改造成学生作品展示墙、户外黑板等。

立柱装饰实景

墙面改造为学生作业展示区实景

②顶棚改造

顶棚是架空层空间的重要限定元素，应通过鲜艳明快的色彩、活泼生动的图案和一些构件增加校园气息。

顶棚设计实景

③设施与植物

在架空层与广场、庭院等空间交界处，可以通过设施与植物进行分隔。同时，将广场、庭院的植物引入架空层，能有效融合室内外空间。

植物围合实景

设施围合实景

a. 活动区设计

通过改变地面铺装、标识设置等，可以将活动区划分为多个不同主题的活动区域，根据进行的活动不同，可将动区和静区分离，互不干扰。

b. 文化展示区、绿化区

活动区可完善校园架空层的功能，而文化展示区和绿化区则起到美化、装饰的作用。

文化展示区、绿化区示意图

- **校园文化表达**

架空层除了为学生提供更多活动空间，还承担着表达校园文化的功能。

文化墙、展示墙等文化展示性设施可以依托墙面、立柱设置，还可在架空层中设置户外书吧、阅读角、英语角等户外学习空间。

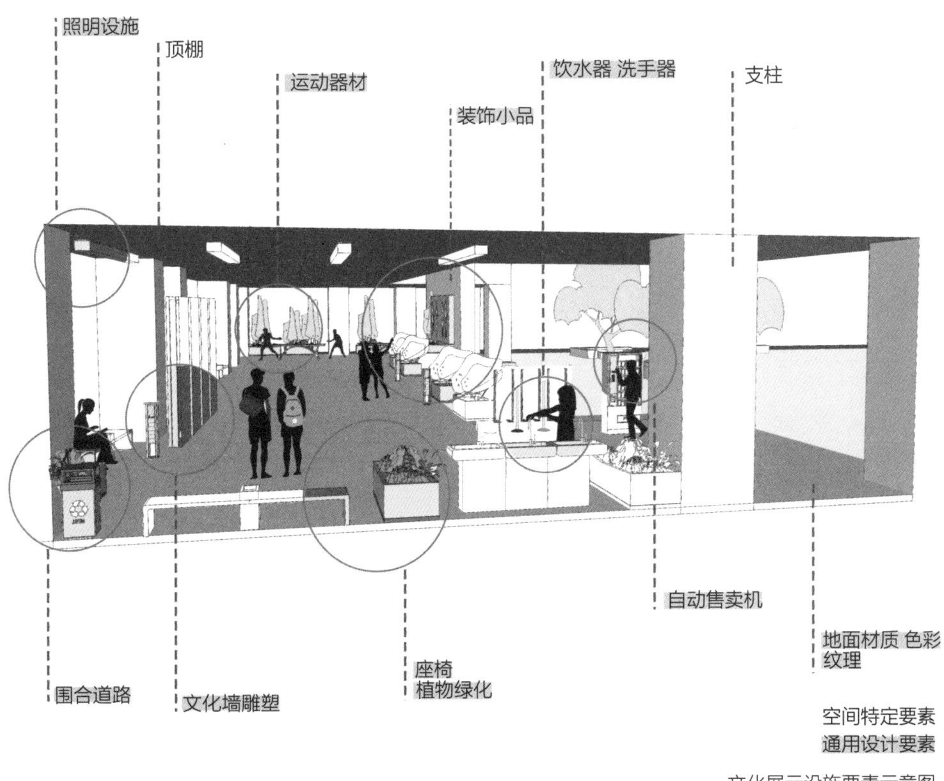

文化展示设施要素示意图

传统风格文化墙装饰实景

现代科技感文化墙装饰实景

户外书吧实景

（3）改造实践　　在实际案例中运用以上改造手法进行校园架空层空间微改造。

改造前架空层空间：空间层次单一，仅具有交通功能。

改造前架空层空间示意图

改造后架空层空间：增加绿化、座椅、活动设施，丰富了空间和功能。

改造后架空层空间示意图

6.7 校园植物配置设计指引

6.7.1 校园植物选择

（1）选择原则

①教育性原则

结合教学需要选择绿化材料和配置植物，使植物既能发挥绿化美化作用，又能成为师生进行教学观察和实验的材料。

②安全性原则

少植或不植有毒、会引起学生过敏性反应的或带刺的植物。设置环校防护林，防噪声防污染。

③经济性原则

因地制宜，可选择乡土化植物材料，少用管理困难的绿化材料，慎用外来树种。

（2）常用观花观果植物

观花类植物可起到调动校园活力和气氛的积极作用，观果植物具有一定的趣味性和科普意义，下表对常用观花观果类植物进行了归类。

类别	观花观果植物种类
观花乔木	大花紫薇、宫粉羊蹄甲、鸡冠刺桐、木棉、凤凰木、美丽异木棉、黄花风铃木、黄槐
观果乔木	枇杷、苹婆、洋蒲桃、石榴
观花灌木	木芙蓉、龙船花、琴叶珊瑚、桂花、红花檵木、勒杜鹃、鸳鸯茉莉、山茶
观花草本	大花金鸡菊、葱兰、翠芦莉、美人蕉、长春花、落花生、南美蟛蜞菊、虾衣花

（3）常用观叶植物种类

常用观叶植物以草本及灌木为主，通过不同叶形叶色的植物对景观进行点缀，整体具有趣味性及科普性。

类别	观叶植物种类
观叶灌木	 变叶木、鹅掌柴、细叶萼距花、黄金榕  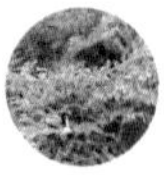
观叶草本	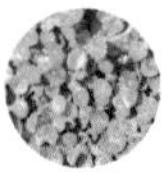 大金钱草、彩叶草、春羽、土麦冬、合果芋、花叶冷水花、花叶良姜、肾蕨    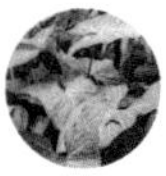   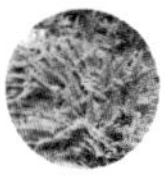

（4）不建议采用的植物种类

校园内不建议种植有刺、有毒、有刺激性气味、易引起人体过敏、有飞毛及易落果的植物。以下乔灌草植物不建议栽种于学生日常可接触的场所。

类别	植物种类
带刺的植物	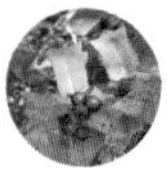 枸骨、皂荚、十大功劳  
有毒的植物	 夹竹桃、黄蝉、络石、醉鱼草、马樱丹、曼陀罗  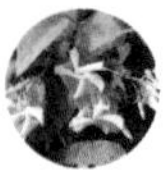 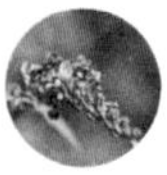 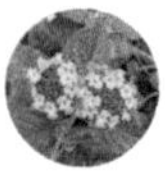 
落果落枝植物	 芒果、海南蒲桃、大王椰子 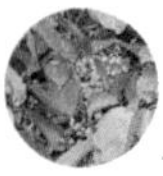 

6.7.2 校园植物配置

（1）配置原则

①整体性原则

校园的绿化规划与校园改造规划同步进行。要求校园各功能区域内的绿化与各区内植物配置具有一致性，绿化植物生物学特性与校园内局部环境相互协调。

②兼顾性原则

兼顾近期和远期绿化效果， 绿化与美化相统一。

③美学原则

可利用与中国的诗、书、画等文化形式紧密相连的植物以及沉淀了深厚文化内涵的树种，营造古典美学。

调和与对比实景

反复与层次实景

映日荷花别样红实景

案例分析：

北京师范大学广州实验学校

校园绿化与校园规划相协调

校园内各功能区域的绿化均与植物配置相统一，综合考虑各区域使用性质进行配置。如校园前庭部分作为与外界环境联系的主要地段，其绿化配置可体现从闹到静的变化和整齐庄严的氛围。行政教学区则安静舒适，应满足采光需求，因而植物配置需考虑隔离、采光、放热等。

该校根据建筑外墙及场所的不同合理配置不同植物，营造多样化的场所感受。如在庄严的行政区安放小琴丝竹与灰砖墙，塑造典雅气韵；在活动区采用春色叶植物，营造欣欣向荣的景象，与色彩斑斓的设施相呼应。

校园建筑实景

校园校道环境实景

校园风貌实景

（2）校园入口区

■ **设计要素**

在中小学校园入口的绿化设计中，可对其基本要素进行修饰及补充，达到美化校门景观的目的。

①必要改造内容

教学楼
广场主景乔木
攀藤植物
行道树
常绿乔木
校门接待室
校铭墙
家长等候区遮阴乔木
常绿灌木

必要性改造内容应用示意图

②提升优化建议

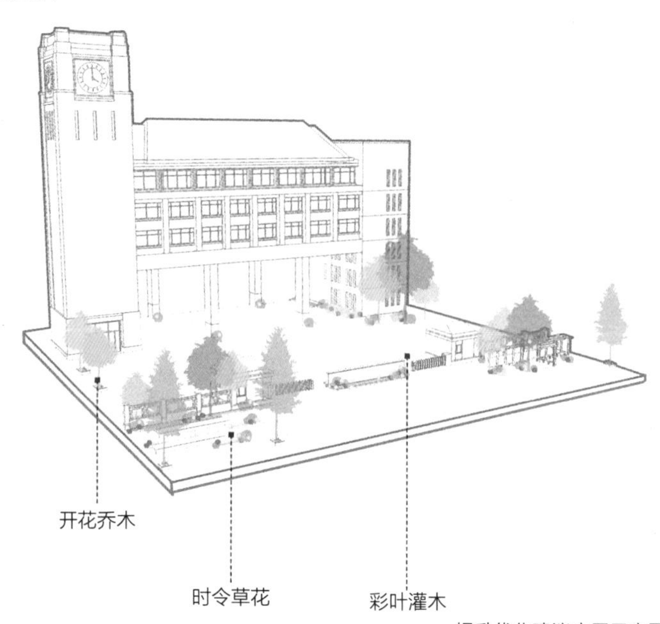

提升优化建议应用示意图

- **配置类型**

①校门外空间（校铭墙）

通过不同植物的搭配设计符合学校风格的校铭墙，作为向城市展示校园形象的界面。

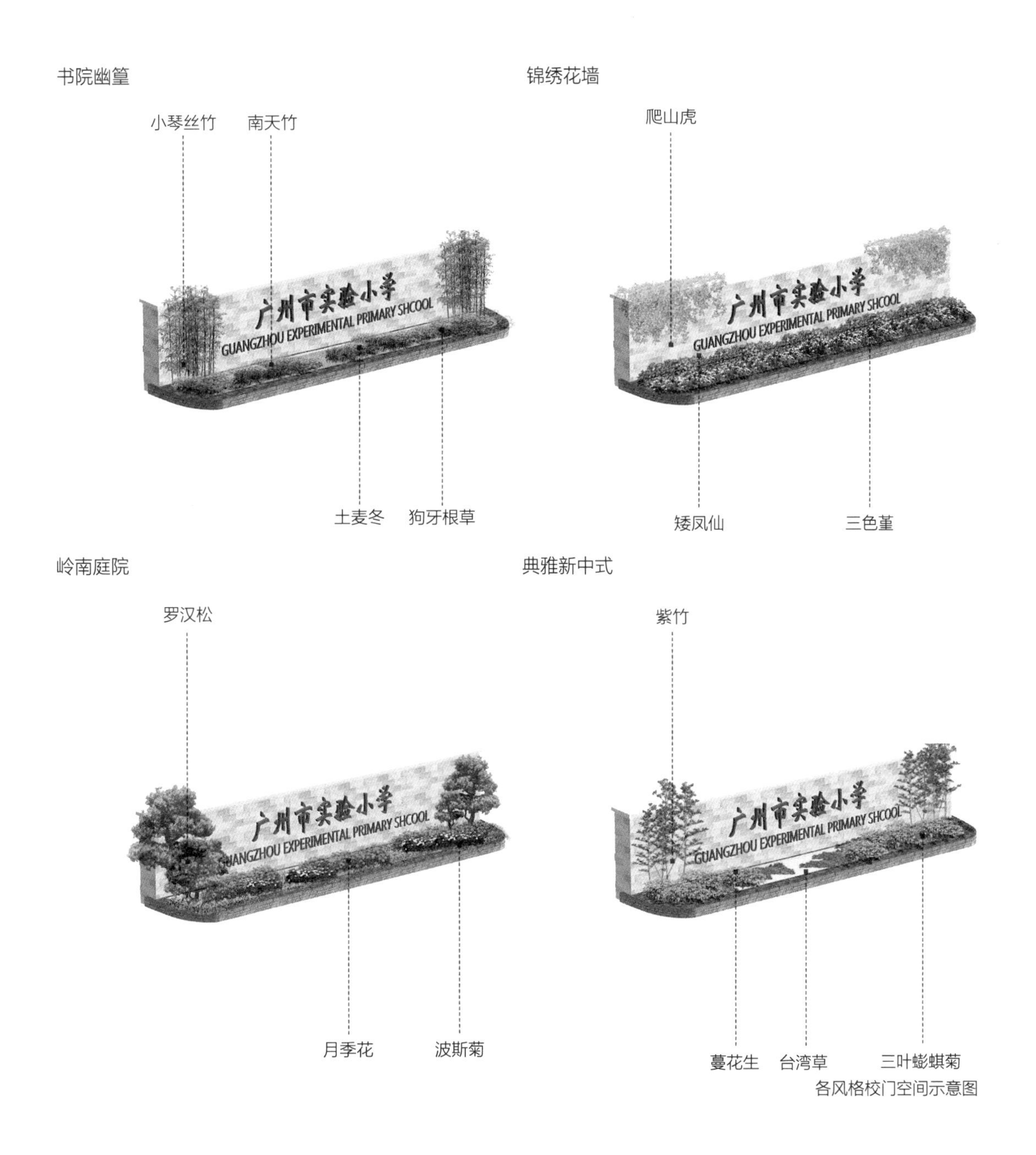

各风格校门空间示意图

②校门外空间（家长等候区）

设立等候区的学校可在等候空间配置以遮阴为主要功能的乔木，营造舒适的等候环境，也可以将等候空间的设计与街边市政行道树相结合。

a. 常绿植物在家长等候区的应用

常绿植物在家长等候区的应用示意图

b. 观花植物在家长等候区的应用

观花植物在家长等候区的应用示意图

■ **种植说明**

①对于乔木，改造过程中应对场地原有的古树名木给予保留并尊重其生长空间。景观提升时优先选择有艺术展示功能的桩景树，或选择分枝点高、少飞絮的常绿树种。

②灌木、观叶及观花灌木相配合，多采用常绿灌木。

③草花以时令草花为主，根据不同风格进行合理选择。

校门空间建议乔木选种			
主景树	木棉	凤凰木	美丽异木棉
常绿树种	亚里垂榕	秋枫	细叶榕

校门空间建议灌木选种			
开花灌木	桂花	鸳鸯茉莉	龙船花
常绿灌木	福建茶	假连翘	黄金榕

校门空间建议草本选种			
草本	彩叶草	春羽	天门冬
	虾衣花	南美蟛蜞菊	合果芋

（3）广场空间

■ **设计要素**

广场的设计要满足师生集会活动及学生交流的需要，因而绿化设计宜以营造通透视野为主要目的。

①必要改造内容

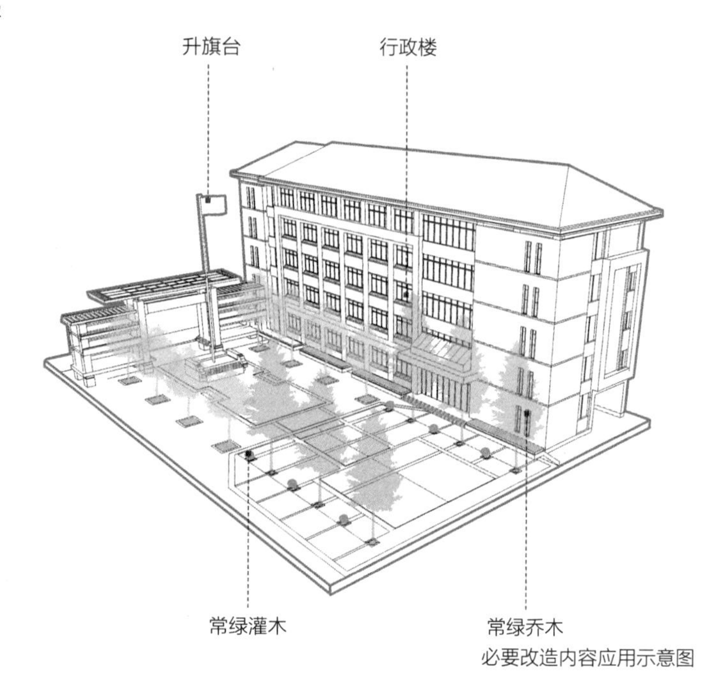

必要改造内容应用示意图

②提升优化建议

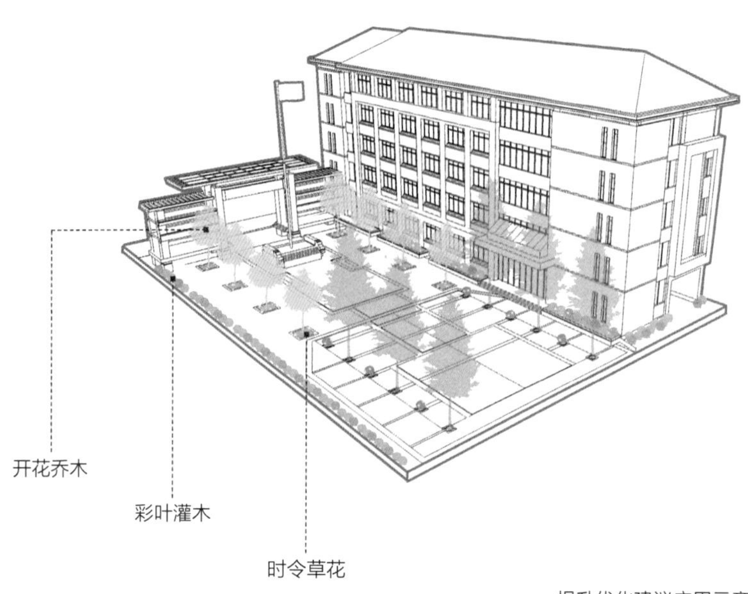

提升优化建议应用示意图

■ **配置形式**

常见于行政楼前集散广场，以行列树营造广场秩序感。两侧可设置花坛、花境，摆放盆景。

a. 常绿植物在广场的应用

常绿植物在广场的应用示意图

b. 观花植物在广场的应用

观花植物在广场的应用示意图

■ **种植说明**

集散广场的植物造型应秀丽活泼，色调鲜艳多彩，给人以舒适欢快、欣欣向荣的感觉。

广场空间建议乔木选种

主景树	罗汉松	美丽异木棉	凤凰木
常绿树种	小叶榄仁	黄葛榕	尖叶杜英

广场空间建议灌木选种

开花灌木	鸳鸯茉莉	桂花	山茶
常绿灌木	红果仔	灰莉	鹅掌柴

广场空间建议草本选种

草本	蚌兰	文殊兰	花叶冷水花
	春羽	葱兰	狗牙根草

（4）庭院空间

■ **设计要素**

庭院空间是学生进行课间休闲交流和活动的主要场所，有时还兼具教育功能，因此庭院空间的植物设计应兼顾遮阴、围合、美观、科普等多方面要求。

①必要改造内容

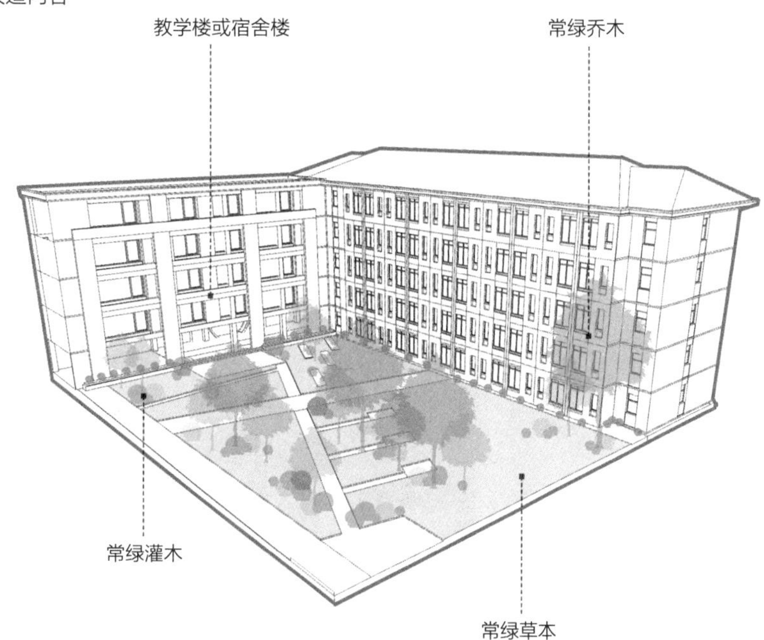

必要改造内容应用示意图

②提升优化建议

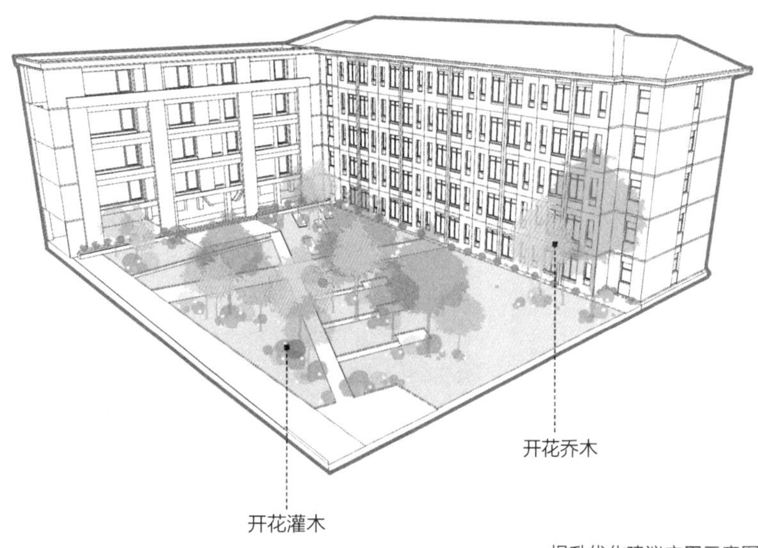

提升优化建议应用示意图

- **配置类型**

①植物群落主导的庭院空间

该类庭院较为常见，多用于课间休息及交流，植物景观应充分表现出植物的形态美、色彩美、动态美，营造明快的植物群落。

a. 常用庭院植物配置

植物配置示意图

b. 富有岭南特色的庭院植物应用

植物应用示意图

②孤植树主导的庭院空间

该类庭院多以校园原有高大孤植乔木为主体进行相应布置，乔木应树冠优美、冠大荫浓，建议选用榕树及樟树等来界定主要活动区。周边植被应考虑孤植树冠幅大小，选用耐阴低矮植被，避免喧宾夺主或因采光不足影响长势及景观效果。

孤植树多为古树名木，注意对其的保护，对大树枯枝应及时加以修剪。

a. 安静休憩类

植物配置示意图

b. 活动嬉戏类

植物配置示意图

配置形式

①普通庭院形式建议

学生希望庭院周围有足够的空地和绿地用于交流及课外活动，因此庭院绿地可具有一定趣味性。植物配置可打破常规形式，通过观花观叶植物营造主题特色鲜明的景观空间。

a. 常见植物配置

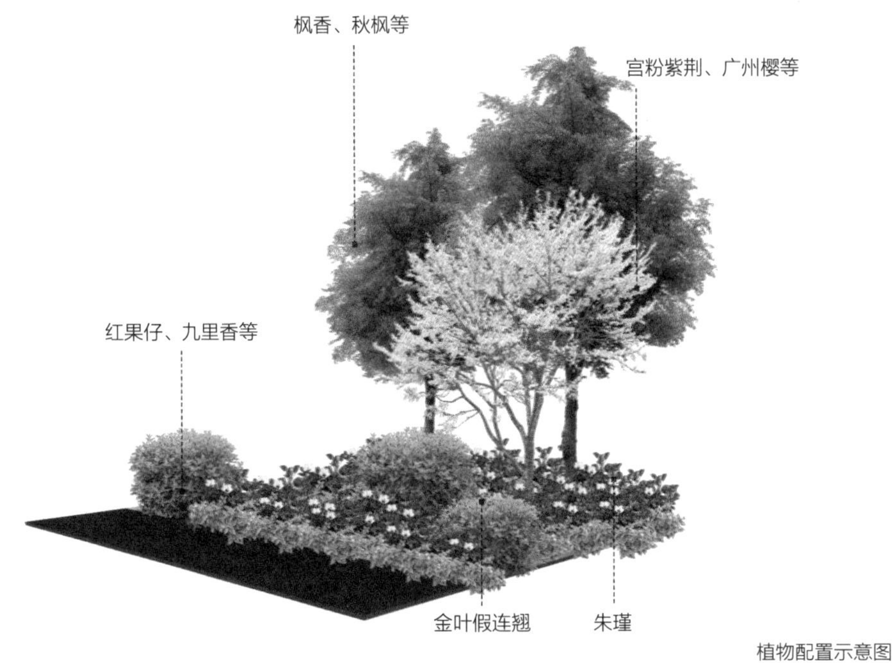

植物配置示意图

b. 以岭南蕉类植物为主的植物配置

植物配置示意图

②校园科普园形式建议

校园科普植物园应选在校内地形地貌特征丰富的区域，结合地方文化特色，栽培品种丰富、观赏价值高、潜在经济价值高、有丰富文化内涵的植物，以不同的科、属、种来划分区域，形成专类园。

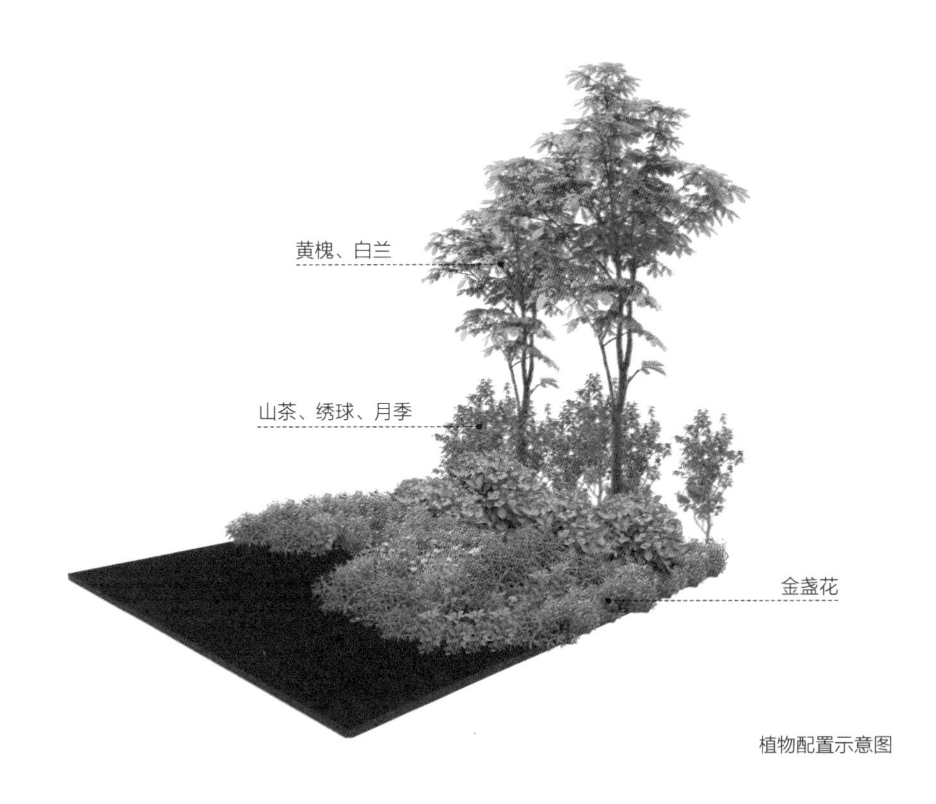

植物配置示意图

③农事体验区形式建议

以速生类农作物或可食植物为主。可以蔬菜瓜果等多种作物相互搭配，以景观性较强的园林植物加以点缀。

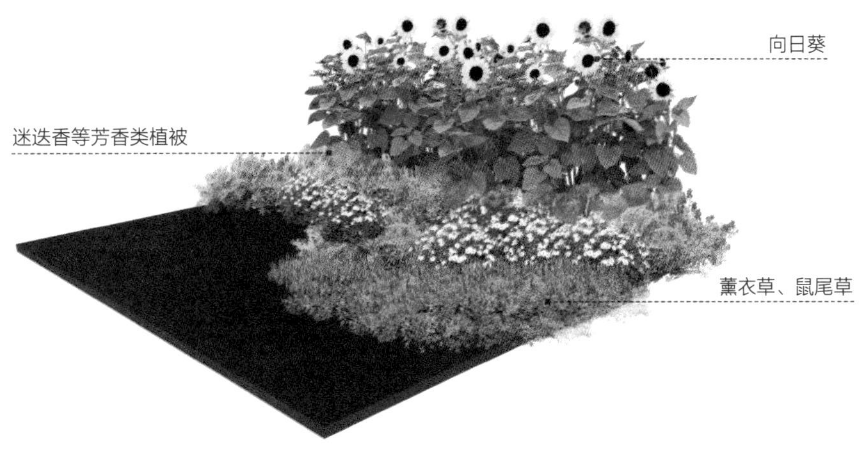

植物配置示意图

▪ **种植说明**

庭院植物应根据不同围合空间的需要合理选取乔灌草，适当运用多年生开花植物点缀空间，起到画龙点睛的作用。并通过花季果期展现四季变化，达到环境教育的目的。

庭院空间建议乔木选种				
观花乔木	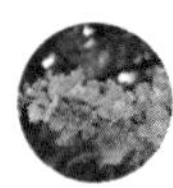 大花紫薇	 鸡冠刺桐	 宫粉羊蹄甲	 凤凰木
观果乔木	 人面子	 芒果	 枇杷	 苹婆
常绿树种	 蒲葵	 白兰花	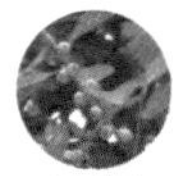 细叶榕	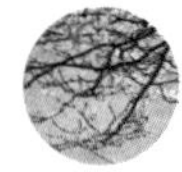 小叶榄仁

庭院空间建议灌木选种				
开花灌木	 桂花	 鸡蛋花	 龙船花	 琴叶珊瑚
常绿灌木	 鹅掌柴	 黄金榕	 金叶假连翘	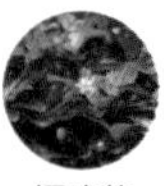 福建茶

庭院空间建议草本选种				
草本	 蔓花生	 花叶冷水花	 蚌兰	 翠芦莉
	 文殊兰	 春羽	 长春花	 葱兰

（5）交通空间

■ **设计要素**

交通空间的植物主要起到降噪滞尘、美化环境、塑造空间的作用：一方面形成沿路林荫带，减少机动车噪声及尾气污染，改善人行环境；另一方面强化校园的轴线感和空间秩序。

①必要改造内容

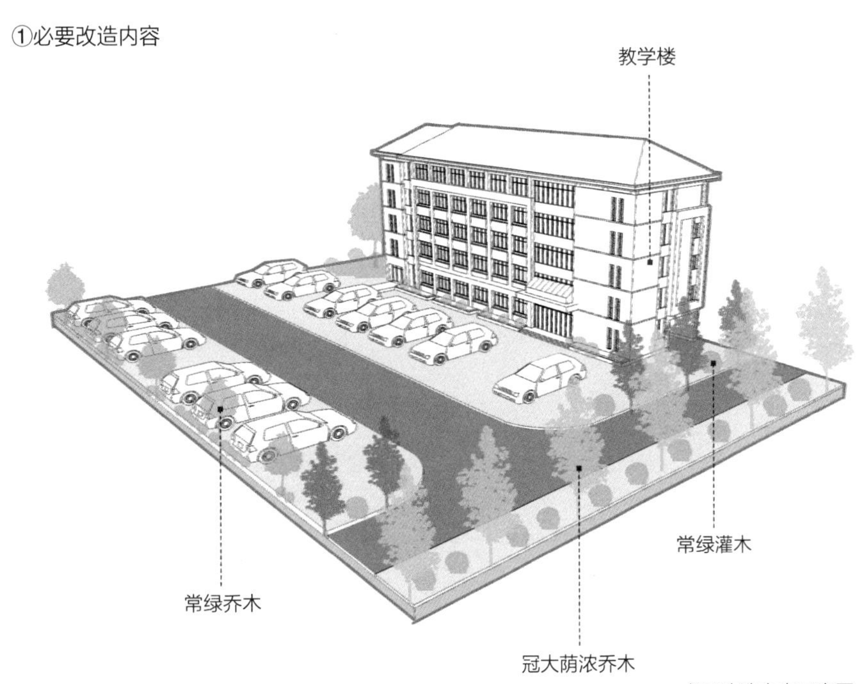

必要改造内容示意图

②提升优化建议

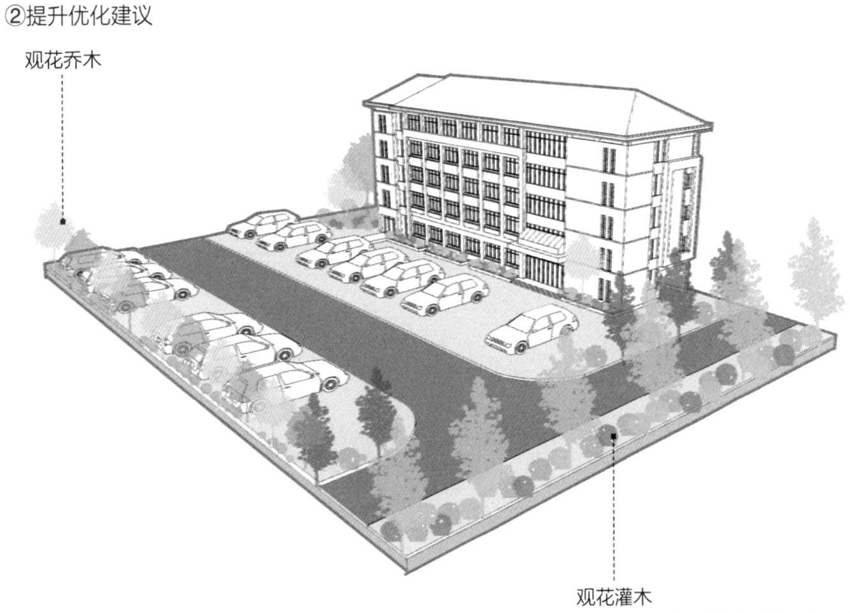

提升优化建议示意图

配置类型

①校园主干道

a. 校园主干道两侧可通过垂直树形的树种营造一种空间秩序感，配合草花运用提升校园入口界面活力。

植物配置示意图

b. 水平展开形的树形，其水平方向生长的习性，联系着建筑的水平线，使建筑能够更好地融入环境。

植物配置示意图

②校园次干道

校园次干道包括教学区与宿舍区等的连接道路，主要以面向学生为主，因而多采用白兰花、樟树及秋枫等具有芳香气味的乔木树种及彩叶灌木。也可采用小叶榄仁等树形优美的树种或宫粉羊蹄甲等开花树种，打造美观舒适的校道。

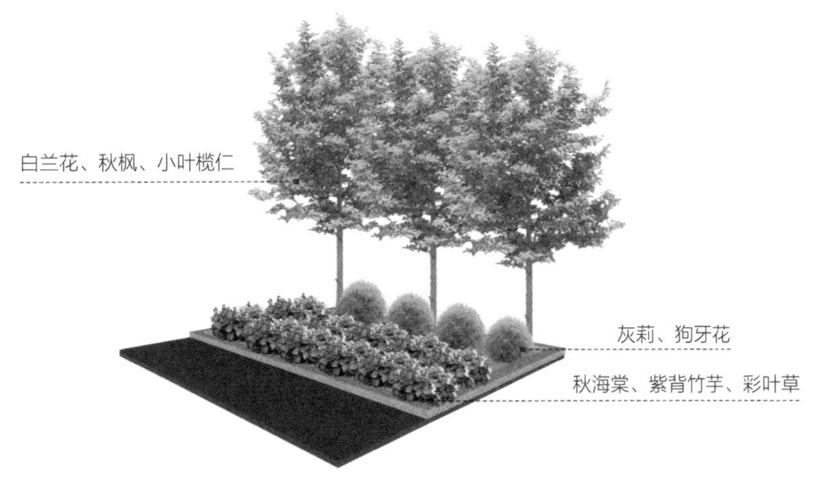

植物配置示意图

③环校园校道

环校园校道主要起防护林带作用，应选择荫浓、生长迅速、易栽易活、耐修剪、抗烟尘、抗病虫害的树种。

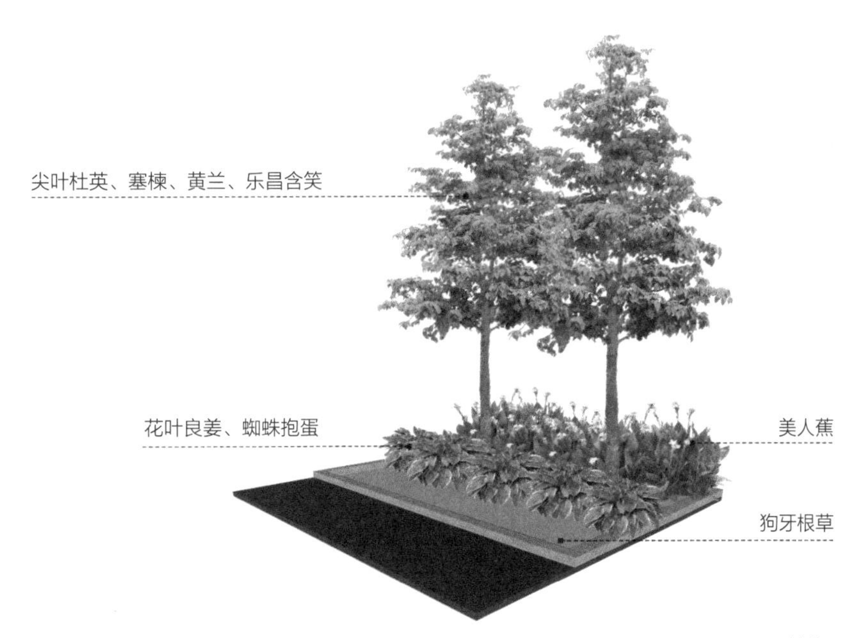

植物配置示意图

④停车场空间

停车场空间为满足车辆停放需要，植物配置以乔木种植、常绿灌木点缀为主，建议采用白兰等抗烟尘乔木。停车棚可适当增加藤本植物进行点缀及遮阴。

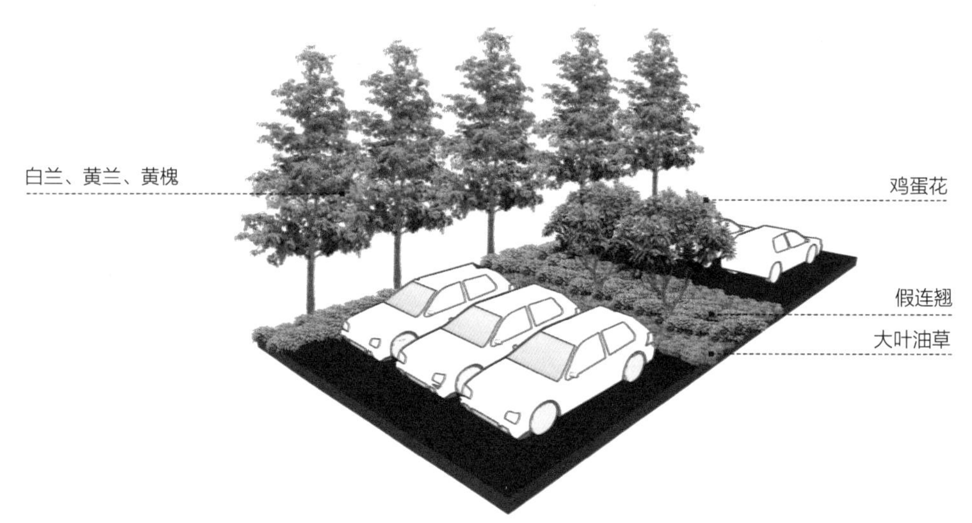

植物配置示意图

停车场空间植物应强调实用功能，如吸尘、遮阴；色彩以绿色为主，给人安静舒适的感觉。可采用植草砖进行地面铺设以减少扬尘。

案例分析：

海珠区第五中学

校道绿化的多样化组合

不同植物在尺度、叶色、树形等多方面灵活变化，因地制宜地通过绿化点缀交通空间，营造色彩缤纷的校道。

海珠区第五中学的主校道选用樟树作为行道树。香樟具有枝繁叶茂、根群深广、寿命长、病虫少等优点，成行列种植时具有改善局部小气候等生态效益。且香樟下枝高，可为树下灌木草本留下足够的生长空间。

灌木上以常绿灌木为主，整齐大方。草本种类的选择则较为多样，选用彩色叶草本达到丰富校道色彩的目的。

校道整体干净整洁、舒适宜人，为车行、步行创造了良好的空间感受。

校园交通空间实景

校园植物配置实景

校园交通空间实景

▪ **种植说明**

交通空间的植物选择，应选取能隔声、滞尘、净化空间且有助于景观提升的观花观叶类乔木。适当选取生态效益较佳的植被进行道路防护配置，营造干净爽朗的校道环境。

道路两侧空间建议乔木选种

观花乔木

鸡冠刺桐

木芙蓉

大花紫薇

黄花风铃木

常绿树种

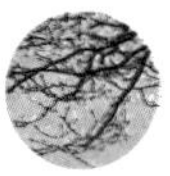
小叶榄仁

塞楝

尖叶杜英

樟树

道路两侧空间建议灌木选种

开花灌木

鸡蛋花

龙船花

木芙蓉

细叶萼距花

常绿灌木

红果仔

福建茶

鹅掌柴

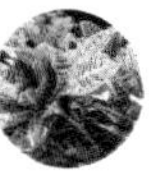
变叶木

道路两侧空间建议草本选种

草本

蚌兰

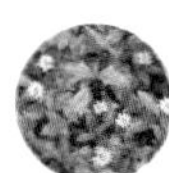
南美蟛蜞菊

合果芋

花叶冷水花

美人蕉

翠芦莉

土麦冬

狗牙根草

（6）屋顶空间

■ **设计形式**

①地毯式

整个或大部分屋顶满铺人工草坪、地被植物或小灌木，绿化覆盖率高，生态效益好，形成视觉化的“绿色地毯”，适合老城区低矮中小学的改造。

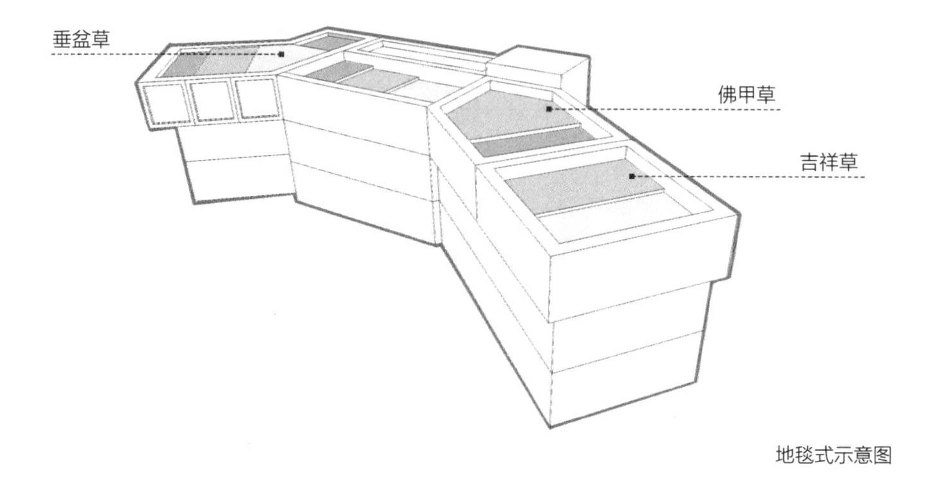

地毯式示意图

②苗圃式

采用农业生产通用的网格排列式，将绿地便于农作、行走的小路分割成种植池，用于种植蔬菜和低矮花木等，兼顾绿化及经济效益，建议用于屋顶菜园模式的中小学教学楼屋顶。

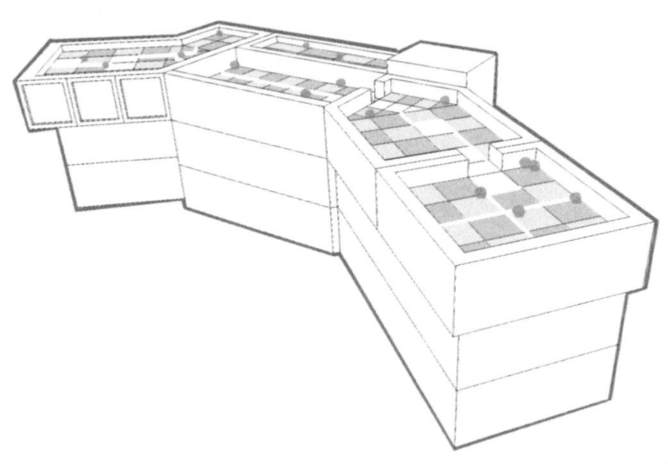

苗圃式示意图

③自由式

为更凸显自然化的特征，种植区采用自由式设计，产生层次丰富、色彩斑斓的植物造景效果。建议用在面积较大的教学楼屋顶。

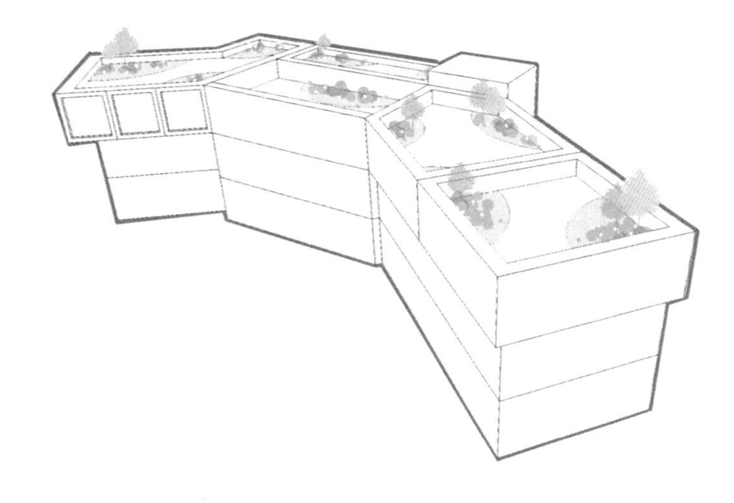

自由式示意图

④庭院式

庭院式的屋顶花园实际上是将地面庭院、小花园移到屋面上。出于承重考虑可作点缀使用，增加空间趣味性。

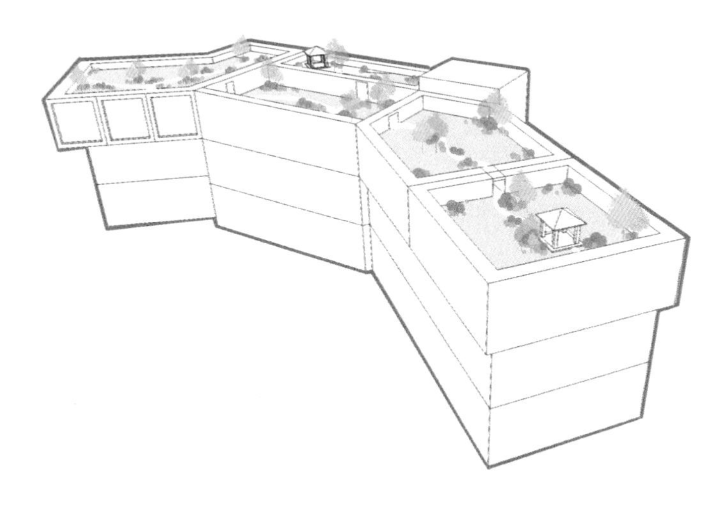

庭院式示意图

■ **配置类型**

①屋顶花园

为方便后期打理，同时考虑到承重限制，建议多采用草花植物进行地毯式铺植，以覆盖屋顶地皮为主、观赏为辅。减少水景等设计以避免蚊虫滋生。

a. 开花草本植物为主

屋顶花园示意图

b. 野生草本植物为主

屋顶花园示意图

②屋顶菜园

屋顶菜园与屋顶花园一样同为屋顶绿化形式中的一种，但种植的植物以蔬果类农作物为主，有较强的农事教育意义，同理可参考农事教育区的种植设计。

可食植物为主

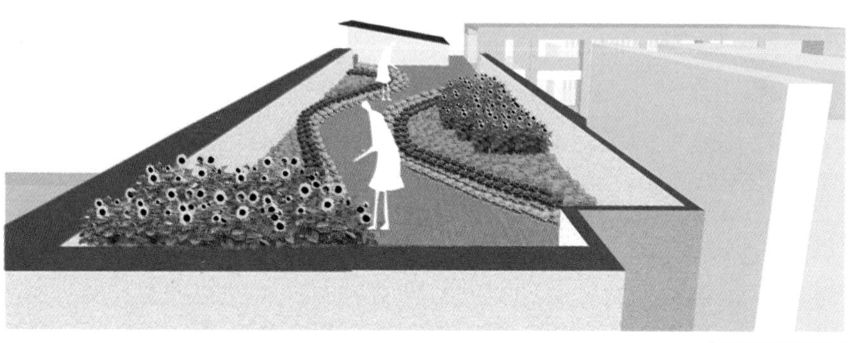

屋顶菜园示意图

■ **种植说明**

由于屋顶气温高、土层保湿性能差，因而应该选择耐旱、抗寒性强的植物。同时，考虑到屋顶的特殊地理环境和承重的要求，应多选择矮小的灌木和草本植物[42]。

屋顶大部分地方没有遮挡，所以光照时间长、强度大，因而尽量选用喜光的植物。可适当种植可食用浅根系的植物促进农事教育。

屋顶上风雨交加对植物的生存危害最大，加上屋顶种植层薄，土壤的蓄水性能差，因而应尽可能选择一些抗风、不易倒伏，同时又能耐短时积水的植物。应优先考虑选用对当地的气候有高度适应性的本土植物[42]。

矮小的灌木和草本植物			
矮小灌木	 细叶萼距花	 勒杜鹃	 福建茶
矮小草本	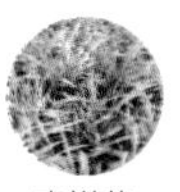 吉祥草	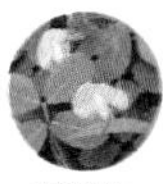 蔓花生	 葱兰

喜光或可食用植物			
喜光耐旱植物	 大花金鸡菊	 矮生紫薇	 佛甲草（常用）
可食用植物	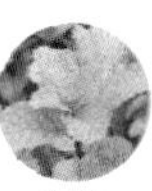 薄荷	 百里香	 紫苏

抗风或耐湿系植物			
抗风藤蔓	 金银花	 使君子	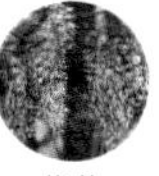 紫藤
耐湿植物	 海州常山	 垂盆草	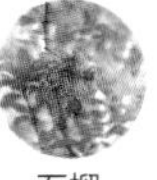 石榴

（7）架空层空间

■ **设计要素**

架空层是学生进行课间活动和承载人行交通的重要空间，也是室内外空间衔接过渡的特殊性区域；其绿化种植的主要功能是美化环境、营造氛围，由于长期处在建筑物阴影区，可选的植物种类和种植方式受到一定的限制。

①必要改造内容

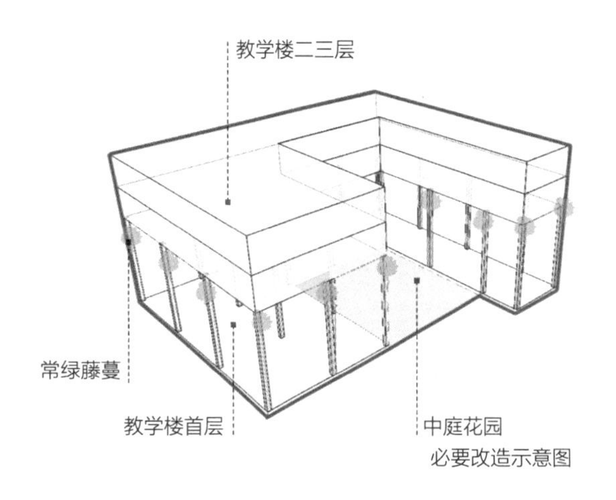

必要改造示意图

②提升优化建议

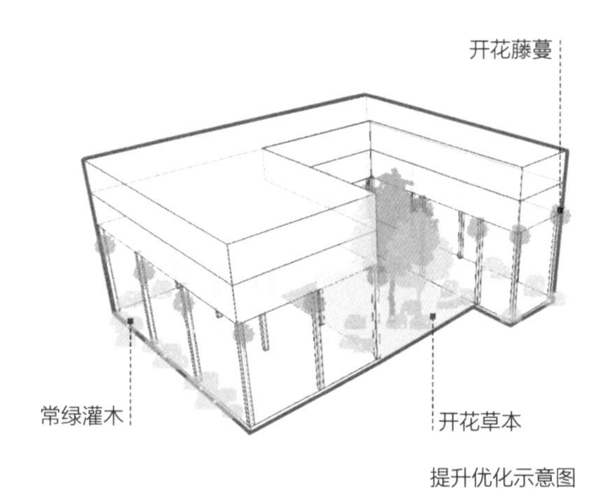

提升优化示意图

案例分析：

广州市执信中学琶洲实验学校

架空层空间绿化的灵活布局

通过不同空间植物在尺度大小、开合方式、个性表达等多方面的灵活变化，因地制宜地用绿化点缀场所空间。绿化运用对大面积活动场地起到围合限定的作用，对空间的通透渗透起到辅助作用，提升了多样化的空间品质。

“群落”的组合与错位形成各具空间特征的开敞式入口广场、抬高的半开敞绿化庭院以及围合式内院，运用底层架空实现空间的延展。

该处架空层植物配置形式采用混合型，既采用了室内型手法进行盆景点缀或植物线性分布；又采用了园林设计的手法，通过借景将室外景色引入架空层，营造层次丰富的景深。植物与铺装及墙体相互配合，形成美观实用的架空层空间。

校园建筑立面实景

校园防撞设施实景

校园架空层空间利用实景

▪ 配置类型

①室内型

架空层空间多采用盆栽植物进行点缀布景，对顶棚、墙体、结构柱表面采用吊盆的形式种植各类草本、花卉、藤本和蕨类植物或设置可悬挂式花架等进行垂直绿化。

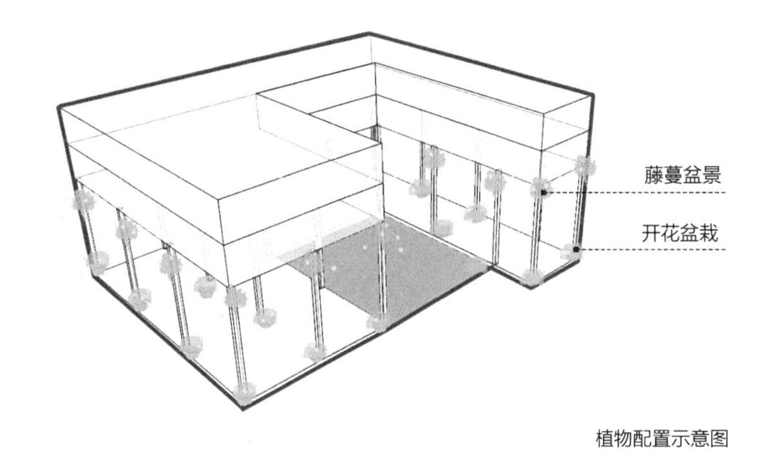

植物配置示意图

②园林型

绿化面积较多，其植物配置手法按室外园林手法进行布局，周边绿化配置丰富，攀缘植物攀附于架空层建筑墙柱，而建筑墙柱的下端基础绿化可采用造型植物、小灌木及地被等加以美化装饰。

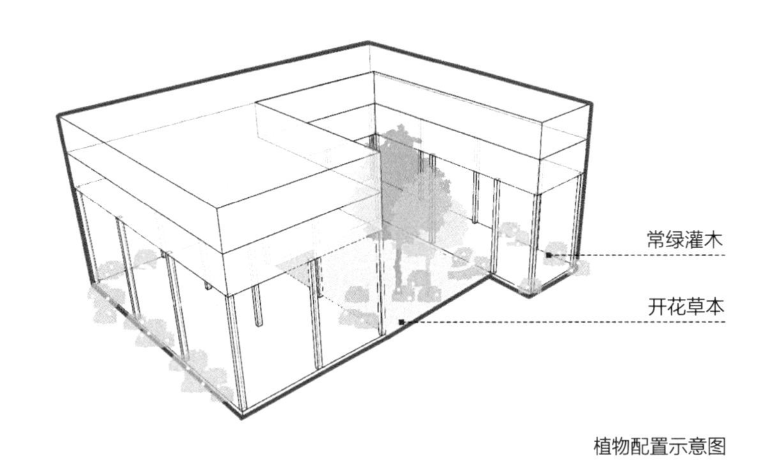

植物配置示意图

③混合型

是室内型与园林型的结合，即盆栽与园林小品的综合运用。

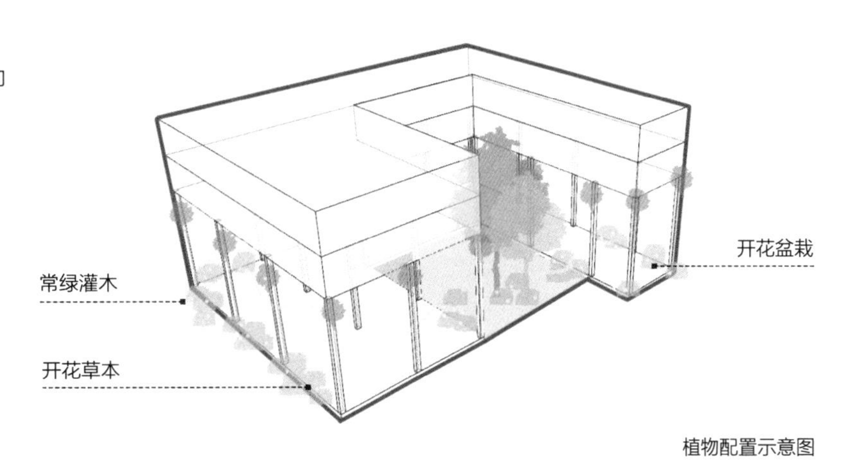

植物配置示意图

④配置类型效果

a. 园林型

通过竹景营造架空层清幽的读书氛围，配以木桩景凳，营造和谐统一、生态自然的架空层绿色空间。

园林型示意图

b. 混合型

通过小灌木及草本植物营造立体的架空层景观，整体布局灵活，富于自然野趣，但注意植被不宜过密。

混合型示意图

■ **种植说明**

由于立地条件的限制，架空层应该选择具有耐阴、病虫害少、根系浅、抗风性好、需肥少等特点的植物。

架空层南部可配置稍耐阴的观赏植物，架空层的东向和西向可栽植半耐荫植物，架空层北向或内部角落位置宜配置喜阴植物[43]。

架空层内某些区域空气流动较差，植物不宜种植太密；从美观适用、易于管理的综合因素考虑，植物品种不宜太多。

耐阴植物建议选种			
耐阴灌木	金边富贵竹	珊瑚树	栀子花
耐阴草本	肾蕨	秋海棠	菟葵

半耐阴植物建议选种			
半耐阴灌木	巴西铁	桂花	山茶
半耐阴草本	合果芋	仙羽蔓绿绒	紫竹

藤蔓植物建议选种			
藤蔓植物	绿萝	常春藤	爬山虎
	凌霄	金银花	勒杜鹃

6.8.1 树池

（1）设计规范　　①树池平面尺寸规范（单位：mm）

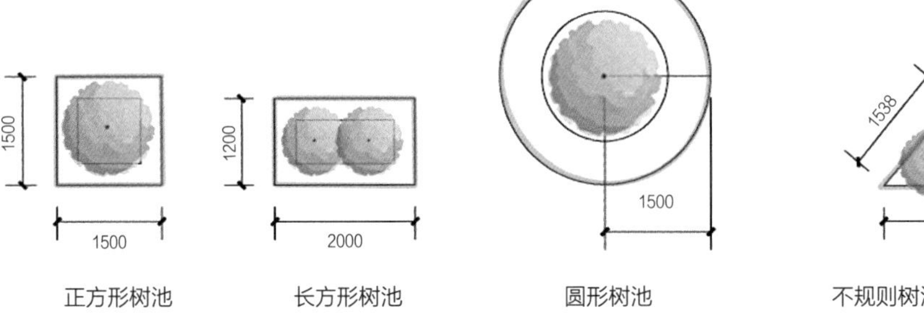

正方形树池　　长方形树池　　圆形树池　　不规则树池（尺寸因地制宜）

设计规范示意图

②树池立面尺寸规范（单位：mm）

普通树池与地面平齐

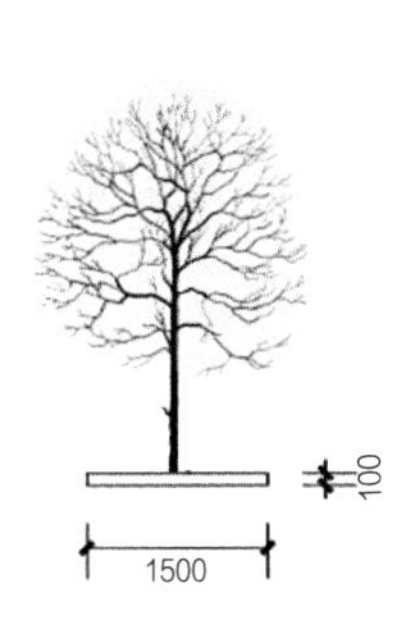

采用高于地面的形式，最低离地面的高度为10~20cm

高度为30~50cm的景观树池与座凳进行结合设计

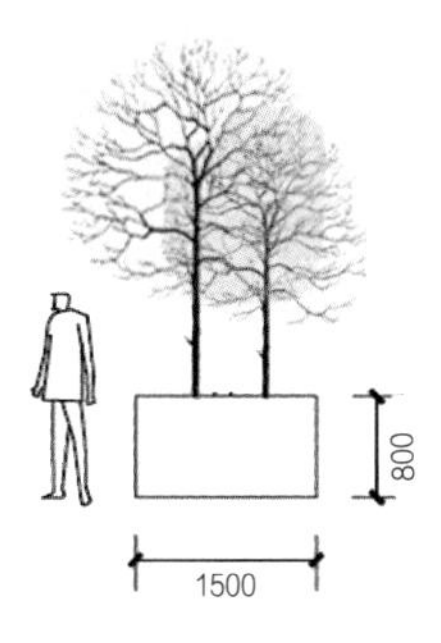

高于60cm以上的景观树池结合景观作特殊造型

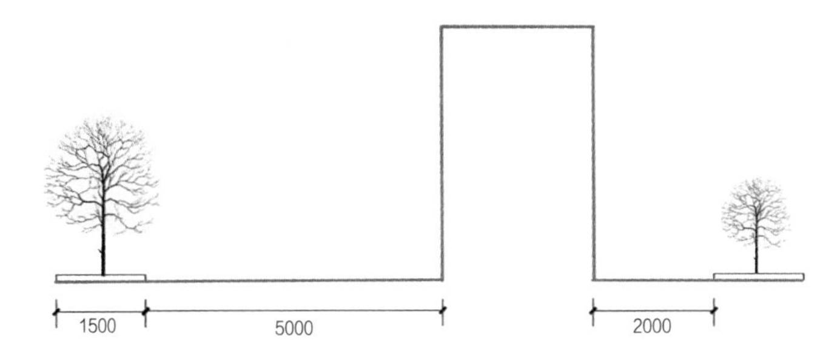

规则式种植中，乔木要距建筑物墙面5m以外，小乔木和灌木应酌情减少，距离建筑最近不少于2m，才可以保证树木有足够的生长空间

树池立面尺寸示意图

（2）树池类型

①规则形景观树池

规则形景观树池的形状包括方形、长方形、圆形、规则多边形。

尺寸	材质	应用	示意图
正方形			
普遍规格为1.5m×1.5m，不宜小于0.8m×0.8m	石材、木材。在校道旁的行道树池多选用石材，上层覆盖嵌草砖	在景观中可以形成整齐有序的景观空间效果，应用范围最广，受场地限制较小	
长方形			
普遍规格为1.2m×2.0m	常用石材，座位处采用木材	长方形树池属于基础形，起分割空间的作用，适用于种两棵以上乔木的景观	
圆形			
树池的直径主要根据树池内的乔灌木大小来确定，最常用的直径为1.2m	石材、木材、竹子、金属材料均可	可用于校园所有空间，能与树形相结合，可避免绊倒和磕碰行人	
规则多边形			
规格根据植株实际大小灵活制定	石材、木材、金属材料、玻璃、彩色瓷砖、陶粒均可	多边形规则树池用于特殊庭院空间（如传统文化主题），与场内主要图形样式和谐统一	

②不规则形景观树池

不规则形景观树池的形状包括直线与弧线组合、异形几何体块。

直线与弧线组合		
石材、木材、竹子、金属材料均可	可用于校道两侧作道路休憩座椅树池，增强道路线性观感	
异形		
石材、木材、金属材料、玻璃、彩色瓷砖、陶粒均可	异形树池能使树池与环境产生空间形态联系，多用于校园庭院空间	

案例分析：

广州市番禺区实验中学

树池与校园文化相融合

实验中学巧妙地将树池与文化元素结合，将大门树池原本的围合空间虚化，但也可从中读取旧时树池的围合面积，从树池的设计中可以看出对校园原有场所精神的尊重。

中庭的树池与桌椅相结合，配合文化元素打造原木树池，为学生提供休憩阅读空间。

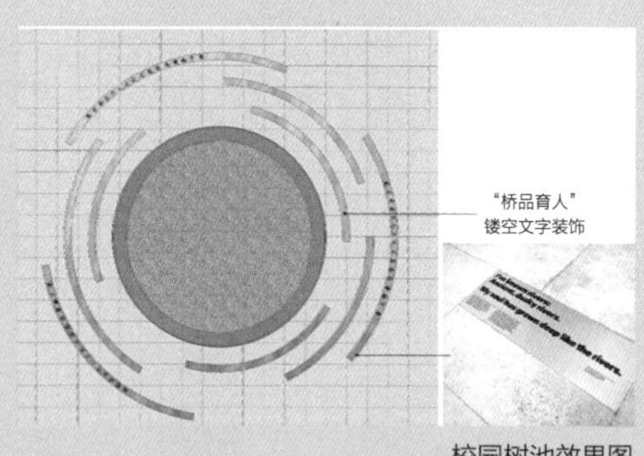

校园树池效果图

资料来源：广州市教育局番禺区实验中学微改造方案

校园校门植物配置效果图

资料来源：广州市教育局番禺区实验中学微改造方案

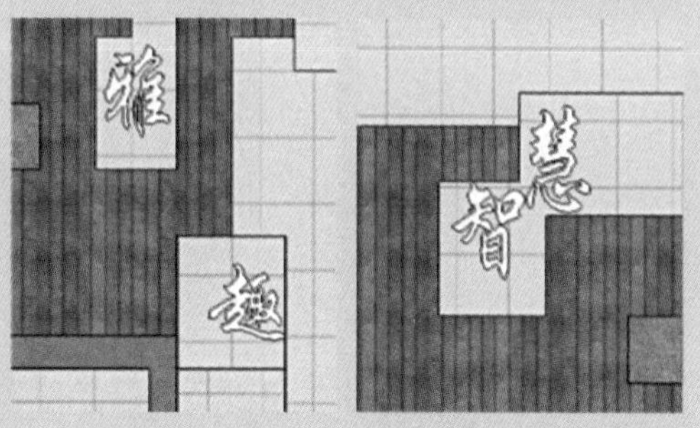

校园文化铺装效果图

资料来源：广州市教育局番禺区实验中学微改造方案

（3）设计要点

校园广场及庭院是供学生学习、游憩、阅读的场所。其树池覆盖可选用各种材质、花式的箅子，可选用卵石、陶粒、木屑等覆盖。

金属板树池箅子实景

卵石树池箅子实景

金属钢树池箅子实景

必要时树池可与休息座椅相结合，设置带休息座椅的树池时，每个树池之间距离3m以上，以避免距离过近导致人在树池之间通行时给在树池边休息的人带来不适感和压迫感。

普通树池箅子示意图

带座凳树池箅子示意图

对于学校内较珍贵的古树名木，可将树池扩成带状或片状，铺设嵌草砖或鹅卵石，增加其生长空间，营造良好的生长环境。

广东广雅中学实景

6.8.2 花坛

花坛主要分为以下几类：

①独立花坛

独立花坛作为局部构图之主体，通常设置于大门广场、教学楼或宿舍区的出入口，其外形呈对称状，植物随季节产生色彩和动态上的变化，主要用于打破相对呆板的周边环境，激发环境活力。

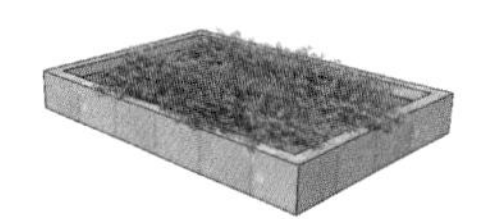

方形独立花坛示意图

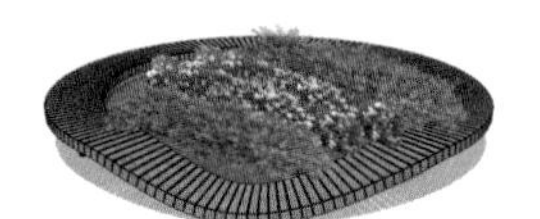

弧形带座凳独立花坛示意图

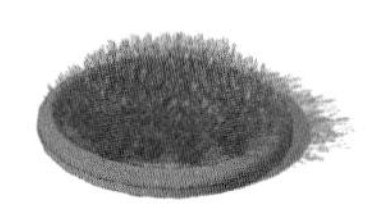

圆形独立花坛示意图

②连续花坛

连续花坛相互协调、规律布局，远眺时连成一线。较长的连续花坛可以分成数段，除使用草本花卉外，还可点缀木本植物，一般设置在校道两侧或广场中央。

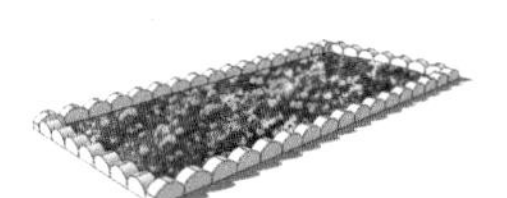

方形连续花坛示意图

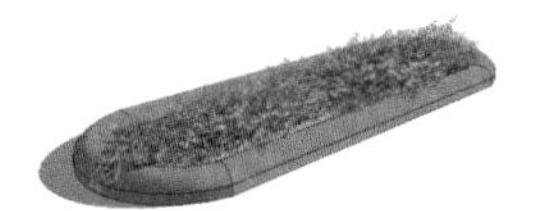

长圆形连续花坛示意图

③花坛群

花坛群又称为“群组花坛”，是由多组单体花坛所组成的大型花坛。花坛群形状富有层次感，主体造型明显。一般纵横轴呈对称状，也可不对称。花坛可高可低、可大可小，既可形成主景也可作为配景[44]。

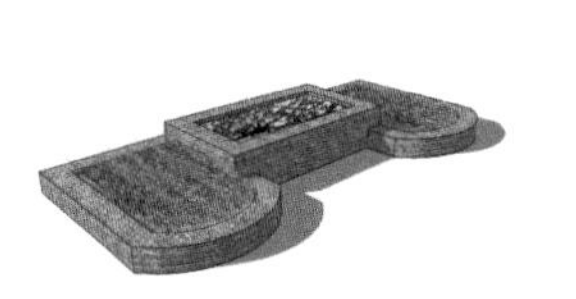

带高差的花坛群示意图

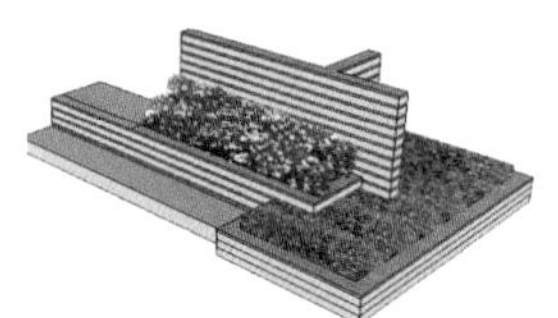

与景墙结合的花坛群示意图

异形花坛群示意图

6.8.3 花架

（1）设计类型

花架根据设计形式分为廊式花架、亭式花架、立式花架、组合式花架、独立式花架以及附建式花架五种形式。

①廊式花架

廊式花架在校园中较为常见，又可以分为阶梯式、悬臂式、拱门钢架式等。悬臂式花架分为单挑和双挑，其中单挑更适合应用于学校。单挑式花架多设置成圆环弧形以环绕花坛、水池及湖面。

阶梯式廊式花架示意图

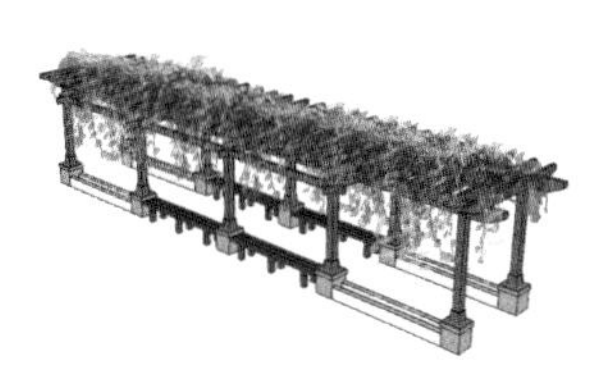

阶梯式廊式花架示意图

②亭式花架

亭式花架在校园中常用于点景布置。其造型与园林中的亭子相似，有圆形、半圆形、正方形、伞形、扇形、放射形和蘑菇形等多种形态。

亭式圆形花架示意图

亭式方形花架示意图

③组合式花架

组合式花架是结合以上几种花架的设计形式，或者与园林建筑组合，此种形式的花架多用于学校的安静休憩区或科普园中。可对花架的形式进行改造，增加可以休憩的座椅，以充分发挥花架的使用功能。

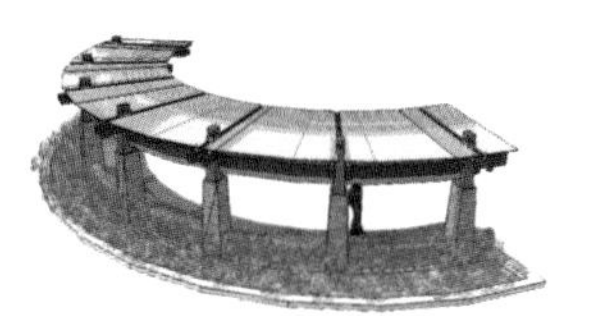

组合式花架示意图

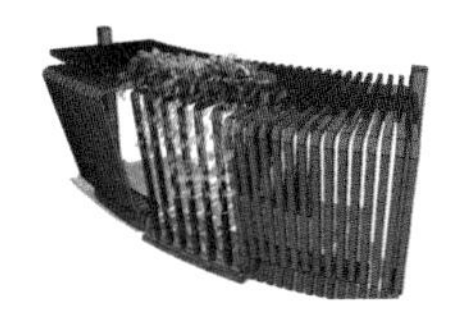

组合式花架示意图

（2）花架材质

花架材质可以分为竹木、金属、钢筋混凝土、石材等，其中木材的应用在校园较为广泛，其材料朴实、自然、工程造价低、施工简便，但耐久性差。

花架可以采用单一的材料，也可以混合运用其他材料。金属材料的花架质地较为坚硬，应避免锋利的表面对学生及植物枝叶产生伤害。钢筋混凝土的花架承重能力强，坚固耐用。石质花架厚实耐用，多作花架柱或小品。

铁花架实景

砖花架实景

木花架实景

（3）设计要点

花架可以组织及划分园林空间，并增加园林风景的深度。既可采用传统的屋架形式与园林植物相配，又可以采用个性独特的结构造型充分体现时代感。

不管花架采用何种材质，花柱的地基都要坚固，以免对学生造成意外伤害。根据当地的气候及土壤条件选择攀援植物，选苗时应选择枝繁叶茂、无病虫害的健康植物。

6.8.4 照明系统

（1）总体要求

通过对色温、亮度、动态光、表演性灯光的控制形成不同区域的特色。

根据功能分区、使用要求和人们对光色的喜好做出特色区域的划分：①夜间人流密集、需要营造氛围活力高效的区域，采用高色温、高亮度，彩色光配以动态光的照明方式。②夜间人流较小、需要营造舒适轻松氛围的区域，采用低色温、低亮度的照明方式。

照明节点分为道路、绿化、水体和建筑照明四类，并在灯具、灯光色彩等元素上加以区别和强调。

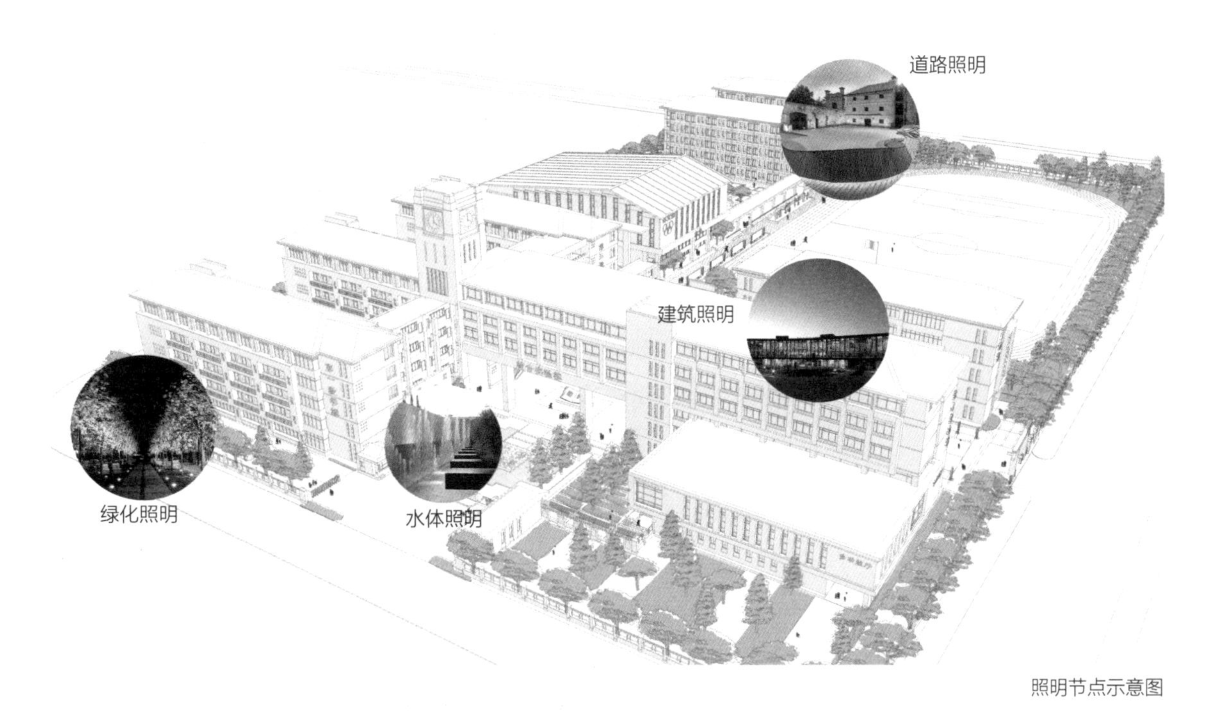

照明节点示意图

（2）道路照明

①人行道地埋灯

校园步行带的宽度超过8m，步行带加绿化带总宽度超过15m的人行道，应设置地埋灯。人行道地埋灯的光源宜采用色温偏暖的金属卤化物灯或变光节奏缓慢的动态彩光LED灯。

人行道地埋灯实景

②路灯

校园主干道路灯宜采用色温偏暖的高压钠灯作为光源。校园支路路灯宜采用色温中性的LED灯作为光源。

路灯实景

③庭院灯

校园步行道与庭院灯的光源宜采用色温偏暖的低压钠灯和色温中性的节能灯。

庭院灯实景

④广场高杆灯

校园广场的高杆灯光源宜采用色温偏暖的金属卤化物灯。

广场高杆灯实景

（3）绿化照明

①草坪灯

校园草坪灯的光源宜采用节能灯。

草坪灯实景

②乔木灯

乔木灯光源宜采用能反映植物本来色彩、色温中性的金属卤化物灯和节能灯。

乔木灯实景

（4）水体照明

①水面小品灯

当设置水面小品灯时，宜采用泛光照明的方式，光源宜采用色温中性的金属卤化物灯和变光节奏缓慢的动态彩光 LED灯。

水面小品灯实景

②水体地埋灯

面积大于50m²的人工水池，应设置水面小品灯或水体地埋灯。当设置水体地埋灯时，宜与喷泉相结合设置，光源宜采用动态彩光LED灯。

水体地埋灯实景

（5）建筑照明

校园建筑宜采用泛光照明的方式。

①高度不大于 24m的校园建筑，不宜在屋顶部位设置照明。

②高度大于24m的校园建筑，可在屋顶部位设置照明。当设置屋顶灯时，宜采用单色光，不宜使用静态彩光和动态彩光，光源宜采用色温中性的金属卤化物灯。

③校园建筑的墙面照明应根据墙面颜色设置，白色墙面宜采用单色光和静态彩光进行照明，光源宜采用色温偏暖的高压钠灯。

泛光照明实景

6.9 景观环境中的文化体现

6.9.1 园林建筑的文化体现

园林建筑是指建造在绿地内供人们休憩或观赏的构筑物，它可以形成视觉焦点，不仅为师生提供观景的场所，而且兼具休憩及活动的功能。

（1）定义与分类

常见的园林建筑有亭、榭、廊、阁、轩、楼、台、舫、厅、堂等。在校园内，由于场地所限，一般较常见的有亭、廊等。

亭：亭一般为开敞性结构，无围墙，顶部可分为六角、八角、圆形等多种形状。有中国传统园林中建筑物的含义，也有现代休闲休憩建筑的含义，适用范围广，多建在路旁或花园。

廊：廊是指屋檐下的过道、房屋内的通道或独立有顶的通道，包括回廊和游廊，具有遮阳、防雨、小憩等功能。廊是建筑的重要组成部分，也是构成建筑外观特点和划分空间格局的重要手段[45]。

岭南古典园林建筑
——廊实景

岭南古典园林建筑
——六角亭实景

应用现代形式的廊道
实景

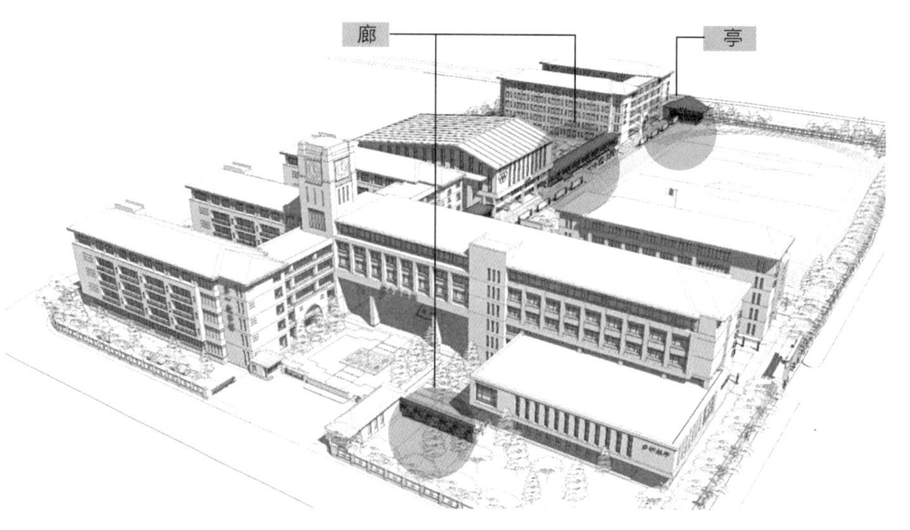

示意图

（2）设计原则

①反映文化的历史传承和现代创新

园林建筑源于中国传统园林体系，本身有一定的文化传承性，文化底蕴深厚，可结合校园特性，加入特定元素，如当地植物、文化墙等，表达校园文化内涵。

如果以传统形式表达，能较为直观地体现传统文化精神；也可结合现代元素、材料，应用现代设计手法，抽象表达传统园林建筑空间，展现与时俱进、开放创新的校园精神。

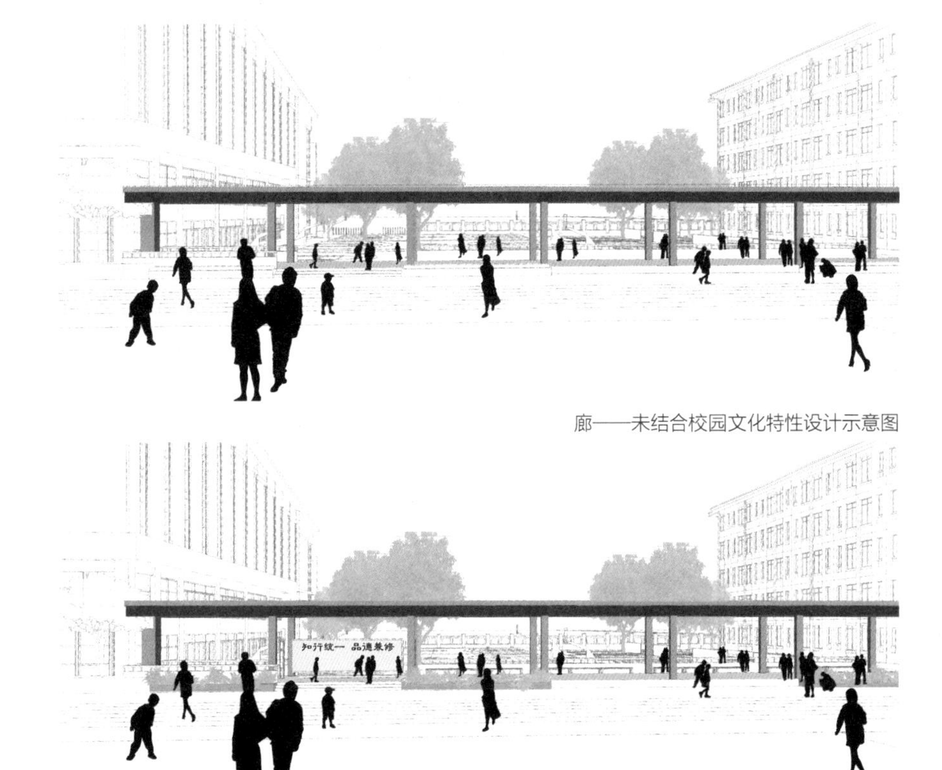

廊——未结合校园文化特性设计示意图

廊——结合表现校园氛围的展墙和座椅，以及当地特色植物进行设计，表现校园文化及地域感示意图

廊——可通过改变园林建筑的造型来突出校园主题示意图

亭——未结合校园文化特性设计示意图

亭——结合匾额、对联、书画等营造校园的学习氛围示意图

亭——运用传统形制，但需与周围校园建筑协调，适合周围校园建筑环境实景

亭—— 提取传统园林建筑中的要素，以新的形式表达，既传承历史文化，又富有创新精神实景

亭——以现代元素及手法进行设计，形式活泼，时代感较强实景

②文化、景观、人三种要素的有机联系

园林建筑基于园林。在中国传统园林中，园林建筑是观景过程中的一个视觉焦点，所以校园中的园林建筑更多地应结合校园景观文化，园林景观建设方式和手法要根据所表现的文化内容、景观效果，以及如何对人产生积极影响等方面来综合确定，达到既赏心悦目又对人起教育教化作用的目的。

未结合校园景观文化进行设计，显得空洞示意图

结合校园景观文化，如雕塑、文化墙等进行设计，丰富学生活动示意图

③以营造场所归属感为目的，引导师生与园林建筑互动。

园林建筑及校园景观皆结合校园文化进行设计，好的景观园林环境应有良好的引导性，吸引师生在此活动，产生对校园的认同感、归属感。

无良好的引导性，师生活动无明确目的性，空间场所感不强示意图

利用植物设施及文化墙加强园林建筑的引导性，吸引师生活动示意图

（3）未来发展趋势

园林建筑既是学生感知知识力量的物态文化层，又属于精神领域的文化现象。一方面，对校园景观环境进行有目的的改造，形成了中小学校校园景观的环境文化；另一方面，校园景观的环境文化也以不同方式影响和启发着在校人群。

加强广州中小学校园环境特别是园林建筑的建设，更加积极主动和有效地引导学生接受校园景观环境文化的正面影响，有利于学生更好地在校园景观的环境文化下接受熏陶和教育[46]。

（4）推荐设计应用

■ **廊架结合植物**

廊架结合植物设计，植物可栽种在近人尺度的范围内，这样学生既可以进行植物的识别，也能够在动手栽植时交流心得，实现教学与自然的有机结合。

廊有交通及休憩功能，游览式廊架侧重于行进过程中的景观变化，休憩式廊架侧重于静态的景观视线，设计时可两者结合，表现传统园林“可行可望，可游可居”的审美思想，提升师生对校园景观文化的认同感。

①游览式廊架

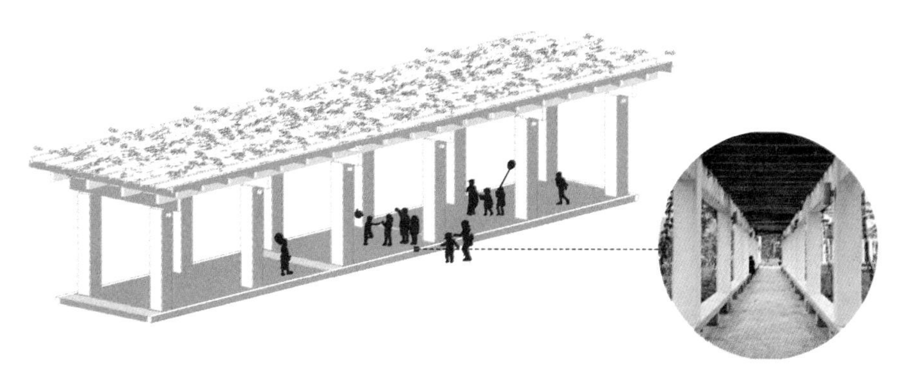

游览式廊架示意图

②休憩式廊架

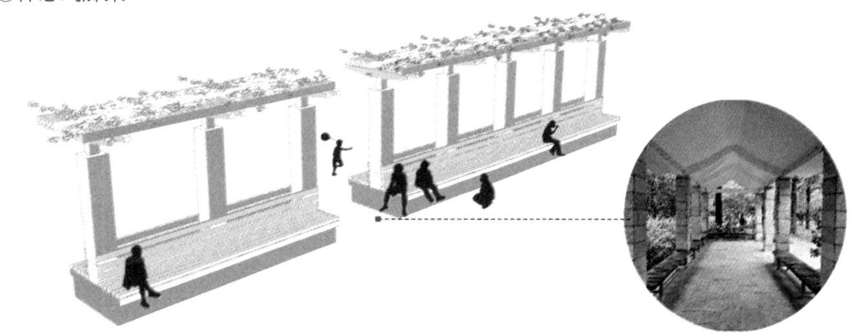

休憩式廊架示意图

▪ 园亭对文化氛围的营造

园亭主要供学生休息和观景之用，其特点是周围开敞，建筑体量不大，常作为园林的“点景”手段，在园林造景设计上还经常作“对景”“框景”“借景”之用，对学校园林空间塑造有重要意义，其建筑风格及建筑元素对校园整体文化环境氛围有一定的影响。

①古典中式园亭

②新中式园亭

③现代园亭

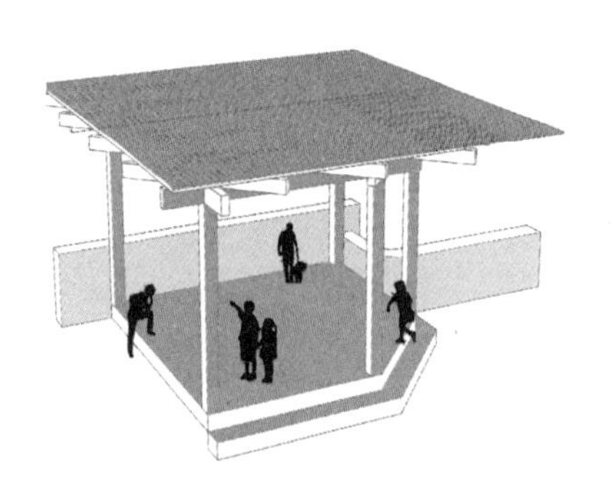

④古典欧式园亭

园亭示意图

校园园亭风格及适用范围

园亭风格	建筑要素	适用范围
古典中式园亭	屋顶形式、瓦面、座椅栏杆、挂落、匾额、对联	周围建筑整体风格为中国传统形式，园林依据传统古典园林布局，可用古典中式园亭，表现深厚的历史底蕴
新中式园亭	格栅、月洞门、屋顶，建筑材料为木材或素净的白墙	周围建筑整体为新中式风格，新中式抽象提取了中国传统建筑的要素，以简洁的现代手法加以体现，是古今结合的手法，表现学校既蕴含传统文化也具现代创新精神
现代园亭	柱子纤细、现代材料	现代园亭形式活泼，以现代元素及手法进行设计，形式活泼，表现景观的时代感
欧式园亭	拱券、线脚、柱式	周围建筑整体为古典欧式风格，主要与欧式园林相结合设计，与校园整体风貌相协调，表现国际化的校园氛围

6.9.2 铺装的文化体现

铺装常常具有引导性、美观性，并能够进行空间划分。若能够在适当的位置结合校园文化，在保证观赏性、安全性的前提下，其教育性会大大提高，使整个空间更具层次感和趣味性，对学生起到教育和激励的作用[47]。

（1）设计原则

①配合校园文化设计风格，优化整体布局

铺装作为校园文化的一个重要元素，能够对广场、庭院等公共空间进行润色，通过与其他校园文化元素配合，形成一体化的设计风格，共同打造富有活力的文化氛围。

没有铺地设计示意图

有一定的铺地设计示意图

②根据不同铺装的文化内涵，利用其标识性按功能分区进行铺装，适合活动区域节奏

铺装的材质和颜色等可以有效地表达不同的文化内涵，不同的材质和颜色也能契合不同的活动类型。在不同功能区域巧妙地搭配不同的铺装能够有效提高场所的识别性，如在幽静的庭院采用木石铺装，能展现场所文化精神。

无分区设计的铺地示意图

有分区设计的铺地示意图

③铺装的选型应该因地制宜

具有古典文化气息的学校铺装不应采用现代的铺装材料，如水泥、塑料等，否则将破坏校园整体风格。铺装在设计施工手法上也应采用当地传统的手法，做到与校园文化整体统一。

没有与校园文化结合的铺地示意图

与校园文化结合的铺地示意图

（2）推荐设计应用

■ **文字类铺地**

①古文类

用具有学习意义的古文段落作为铺装，一是可以起到教育作用，二是可以彰显学校的文化底蕴。

古文类示意图

②校训类

以校训为铺装，潜移默化地把训诫、勉励的意义带到学生的日常学习生活中。

校训类示意图

③时间节点类

可应用具有纪念意义的时间节点，提醒使用者铭记具有历史意义的时刻。

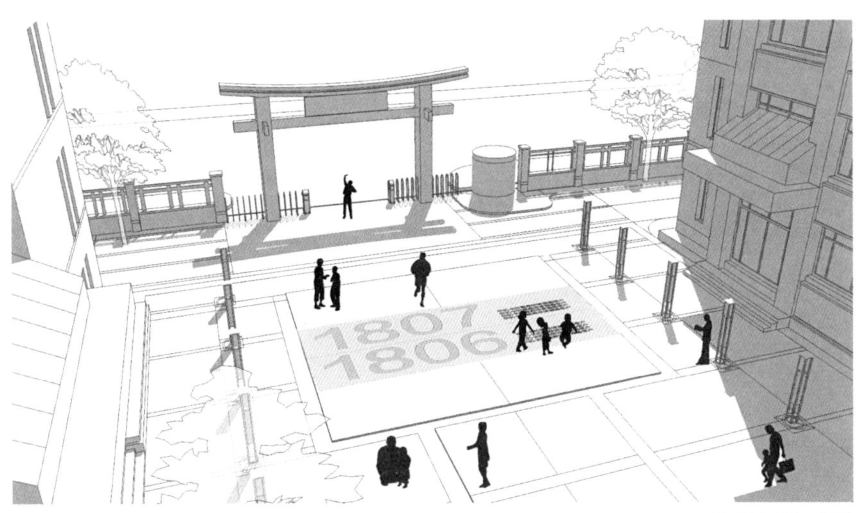

时间节点类示意图

④艺术字类

以字为图，以特殊的字形或是拼接的文字作为铺装的形式，营造文化氛围。

艺术字类示意图

▪ **图像类铺地**

①人像类

以人像为铺地，增加铺地的趣味性和文化性。

人像类示意图

②特殊标志类

部分具有特长的学校，如体育特长学校，可结合本校特征，结合有运动文化意义的标志来设计铺地。

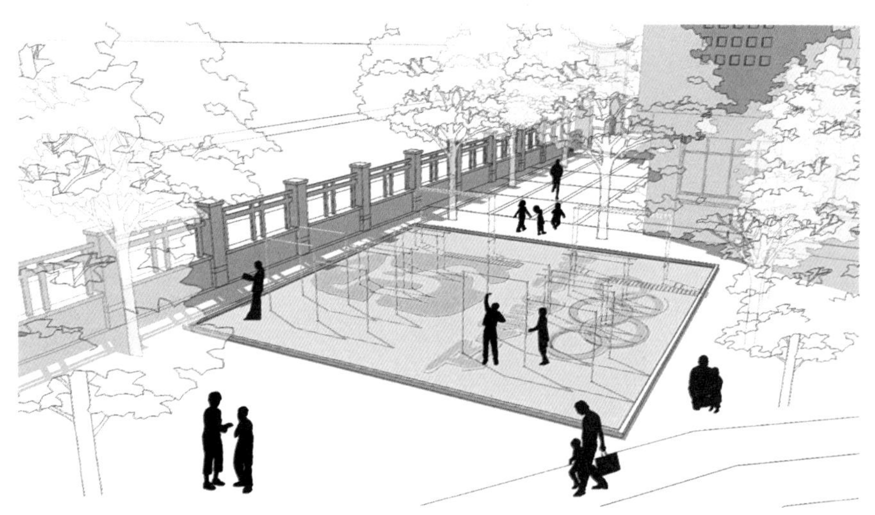

特殊标志类示意图

（3）未来发展趋势

良好的铺装景观对空间往往能起到烘托、补充或诠释主题的增彩作用。利用铺装图案强化意境，也是中国园林艺术的手法之一。这类铺装使用文字、图形、特殊符号等来传达空间主题、加深意境，在一些纪念型、知识型和导向型空间中比较常见[48]。

6.9.3 标识系统的文化体现

随着教育体系的发展和竞争日益激烈，文化品牌已成为教育领域的核心竞争力。校园标识系统作为校园文化物质和精神的表现形式之一，是学校文化软实力的重要组成部分，发挥着文化凝聚和文化育人的作用。因而，实现校园标识系统与特色文化理念的有机结合，赋予传统标识系统新的文化内涵和精神象征是校园环境微改造的必要措施。

校园标识系统应当以统一的标识设计要素（图案、色彩、文字、材质、文化元素等）作为细部特征，形成一个连贯有序的导向系统，以便于人们识别校园的整体形象[49]。

标识系统形式多样，根据标识所发挥的作用及其所传递信息的差异性，校园标识系统可大致分为定位性标识、导向性标识、功能说明性标识、文化强调性标识和特殊限制类标识五大类。

（1）定位性标识系统

校园系统中的定位性标识可以给人们提供校园环境空间的整体布局以及当前所处位置的相关信息，使人们了解当前所在的位置与校园整体的关系，便于人们选择路径。校园中的定位标识包括校园总体定位标识、局部定位标识和建筑内部定位标识[49]。

- **校园总体定位标识**

总体定位标识是标识系统中需要最先考虑的部分，也是来访者最先想看到的。总体定位标识包括校园总平面图、校园各功能区划分、功能建筑分布和主交通路线等，可帮助来访者获得对校园的总体空间印象，并提供定位和选择行走路线。

总体定位标识一般设置在校园主入口处，通常在较为开放的位置，易于发现，同时方便人流聚集和驻足观看。总体定位相对于其他指示性标识尺度和体量偏大，以形成突出的视觉形象，便于行人察觉。

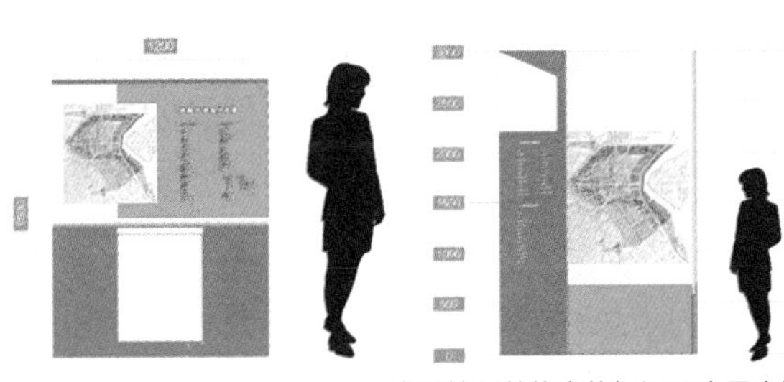
常见校园总体定位标识尺度示意图

总体定位标识置于入口空旷处示意图

- **校园局部定位标识**

局部定位标识内容包括该区域总平面图、区域功能划分和主要交通路线等。局部定位标识通常位于各功能区域临界、道路节点和地标处等位置。

来访者在校园中的活动发生即时变化，尤其是当目的地改变时，需要借助局部定位标识再次定位，判别方向，择取路线。

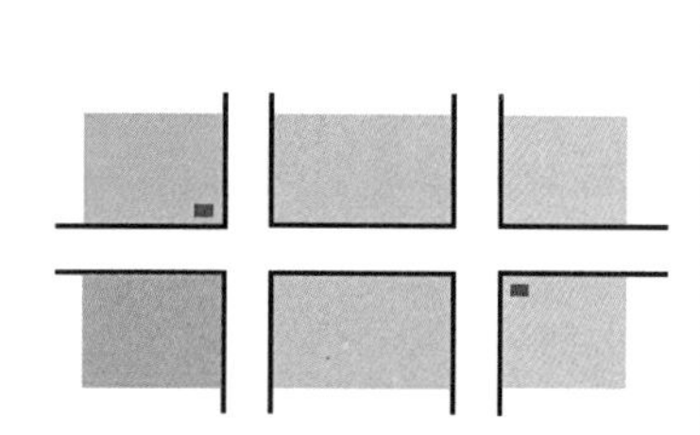

设在道路节点、建筑功能分区临界示意图

局部校园定位标识配以总平面图、功能区划分以及部分交通指示实景

- **建筑内部定位标识**

当建筑物或建筑群内部空间较为复杂时，建筑内部定位标识可提供指引，使人们快捷地找到目的房间。建筑内部定位标识内容包括建筑功能划分、各楼层索引及平面图、主要交通体、公共设施等，通常设置在公共性较强的建筑物入口处和各楼层主要交通空间旁。

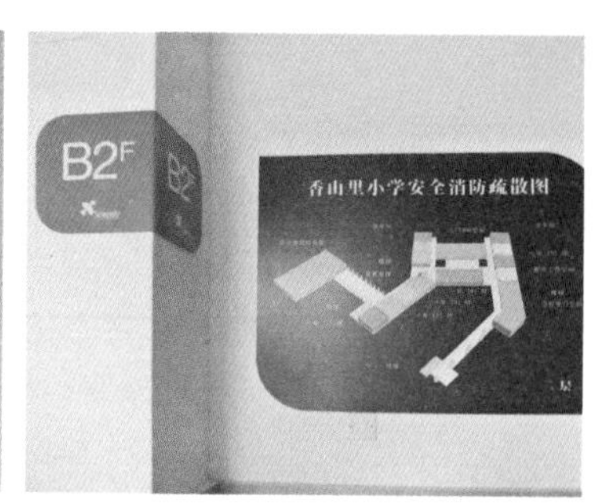

局部校园定位标识配以总平面图、功能区划分以及部分交通指示实景

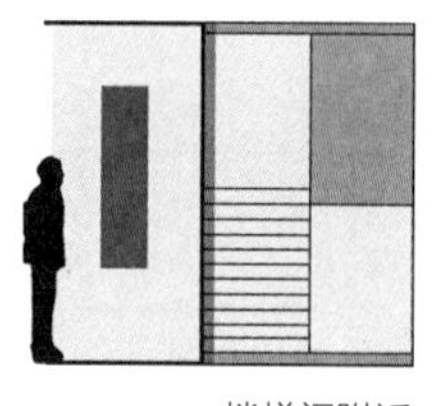

楼梯间附近

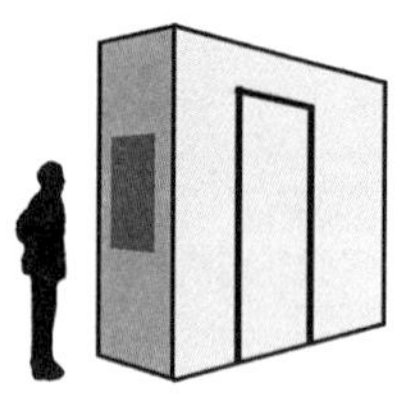

建筑拐角处

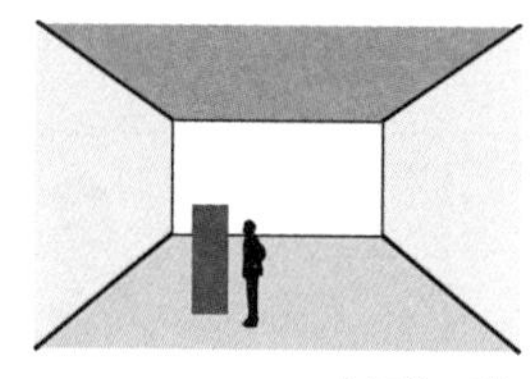

大厅入口处

（2）导向性标识

外部导向标识通常出现在规模较大的初高中校园中，主要是指校园整体空间内公共交通道路上的导向标识，通常设置于校园主干道、交通节点和功能区域边界位置。

- **外部导向标识**

外部导向性标识通常标明目的地名称，伴有指向性箭头，有时标明当前位置与目的地的距离，有助于辨别目的地所在方位和度量行进路程[49]。

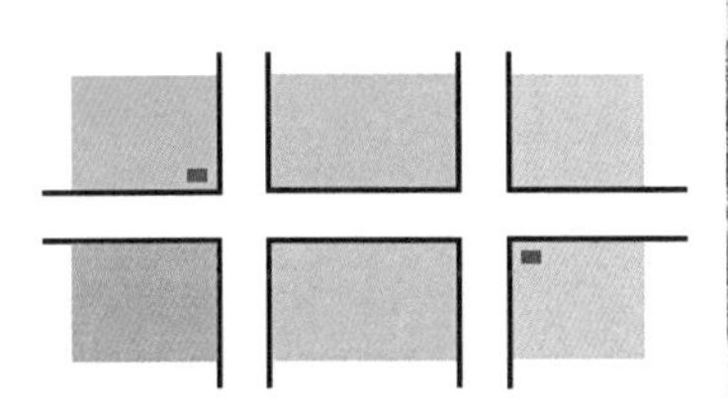

设在道路节点、建筑功能分区临界示意图

外部导向标识具有明确的方向指示和目的地标注实景

- **内部导向标识**

内部导向标识主要是指校园各功能区内部的导向标识，根据不同校园功能区域的空间特征进行指示。常见的有楼梯间楼层指引牌、洗手间导向牌、大厅走廊指示牌等。内部导向标识牌侧重于从人的行为习惯出发，根据人在校园内部空间的活动特征来进行设计。

交通空间指示、楼层指示实景　　交通空间指示、洗手间指示实景　　功能区指示实景

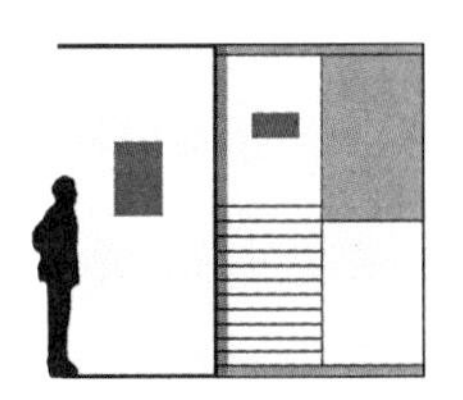

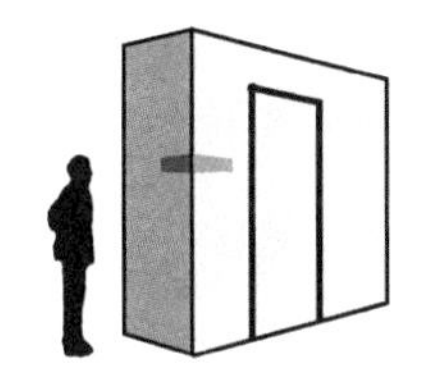

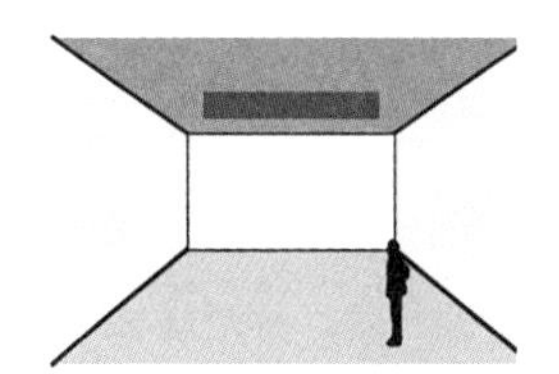

楼梯间附近、楼梯间休息平台墙面　　建筑拐角、建筑侧墙　　内部空间高处

（3）功能说明性标识

功能说明性标识是指表现校园标识对象的名称、功能、历史、特性等方面的文字说明性标识，主要分为建筑外部说明、楼宇内部说明和景观说明标识三大类。

- **建筑外部说明**

建筑外部说明是指标识在校园外环境中，标识对象主要为校园建筑的说明性标识牌，包括校门牌、建筑楼牌和公共服务设施牌（书店、便利店）等。根据需要，有时会附上建筑特性、历史简介等。

含有建筑简介的建筑说明实景　　教学楼楼牌实景　　广场说明牌实景

■ **楼宇内部说明**

楼宇内部说明出现在楼宇内部，根据建筑功能安排和使用需要设置，主要包括房间单元牌、楼内公共服务设施（洗手间、问讯处等）标识、公告栏等，如有需要，也包括更细部层级的标识，如窗口牌、桌牌等，可以根据校园文化特征进行个性设计。

功能室说明牌实景　　路线说明牌实景　　服务设施说明牌实景

■ **景观说明标识**

景观说明标识与外部环境系统配套，分为植物说明和环境设施说明。植物说明主要指草地牌，包括环保说明和植物介绍，在校园树种层次较多的情况下，有必要设树木牌，主要内容为树木花草的名称、产地、习性等，既为环境增强文化气息又使师生增长自然知识。环境设施说明牌主要指自行车停放牌、停车牌等。

草地保护说明牌实景　　草地保护说明牌实景　　树木说明牌实景

（4）文化强调性标识

文化强调性标识是指校园内具有典型文化意义和宣传作用的标识，通常表现学校的历史、沿革和发展，以及学校的校训、校风、校纪、校貌等。本书将文化强调性标识分为单体文化标识和文化墙两大类。

- **单体文化标识**

单体文化标识区别于文化展墙，主要包括纪念碑、校训石/牌、构筑物等。

考虑标识设计的灵活性，有时文化标识会结合建筑细部设计，例如门、窗、楼梯等部位。

此外，随着现代化技术的发展与应用，装置标识（电子多媒体装置）作为校园文化展示的一种形式应运而生。

文化遗址纪念标识实景

文化标识与窗的结合实景

文化电子屏幕实景

- **文化墙**

文化墙作为标识体系的一部分，在展示校园文化和历史等方面具有重要的意义，可为独立墙体，也可依附于建筑墙体设计。其展示形式和展示内容多样，根据展示区域和内容的不同，可将文化墙分为体育运动类、行政办公展示类、教学科普类和校园形象展示类等。

单独设置的文化墙实景

与建筑墙体结合的文化墙实景

体育元素的文化墙实景

（5）特殊限制类标识

特殊限制类标识指具有一定通用设计原则的特殊标识，主要功能是维护校园秩序和人们的行动安全，主要包括校园行为规范牌、交通控制牌、禁止警示牌等。

这类标识在设计时，以内容明确、措辞简洁肯定为要领，运用相对醒目的颜色，禁止类常用红色，安全提示类常用绿色。在满足以上要求的前提下，设计风格可适当考虑与校园环境相协调。

特殊限制类标识示意图

资料来源：根据《安全标志及其使用导则》GB 2894绘制

6.9.4 设施的文化体现

总体指引：中小学校园设施是极有利的校园形象和校园文化精神的宣传工具。所以中小学校园设施要基于使用功能要求，设计体现校园文化的设施，以展现校园的文化氛围。

（1）定义

设施都有一定的功能并且需要采用符合校园环境的色彩和形式来保证校园整体风格的协调，若能结合校园文化，将会更加凸显校园本身的特点，展现校园环境中的文化细节[47]。

（2）分类

校园设施可分为休闲娱乐设施、照明设施、环境卫生设施、观赏装饰设施。这些设施与校园环境相互映衬，体现校园文化特征。休闲娱乐设施需采用与校园环境相适应的色彩和形式来保证校园整体风格的协调。照明设施通过造型及灯光氛围的营造体现校园文化的特质。环境卫生设施凸显校园本身的文化特点，展现校园环境中的文化细节。观赏装饰设施在具有美观性及实用性的前提下，结合校园文化内容展示，成为校园文化精神的宣传工具。

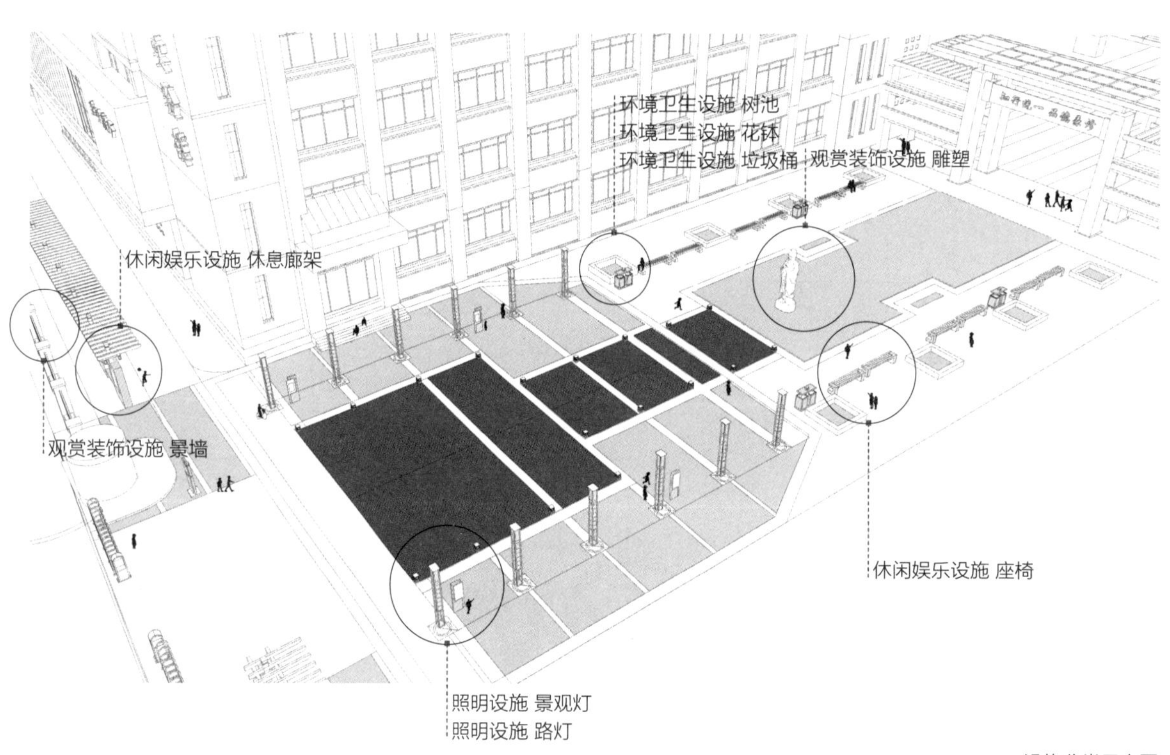

设施分类示意图

（3）设计原则

①与本校校史结合，成为良好的教育资源

对学校自身历史和学校传统进行深度挖掘，把校史资源的开发和利用纳入校园文化建设中。对一些曾经的老物件，如铜钟、教具、历史名人等进行设计，将其变成校园的特色设施，从而形成独特的“校园风景”，学生流连其间可受到学校文化的熏陶。

简单摆放常见的设施，满足校园基本功能需求示意图

广州市培正小学运用具象化的“书本”雕塑彰显文化底蕴实景

设施与本校校史结合，体现校园文化特色示意图

广东省广雅中学通过在石碑上篆刻名人书法校训，达到言传身教的目的实景

广东省广雅中学通过在景观石碑上雕刻校规校训，凸显校园文化实景

②反映本校文化精神及历史文脉，营造良好的文化氛围

可以通过在景观墙、造景石上篆刻一些口口相传、反映校园文化精神的简短语句，或在中庭空间设置历史名人轶事的情景雕塑，来营造良好的校园文化氛围。

设施与本校文化脱离示意图

设施与校园文化结合，文化符号生动表意示意图

广东省广雅中学以岭南植物为造景核心，营造绿荫葱葱的校园环境实景

广东省广雅中学以校规校训为载体的景观墙成为校园景观的一部分实景

广东省广雅中学学校专属口号，彰显了师生的集体认同感实景

③体现学校的整体风格和办学理念

学校的办学理念应该体现在设施的形式、风格、色彩等方面，并根据学校的整体设计风格进行把控，设计出具有本校特点的文化设施。

片面、缺乏全局观的设施示意图

对设施进行总体规划设计，有校园文化设计思想主轴示意图

（4）未来发展趋势

塑造高品质校园文化环境、打造校园文化品牌逐渐成为未来的发展趋势。校园文化设施作为体现校园文化、精神价值的主要载体，对校内师生群体的宣教作用会越来越强，中小学校设计领域也将越来越重视学校文化怎样合理融入校园环境这一命题。打造丰富多样又独树一帜的校园文化设施将成为主流[50]。

（5）设施分类和应用

■ **休闲娱乐设施应用**

①座椅

a. 单体型：一般包括路障、木墩等在路中设置的障碍物，人流量大时，适合短时停留[51]。单体座椅配合文化元素设计，在校园区域中重复多次出现，以起到强调文化意识的作用。

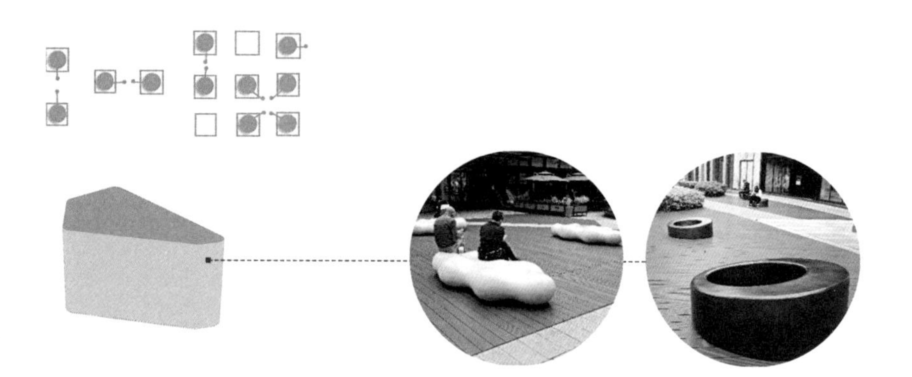

单体型布局方法示意图

b. 直线型：是基本的长椅形式，两端交流的人可以自由地转身，使用者互动距离为120cm左右[51]。

直线型长椅适合人停留交谈，在座椅椅身设计线性文化内容，可供人注目观看。

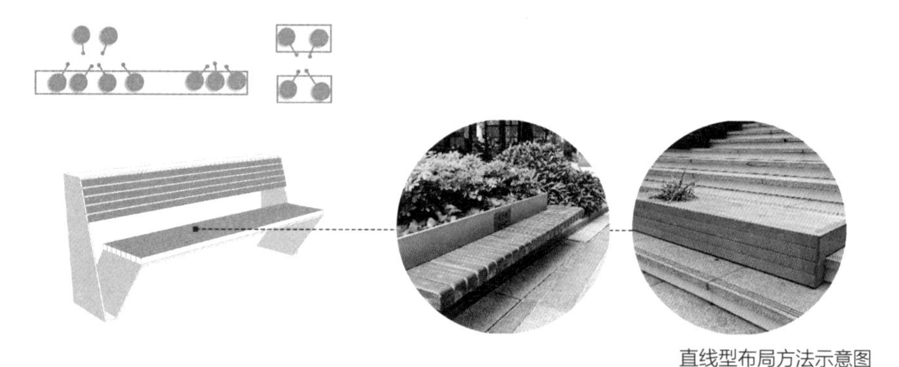

直线型布局方法示意图

c. 转角型：形成角度，利于交流，适合多人互动，驻足的人也不妨碍通道的畅通[51]。同直线形类似，适合人停留交谈，在椅身 和椅面转角设计线性文化内容，易于被察觉。

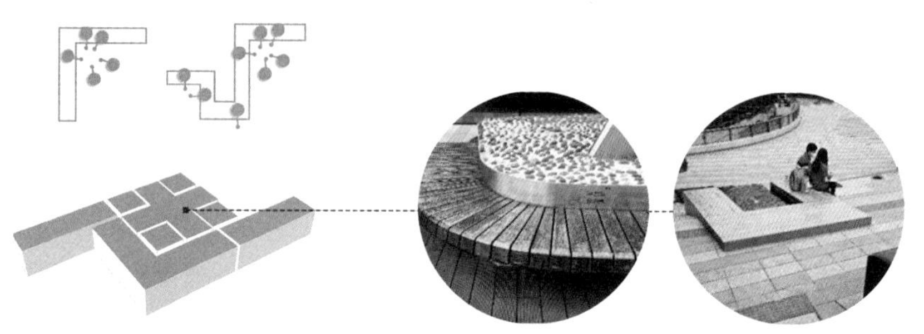

转角型布局方法示意图

d. 围绕型：休憩方向分散，不便于3人以上群体间互动，较适合单独使用[51]。
中心椅面预留位置较多，可融入较大面积的文化意向设计，形成视觉冲击。

围绕型布局方法示意图

e. 复合型：灵活多变，可产生丰富的空间形态，满足不同人群的活动需要[51]。
可融入多种造型的文化元素，形成既有趣味性又有文化调性的复合型座椅。

复合型布局方法示意图

f. 半圆型：适合多对一的交流方式，但随着距离和角度偏转，互动效果转弱[51]。
辅以办学理念等校园文化意识，配合色彩使用，增强互动空间的文化特性。

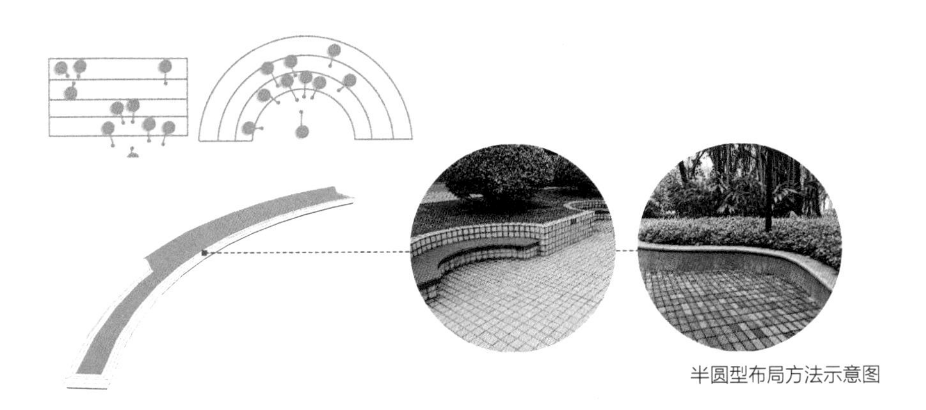

半圆型布局方法示意图

②休息廊架

休息廊架出现在校园室外景观空间里，既可供人长时间停留，又可供人驻足欣赏。

休息廊架的设计融合文化长廊的概念，使人在休息闲暇之时，阅读文化展示内容。

休息廊架示意图

照明设施应用

①路灯

设置在车行道路与人行道路两旁。

路灯在校园设计中，可考虑采用较为古典的灯罩样式，以烘托文化氛围，或采用能代表学校特色的文化元素。

路灯实景

②景观灯

较路灯来说，景观灯体量较小，主要设置在景观园路两旁。

在景观灯灯罩上，同样可考虑加入学校特色文化元素。此外，可考虑趣味性造型，以表现校园活力，装点校园。

景观灯实景

环境卫生设施应用

①花圃

通常设置在车行道路与人行道路两旁，美化校园环境。

在设计花圃时，可考虑加入文化石等进行文化装饰。同时，可对花圃的基墙侧面进行细部设计，融入校园文化元素。

花圃实景

②垃圾桶

垃圾桶是校园最基础的环境卫生设施。

通常设计者会将其忽略。垃圾桶应配合校园整体色调，适当考虑加入校训、校徽、文化字，使垃圾桶的外观文雅化，同时又与校园整体搭配和谐。其整体造型也可突破常规，获得文化象征和含义。

垃圾桶实景

③树池

校园中绿化率高，树木较多，树池是较频繁出现的环境设施。

在设计树池时，不能一味追究简单，满足树木生长需要的同时，不宜停留的树池考虑其美观性和文化性（可篆刻文化字等），适宜停留的树池考虑学生停留的功能，可适当兼用座椅以增加交流性。

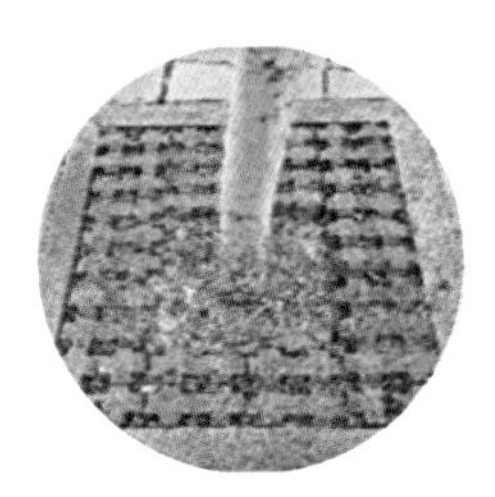

树池实景

■ **观赏装饰设施应用**

①雕塑

雕塑按其表达内容，分为人物纪念类、文字警示类、象征隐喻类。

a. 人物纪念类

校园内人物纪念类的雕塑大多是历史上学校或者当地的名人、国家伟人。这种纪念性雕塑，时时刻刻提醒学生学习人物的精神以及背后的历史，激励学生们努力奋斗[47]。

人物纪念类雕塑示意图

b. 文字警示类

文字警示类的雕塑大多将与校园文化相关的名人警句刻于石头上放置于校园中，对学生有着潜移默化的教育作用，灵动地展示学校的办学理念和校园文化[47]。

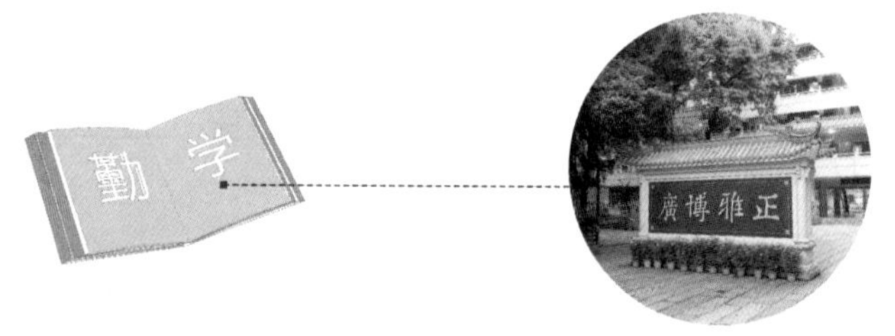

文字警示类雕塑示意图

c. 象征隐喻类

此类雕塑在校园内使用得不是很多，因为这类雕塑所要表达的意义有些晦涩难懂，已经或多或少超出了中小学生的艺术理解范围，难以使学生产生共鸣。这类雕塑作品可以组织学生进行艺术创作和设计，选择优秀的作品放在校园中展示[47]。

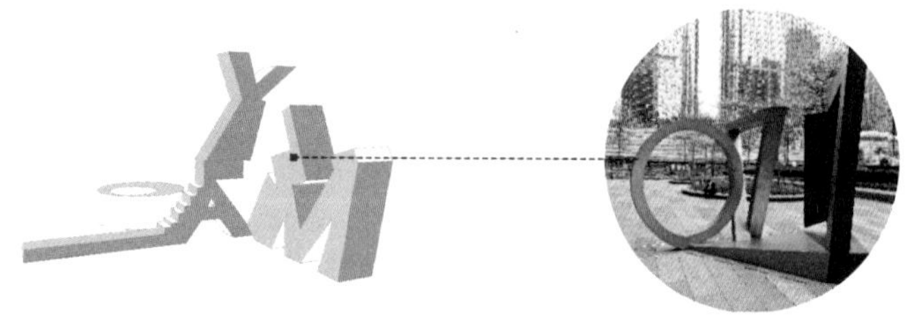

象征隐喻类雕塑示意图

②景墙

景墙通常设置在校园外部景观环境中，用于划分空间、组织景色、引导流线，能够反映文化，兼有美观、隔断、通透的效果。景墙除了在校园园林中用于障景、漏景以及背景外，也可结合自身造型和内容，烘托校园文化，改善校园面貌。

6.10 新型技术应用

6.10.1 海绵城市技术

（1）定义

海绵城市是新一代城市雨洪管理概念，国际通用术语为“低影响开发雨水系统构建”，以“慢排缓释”和“源头分散”控制为主要理念，采用植草沟、渗水砖、雨水花园、下沉式绿地等“绿色”措施来组织排水[52]。

技术处理上，要有“海绵体”。“海绵体”包括湿地、绿地、花园、可渗透路面等设施，雨水通过“海绵体”下渗、滞蓄、净化、回用。此外，绿色屋顶也能起到滞留雨水的作用[52]。

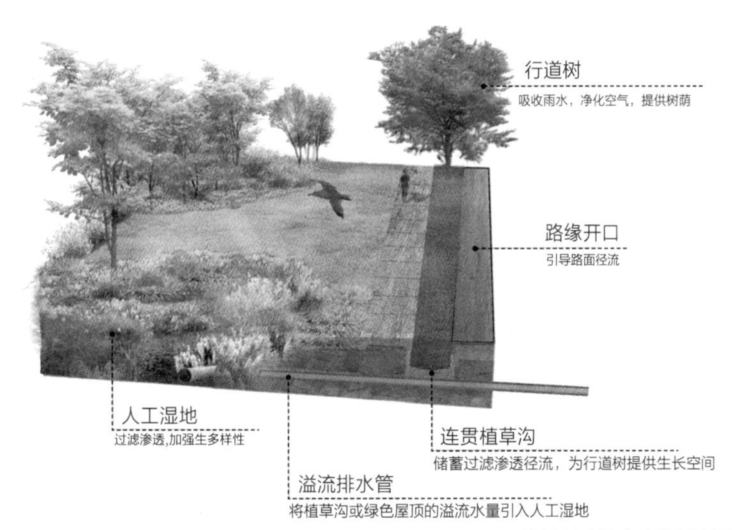

海绵城市的多功能雨水调蓄系统示意图

（2）应用

①透水铺装

除了设于绿地的雨水管理设施，硬质地面也可以通过透水铺装实现雨水渗透，或通过修建水渠和沟槽将雨水引流至道路周围的可滞留设施中，净化的雨水还可用于水景观的设计中。

生态透水铺装雨水渗透示意图

②绿色屋顶

屋面雨水的处理同样重要。在坡度合理，同时具备承重、防水能力的屋面打造绿色屋顶，利于屋面雨水减排和净化。

绿色屋顶应用示意图

案例分析：

广州市协和中学

新型技术与屋顶绿化的结合

校园绿化采用海绵城市技术进行设计，应用屋顶绿化、地面绿化完善多功能雨水调蓄系统，提高校园的雨水下渗、滞蓄、净化、回用能力，并与校园水景观结合。

协和中学绿色屋顶实景

协和中学绿园多功能雨水调蓄系统实景

6.10.2 中水回用技术

中水回用技术是指将废（污）水（盥洗、厕所）集中处理后，达到一定的标准回用于园林绿化浇灌和水景观用水等，从而达到节约用水的目的。

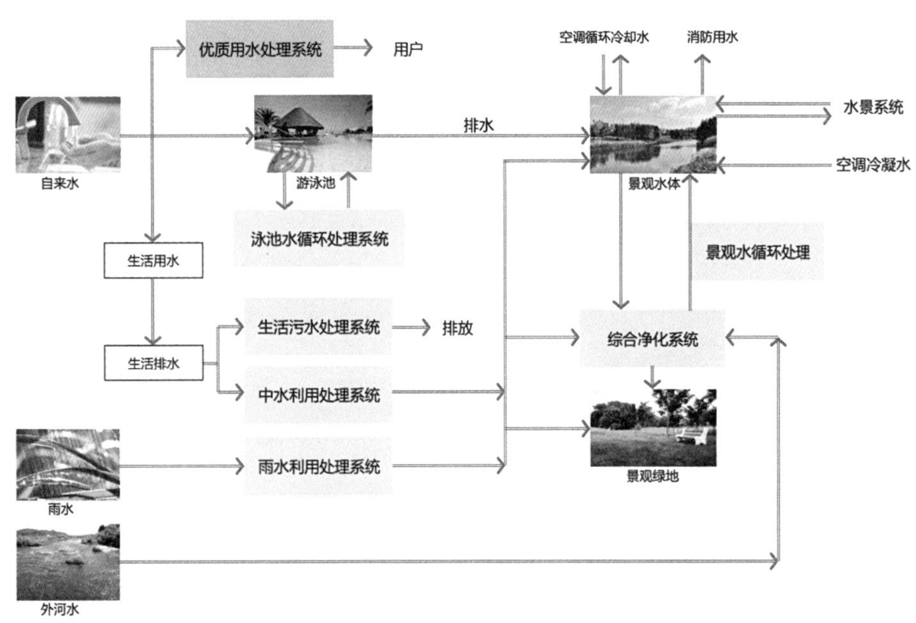

水资源循环利用示意图

案例分析：

广州市协和中学污水处理

新型技术的使用

协和中学进行生态校园研究与建设，采用雨水收集循环利用、防空洞地下水综合利用、中水收集处理循环利用、生活污水处理再生利用等方式进行雨水、废水处理。处理回用的中水能够满足学校80%的园林灌溉和水景观用水需求，每年帮助学校节约用水 2 万吨。

协和中学污水处理设施实景

静园生活污水处理项目实景

广州市天河外国语学校

7

校园体育设施微改造设计

7.1 校园体育设施微改造的定义与范围

7.1.1 定义

体育设施是用于体育竞技、体育教学、体育娱乐和体育锻炼等活动的体育建筑、运动场地、配套设施以及体育器材等的总称，如足球场、篮球场、网球场、乒乓球场、单杠双杠等。中小学校的体育用地应包括体操项目及武术项目用地、田径项目用地、球类用地和场地间的专用通道等。

中小学体育设施是保证体育教学、课外体育活动和课余体育训练正常进行必不可少的物质条件。适宜的体育设施可以激发中小学生的运动兴趣，对有效地进行体育锻炼能起到事半功倍的效果，对中小学生在运动参与、运动技能、身心健康和社会适应等各方面的发展也发挥着重要的作用[53]。

7.1.2 范围

中小学体育运动场地主要包括露天运动场和室内场馆，其中露天运动场包括田径运动场、器械活动场地、室外篮球场、排球场等。

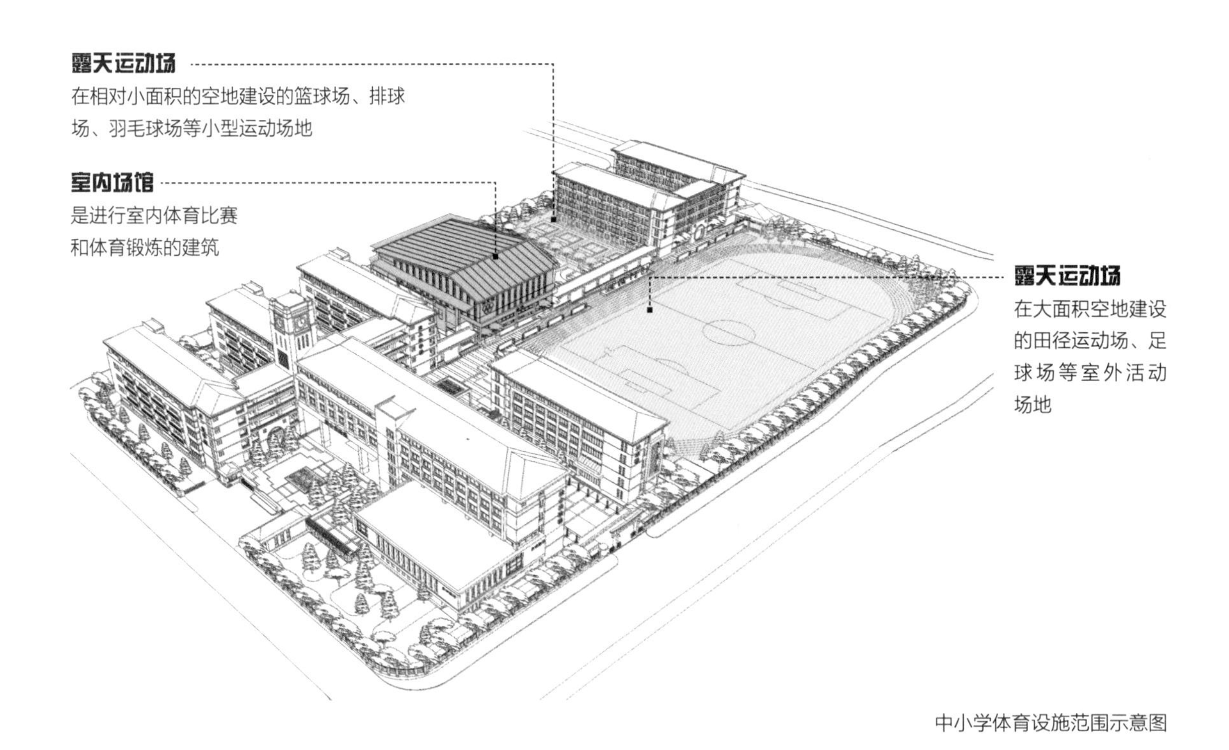

中小学体育设施范围示意图

7.2 校园体育设施的类型及改造原则

7.2.1 体育设施分类

中小学体育运动场地应当包括田径运动场，室内活动场，器械活动场地，室外篮球、排球场以及器材室等。根据广东省教育厅《关于印发〈广东省中小学校体育卫生工作条件基本标准〉（试行）的通知》（粤教体〔2009〕83号），中小学体育活动场地应当至少按照以下标准配备：

运动场类别		田径运动场	篮球场/块	排球场/块	器械体操区（小学与九年制学校含游戏区）	室内运动场或馆/体育馆	游泳池
小学	≤18班	200m（环形）1块	2	1	200m^2	—	—
	24班	300m（环形）1块	2	2	300m^2	—	—
	30班以上	300~400m（环形）1块	3	2	300m^2	550m^2以上	15m×25m以上
	48班以上	400m（环形）1块	6	4	600m^2	800m^2	15m×25m以上
九年制学校	≤18班	200m（环形）1块	2	1	200m^2	—	—
	27班	300m（环形）1块	3	2	300m^2	—	—
	36班以上	300~400m（环形）1块	3	3	350m^2	800m^2以上	15m×25m以上
	48班以上	400m（环形）1块	6	4	600m^2	800m^2	15m×25m以上
初级中学	≤18班	300m（环形）1块	2	1	100m^2	—	—
	24班	300m（环形）1块	2	2	150m^2	—	—
	30班以上	300~400m（环形）1块	3	2	200m^2	550m^2以上	25m×50m以上
	48班以上	400m（环形）1块	6	4	600m^2	800m^2	50m×100m
完全中学	≤18班	300m（环形）1块	2	1	100m^2	—	—
	24班	300m（环形）1块	2	2	150m^2	—	—
	36班以上	400m（环形）1块	6	3	200m^2	800m^2以上	50m×100m
	60班以上	200m、400m（环形）各1块	10	6	400m^2	800m^2以上	50m×100m
高级中学	≤18班	300m（环形）1块	2	1	100m^2	—	—
	24班	300m（环形）1块	2	2	150m^2	—	—
	36班以上	400m（环形）1块	3	3	200m^2	800m^2以上	50m×100m
	60班以上	400m（环形）1块	10	6	400m^2	800m^2以上	50m×100m

中小学的体育设施在进行设置时需要遵循《中小学校体育设施技术规程》JGJ／T 280-2012的相关要求。

由于每个运动项目开展的条件不同，可将体育场地类型按照体育活动场所的空间分为以下三种类型：

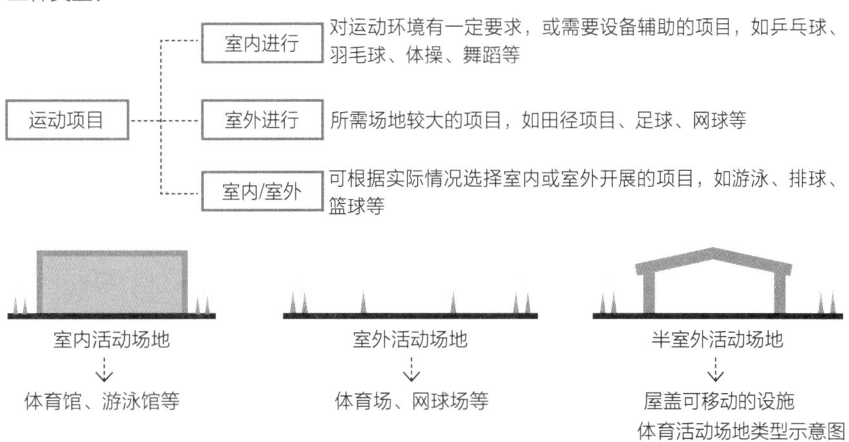

体育活动场地类型示意图

（1）田径场

田径运动包括铅球、标枪、跳高以及跑步等。田径运动场地用于田径运动教学、训练，开展群众体育活动，组织竞赛。中小学校园田径场分标准田径场和非标准田径场两类。内设由两弯道和两直道组成的环形径赛跑道及各项田径赛区。

根据《中小学校体育设施技术规程》JGJ／T280-2012，中小学田径场跑道设计应至少遵循以下标准：

①小学宜设置200m环形跑道和（1～2）组60m直道。中学宜设置200m、300m、350m或400m环形跑道和（1～2）组100m、110m直道。

②每条分跑道宽度宜为1.22m±0.01m。设有400m标准跑道的场地宜设置8条分跑道，跑道外围的安全区应为1m。

③比赛场地的道牙宜为可装卸式，且下部透空排水；道牙上不应有凸出物；教学、训练用场地的跑道不应设道牙。若跑道内侧边缘筑“突沿”，宽度不应小于5cm，高度5.0~6.5cm；若不筑突沿，则应画5cm宽的标志线。

④教学用场地（非穿钉鞋）可不设加厚区。采用混合型合成材料时，面层平均厚度不应小于10mm；采用复合型合成材料时，面层平均厚度不应小于11mm；采用渗水（透气）型合成材料时，面层平均厚度不应小于12mm。

根据《中小学校体育设施技术规程》JGJ/T280-2012，中小学田径场中各类运动场地综合布置应符合下列规定：

①各运动项目的场地布置应紧凑合理，在满足各项比赛、教学或训练要求和保证安全的前提下，应充分利用。

②铁饼、铅球的落地区可设在足球场内，铅球落地区也可设置在足球场与弯道之间；投掷圈应设在足球场端线之外。

③跳远和三级跳远宜设置在跑道直道外侧。

④比赛用场地的西直道外侧场地宽度宜满足终点裁判工作、颁奖仪式等活动的需求。

⑤场地应有良好的排水设施，沿跑道内侧应设环形排水沟，全场外侧宜设置排水沟，明沟应有漏水盖板。

⑥场地内应根据使用要求，设置通信、信号、网络、供电、给排水管线等其他设施。

中小学田径运动场跑道实景

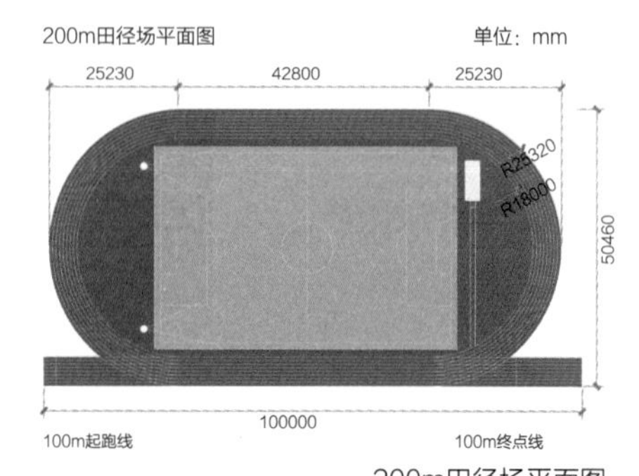

200m田径场平面图

资料来源：根据《中小学校体育设施技术规程》JGJ/T280-2012插图改绘

（2）足球场

足球场地必须是长方形，平坦且设有与足球相关的基础设施，用于进行足球运动的教学、训练以及比赛等活动。

根据《中小学校体育设施技术规程》JGJ/T280-2012，中小学足球场设计应至少满足以下标准：

①国内竞赛标准尺寸为长90~120m，宽45~90m，球门高2.44m、宽7.32m。

②球场上各线条宽度不得超过0.12m。整个球场上空高度不低于9m，在这个高度以内，不得有任何横梁或障碍物，球场四周3m以内不得有任何障碍物。

③室外足球场地宜选用土质、天然草坪或人造草坪。室内足球场地宜选用运动木地板等面层材料，都需做好防水处理。

④室外足球比赛场地每个角落上宜各设一根高度不小于1.5m的旗杆；在中线的两端、边线以外不小于1m处，宜设置旗杆。

中小学足球场实景

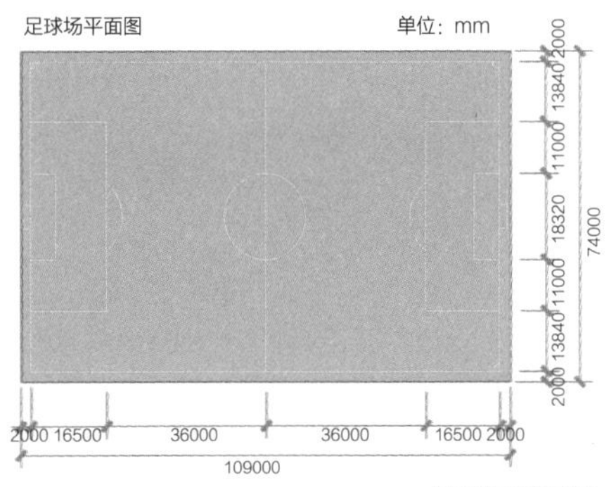

足球场平面图

资料来源：根据《中小学校体育设施技术规程》JGJ/T280-2012插图改绘

（3）篮球场

篮球场是一个长方形的坚实平面，无障碍物，有基本的篮球设施，可以进行篮球运动和比赛。

根据《中小学校体育设施技术规程》JGJ/T280-2012，中小学的篮球场设计应至少满足以下标准：

①新建篮球场标准长度为28m，宽度为15m。根据现实需求可等比缩小，但长度最多减少4m，宽度最多减少2m。球场上各线条宽度为0.05m，从界线的内沿量起。

②从球场区域界限算起，这一区域不得有任何障碍物，顶棚或最低障碍物的高度至少7m。

③地面材质有土质、水泥、柏油、木质、塑料等，面层材料可选用聚氨酯、其他合成材料、运动木地板等。

中小学篮球场实景

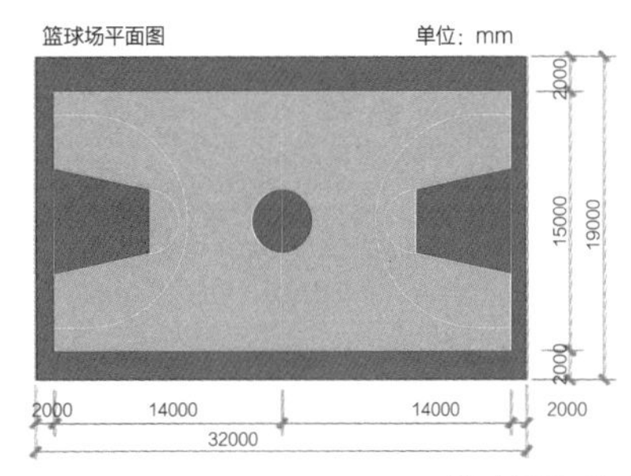

篮球场平面图

资料来源：根据《中小学校体育设施技术规程》JGJ/T280-2012插图改绘

（4）游泳池

游泳池是用于游泳运动的场地，可以在场地中进行游泳活动或比赛。多数游泳池建在地面，根据水温可分为一般游泳池和温水游泳池，根据位置可分为室内游泳池和室外游泳池。

中小学的游泳池基础设计应至少满足以下标准：

①中小学校泳池宜为8个泳道，泳道长宜为50m或25m。

②中小学校游泳池、游泳馆内不得设置跳水池，且不宜设置深水区。

③中小学校泳池入口处应设置强制通过式浸脚消毒池，池长不应小于2m，宽度应与通道相同，深度不宜小于0.2m。

中小学游泳池实景

（5）羽毛球场

羽毛球场是设有羽毛球运动所需的基本设施的可以进行羽毛球运动的长方形场地。

中小学羽毛球场设计应符合下列规定：

①羽毛球单打比赛、教学、训练的场地尺寸宜为13.4m×5.18m，双打比赛场地的尺寸宜为13.4m×6.1m。如若两块场地并列，其边线间距离应当视情况而定，比赛场地宜为6m，训练场地不宜小于2m。

②羽毛球场地线宽应为0.04m，界线宽度应包含在各区域有效范围内。球场界线最好用白色、黄色或其他易于识别的颜色画出。

③对于场地外安全区，端线及边线外均不应小于2m。

④羽毛球教学、训练用场地净高不应小于9m。

⑤室内羽毛球场地四周墙壁应为深色，且反射率应小于0.2。

⑥网柱应设在场地边线中心点上，网柱高应为1.55m；球网中央高度应为1.524m。

⑦羽毛球场地的面层采用混合型、复合型合成材料时，平均厚度不宜小于0.007m；采用透气型合成材料时，平均厚度不宜小于0.01m。

中小学羽毛球场实景

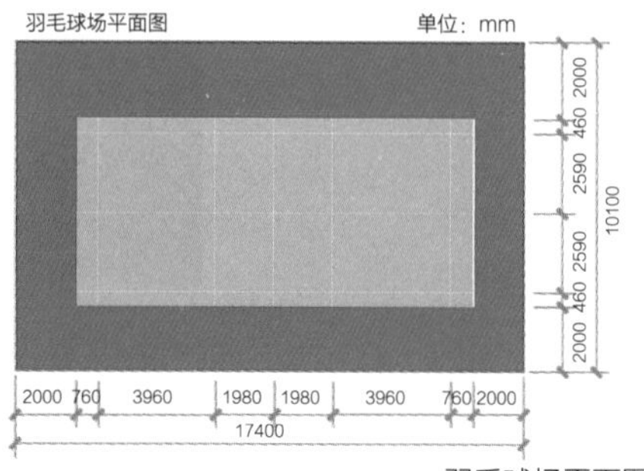

羽毛球场平面图

资料来源：根据《中小学校体育设施技术规程》JGJ/T280-2012插图改绘

（6）排球场

排球场是打排球的长方形场地，地面平整，设有排球网等基础设施，可进行排球运动、训练以及比赛。

中小学排球场设置，应至少遵循以下标准：

①进行排球比赛、教学、训练的场地尺寸宜为18m×9m。

②排球场地线宽应为5cm，边线和端线的宽度应包含在场地尺寸范围内。场地四周安全区尺寸不应小于3m，净高应大于或等于7m。

③球网中央高度，小学应为1.8m±0.005m，中学应为2m±0.005m。

④排球场地的面层采用混合型、复合型合成材料时，平均厚度不宜小于0.07m；采用透气型合成材料时，平均厚度不宜小于0.01m。

中小学排球场实景

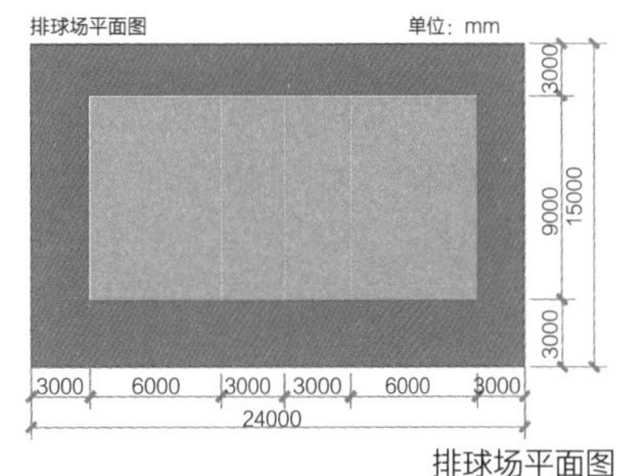

排球场平面图

资料来源：根据《中小学校体育设施技术规程》JGJ/T280-2012插图改绘

（7）网球场

网球场为一长方形场地，中间有高约1m的网分隔双方阵地，可进行网球运动、训练以及比赛。中小学网球场外观设计需遵循以下标准：

①场地表面颜色应均匀，不应出现明显的色差。面层应黏结牢固，不得有断裂、起泡、脱皮、空鼓等现象。

②所有划线应是同一颜色，选择较容易识别的颜色，场地四周围挡应使用较深颜色。

③室外网球场全打区场地表面应至少比周围地面高出0.254m。

④室内网球场地两边墙面2.44m以下范围内、场地两端墙面3.66m以下范围内，应为较深颜色；墙的上部及顶棚应为浅色；场地四周围挡应使用较深颜色。

⑤通常除端线宽度0.1m外，其他线的宽度均在为0.05m。全场各区域的丈量除中线外，均从各线的外沿计算。

⑥室内网球场，端线6.4m以外的上空净高不小于6.4m，室内屋顶在球网上空的净高不低于11.5m。面层材料有聚氨酯、丙烯酸、其他合成材料。

中小学网球场实景

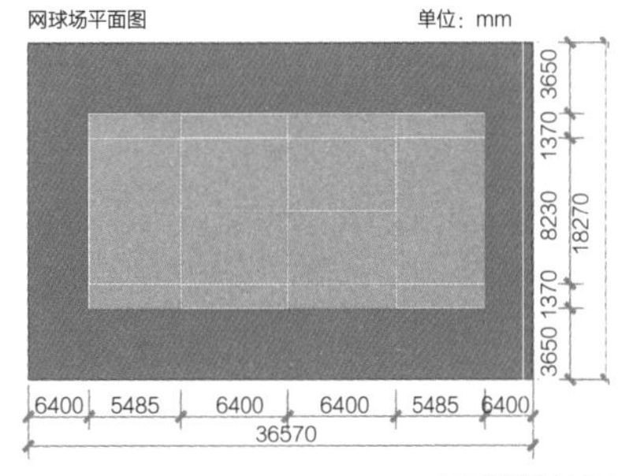

网球场平面图

资料来源：根据《中小学校体育设施技术规程》JGJ/T280-2012插图改绘

（8）乒乓球场

乒乓球场是放置乒乓球台，供人们开展乒乓球运动、训练或比赛的场所。中小学乒乓球场设计应遵循以下标准：

① 室内场地净高不宜小于4m。

②球台尺寸应为2.74m×1.525m×（高）0.76m（小学乒乓球台面高度宜为0.66m）；球网长度应为1. 83m，球网高应为0.1525m。

③活动围挡高度宜为0.76m，成组布置球台且中间有过道时，过道净宽不宜小于1m。

④室内场地地面宜采用运动木地板或合成材料面层，合成材料面层平均厚度不宜小于7mm，地面颜色不宜太浅，且应避免反光强烈及打滑。

⑤ 室内球台四周墙壁和挡板反射率应小于0.2，颜色宜为墨绿等深色。

⑥室内场地两端墙面不宜设直接自然采光，当两侧设采光窗时，窗台高度不宜小于1.5m，采光照度应均匀。

⑦当乒乓球台成组布置时，短边间距离大于等于5m，球台长边间距离大于等于2m。面层材料有水泥、其他合成材料、运动木地板。

中小学乒乓球场实景

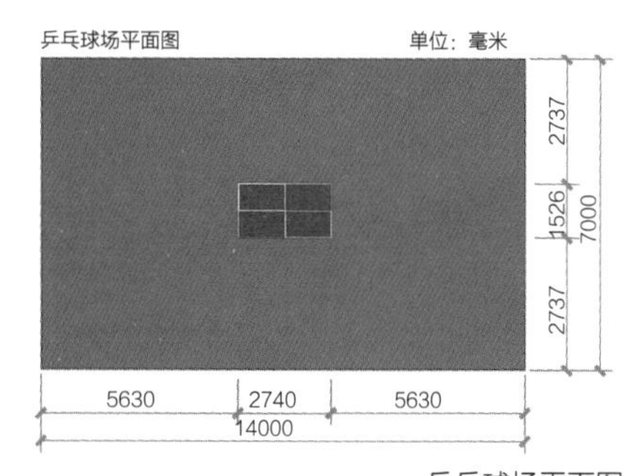

乒乓球场平面图

资料来源：根据《中小学校体育设施技术规程》JGJ/T280-2012插图改绘

（9）健身设施

健身设施是满足学生室内外健身锻炼娱乐的基本设备，主要有单杠、双杆等，室内外均可。中小学室外健身设施设置时需注意遵循以下标准：

①室外健身器械运动场地规格尺寸应根据项目本身要求设置。

②室外健身器械运动场地地面可选用软质合成材料面层、沙质、人造草坪、聚氨酯、运动木板等材料，软质合成材料面层的厚度不应小于25mm。

③室外健身器械运动场地应有排水设施。排水沟宽度、深度应根据当地气候条件经计算确定，位置应根据具体场地布置情况确定。地面的排水坡度应符合相关规范。

双杠示意图

高低杠示意图

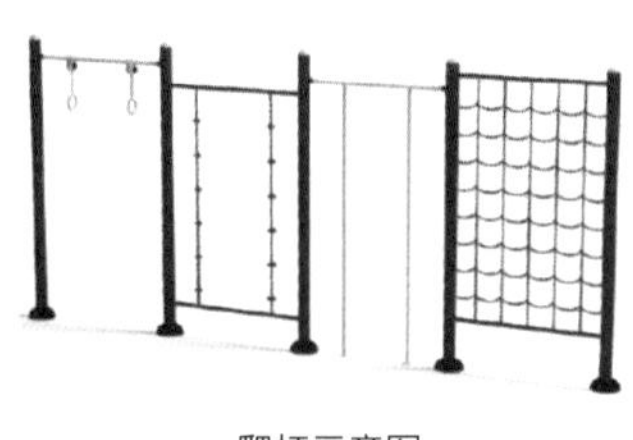

爬杆示意图

(10)风雨操场

风雨操场是有顶盖的体育场地，是学生进行室内体育活动的场所，是功能相对简单而个性比较鲜明的中小型体育建筑。主要包括有顶无围护墙的场地及有顶有围护墙的场馆。

风雨操场与体育馆的最大区别在于是否有观众座席，部分功能完善的风雨操场会设置看台，以实现简单的比赛观看等功能。风雨操场多为集体操、篮球、乒乓球、礼堂、演出、集会、体育器材存放、体育教师办公于一体的多功能体育教学场地。中小学进行风雨操场建设时，可以根据实际情况选择单独建设或者与教学楼合建两种形式。

有围护墙的风雨操场实景

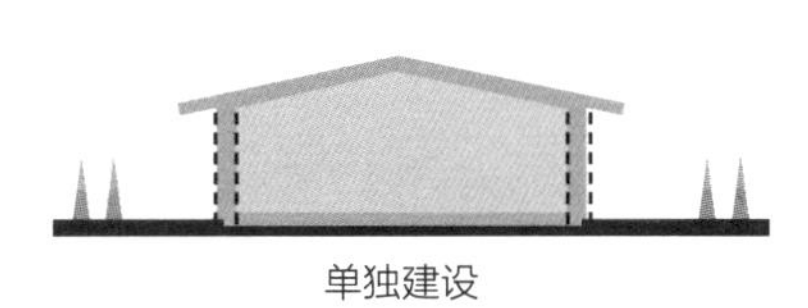

单独建设

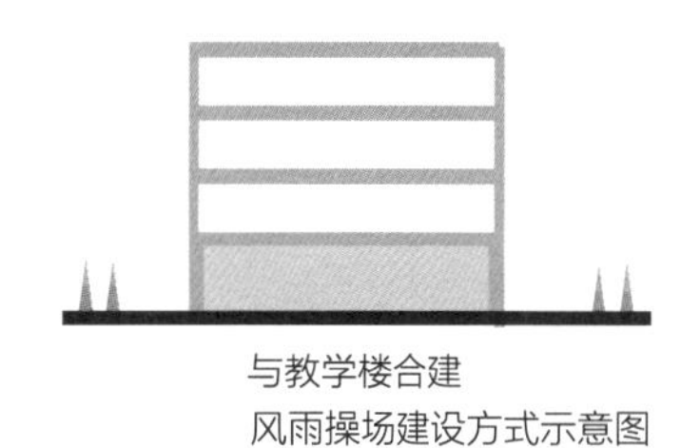

与教学楼合建

风雨操场建设方式示意图

(11)专业体育馆

专业体育馆是专门设置的能够进行球类、室内田径、冰上运动、体操(技巧)、武术、拳击、击剑、举重、摔跤、柔道等单项或多项室内竞技比赛和训练的体育建筑。主要由比赛和练习场地、看台和辅助用房及设施组成。

专业体育馆应为运动员创造良好的比赛以及训练环境，为观众创造良好的视听环境，为工作人员创造合理有序的工作环境。不设看台的专业体育馆也可称为“训练房”。专业体育馆的平面布置应严格遵循各项国际标准。

与风雨操场相比，专业体育馆的功能较为完善，具有较强的专业性。有条件的中小学校可考虑建设中小型专业体育馆，实现室内体育场所功能的最大化。

专业体育馆实景

7.2.2 体育设施现状

通过对广州市现状中小学的抽样走访调研，发现目前广州市中小学校体育设施现状问题如下：

①体育建筑设施普遍规模较小，造型结构简易。室内项目场地不足，多以羽毛球、篮球和乒乓球等对场所对空间要求较低的体育项目为主，或只设有舞蹈教室（小学较为普遍），这种长期、制式的布局与配置，已经无法适应当今的教育理念与学生的使用需求[54]。

②部分体育设施使用年限过久，极易发生安全事故。

③由于体育教育没有较大改革，体育场馆的配置内容依然以“竞技化”的田径项目和传统的球类项目为主，基本处于套用竞技体育设施设计观念的局面，未曾引进一些新兴的体育项目，如水上项目、攀岩与非传统球类等。

④缺乏能够“全天候”使用的体育设施，学生体育活动易受到天气影响。

⑤部分体育设施忽略使用者的实际使用需求，未考虑青少年使用过程中容易出现的易摔、易滑等安全问题。

7.2.3 改造原则

①安全性原则

运动具有风险，中小学校是未成年人的集中地，而未成年人尚不具备完全的自我保护能力，所以学校的安全显得尤为重要。具体而言，安全性是指学校的体育设施要满足师生课内外体育活动的安全需要[54]。

②适宜性原则

适宜性原则是指学生的使用要求和精神感受与学校体育场馆所具有的空间性质要切合。中小学体育场馆主要面对的是学生群体，适宜性原则提倡适应学生爱好、兴趣、特点的理念，要求从学生的实际需求出发，尊重其身心发展规律及兴趣爱好和选择，提供丰富多彩、满足个性需求的理想化体育活动空间[54]。

③可变性原则

场馆设计的基础是其功能性，而场馆功能与体育教育理念息息相关。可变性原则的提出是为应对体育教育理念的转变甚至是未来非教育功能的转变，以弹性设计方法来满足未来不可预知的使用要求，同时最大限度地提供空间改造的可能性。因此，中小学体育场馆应以集中、灵活的布局为主，以适应不同功能结构的转变[54]。

④“全天候”原则

“全天候”运动环境是指各种天气条件下都适用、都有效或都可运行的运动环境。校园内应该具备足够的室内外空间，无论刮风下雨、寒热酷暑，都能确保学生进行“全天候”运动。

⑤绿色环保原则

绿色环保原则是通过采用自然采光和自然通风、设置能源回收系统、采用新型绿色环保材料等手段，达到节约能源和保护环境的目的。

7.3 校园露天运动场

7.3.1 必要改造的方式和内容

中小学露天体育设施的必要改造方式根据场地可分为室外场地改造和场地加盖。改造内容有增加顶棚（建设风雨操场或体育馆）、场馆地面防滑处理、增加安全设施及休闲设施等。

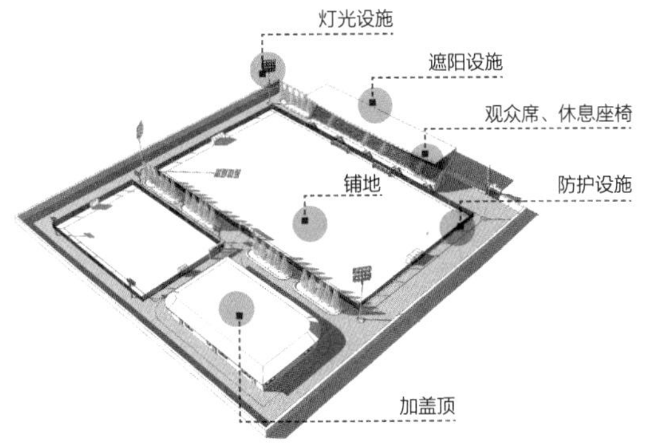

露天运动场必要改造内容示意图

中小学校园露天运动场体育设施必要改造项目及项目实施前后对比示意如下：

改造项目	改造前	改造后
增加遮阳构建	无棚顶　无遮阳	有棚顶　有遮阳
防滑处理	水泥铺地	塑胶铺地
设置安全设施	无防护栏	有防护栏
配套设施	无储物柜　无休息座椅	有储物柜　有休息座椅

7.3.2 防滑处理

选用正确的地面防滑材料，是体育场地面防滑处理的重要手段。不同类型的场地应选择不同的材料：田径场采用塑胶跑道，足球场采用人工草坪，篮球场、羽毛球场、排球场、网球场、乒乓球场等采用硬地丙烯酸球场材料、弹性丙烯酸球场材料、水性硅PU球场材料、油性硅PU球场材料等。

（1）塑胶跑道

塑胶跑道又称为“全天候田径运动跑道”，由聚氨酯预聚体、混合聚醚、废轮胎橡胶、EPDM橡胶粒或PU颗粒、颜料、助剂、填料构成，具有平整度好、抗压强度高、硬度弹性适当、物理性能稳定的特性[55]。塑胶跑道的科学铺设，有利于运动员速度和技术的发挥，可有效提高运动成绩，降低摔伤率。以下介绍五种较为常见的塑胶跑道类型，中小学校可根据自身实际情况灵活选用。

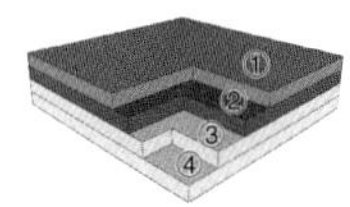

① 红色颗粒面层
② 黑色颗粒层
③ 底涂
④ 水泥基础

- **透气型塑胶跑道**

其表面以EPDM胶粒与同色聚氨酯面漆混合，用专业的喷涂机喷洒覆盖在橡胶基垫上，形成特殊的有组织的纹路，增强面层的附着摩擦力和抗滑阻力[56]，具有不会鼓泡、制作工艺简单、工期相对短、色彩美观、易于清洁维护的特点。适用于全国各地大部分大中小学，但不适用于高寒冰雪地区。

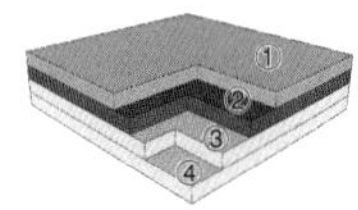

① EPDM颗粒面层
② 黑色颗粒层
③ 底涂
④ 水泥基础

- **EPDM塑胶跑道**

EPDM塑胶跑道主要由EPDM彩色胶粒层与黑色橡胶底层组成，是固定式的赛场跑道材料，具有耐晒耐腐蚀、多种色彩灵活搭配、耐磨性强、抗损坏、维护简单的特点[57]。由于EPDM塑胶跑道属于非标准跑道，所以主要适用于幼儿园。

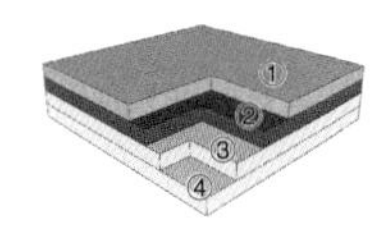

① PU颗粒面层
② 黑色颗粒层
③ 底涂
④ 水泥基础

- **混合型塑胶跑道**

混合型塑胶跑道采用混合结构，面层为PU颗粒或EPDM耐候性环保彩色颗粒，母体是全PU掺合部分橡胶颗粒，与全塑型相比性价比较高。具备优良的抗老化及耐盐雾、湿热、臭氧、紫外线性能，内在物理性能及外观结构特征恒久不变，可延长其最佳使用寿命。同时，混合型塑胶跑道具有卓越的耐磨性能，能保证塑胶跑道结构长期稳定不变，且维护简便，适用于各级比赛、学校教学、训练等跑道场地[58]。

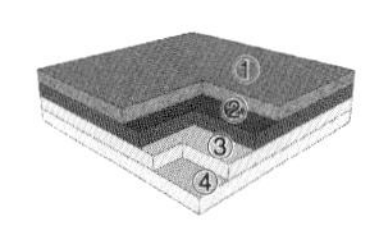

① 红色颗粒面层
② 黑色颗粒层
③ 底涂
④ 水泥基础

复合型塑胶跑道

所用面胶分两层，底层同透气型跑道一样，采用摊铺设备将弹性胶粒与聚氨酯黏合剂制成缓冲弹性层，厚度约10mm，面层胶铺设2~3mm厚聚氨酯胶浆，撒上EPDM胶粒作为磨损面层。该类型的塑胶跑道符合国际比赛标准。标准厚度13mm，其外观与混合型塑胶跑道几乎相同，除拉伸强度外其他数据与混合型塑胶跑道基本一致。造价相对较低，并具有弹性好、色泽鲜艳、强度高、耐磨、防滑、耐低温、防震隔声、经久耐用等特点。在使用时，不受高寒地区气候限制。可用作专业体育场、田径场跑道、半圆区、辅助区、全民健身路径、室内体育馆训练跑道、游乐场道路等的面层材料。

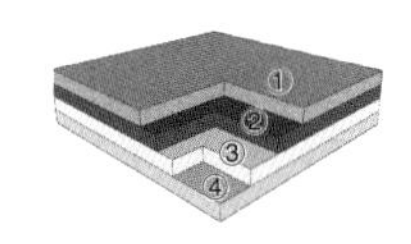

① PVC颗粒面层
② 弹性缓冲层
③ 胶水层
④ 水泥基础

预制型塑胶跑道

预制型塑胶材料是在PU球场材料的基础上开发研制的新一代球场材料，具有革命性的创新性能，是替代双组分PU的新一代环保产品。该类型的塑胶跑道不含橡胶颗粒，无脱粒产生，非常适合频繁使用。减震效果好，反弹性能优，黏着力好，抗尖钉能力强，防滑、耐磨性能好，即使是雨天性能也不受影响。同时预制型塑胶材料具有非凡的抗老化、抗紫外光能力，颜色持久稳定的亚光表面无反射光、无眩光感。预制成型，安装方便。可以全天候使用，使用寿命长；维护简便，维修成本低。但该类材料仅仅适用于气候条件在-16℃以上地区的各级各类学校，不适用于高寒冰雪地区[59]。

塑胶跑道实景

（2）球场

■ 硅PU

硅PU是一种符合人体工学原理并满足运动物理特性需要的材料，具备上硬下弹的结构特征，能直接在水泥或沥青基础上施工，是健康型的专业弹性合成球场面层材料系统，以单组份有机硅改性聚氨酯组成缓冲回弹结构，双组份改性丙烯酸作为耐磨面层的球场材料。该材料具有可稳定均匀反弹、实时缓冲减震的特点，可以出色地防滑起动、舒适地变向移动[60]。

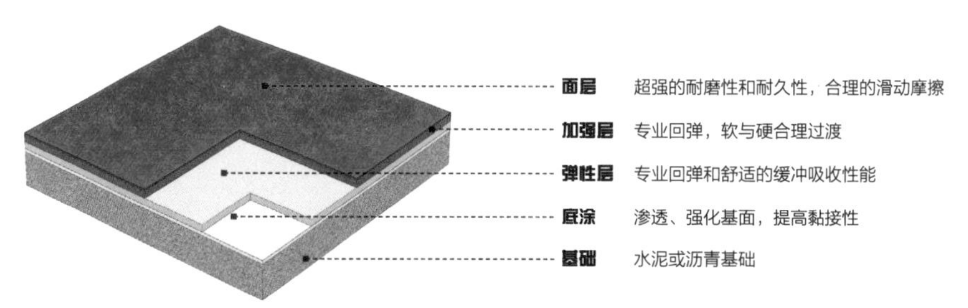

硅PU结构示意图

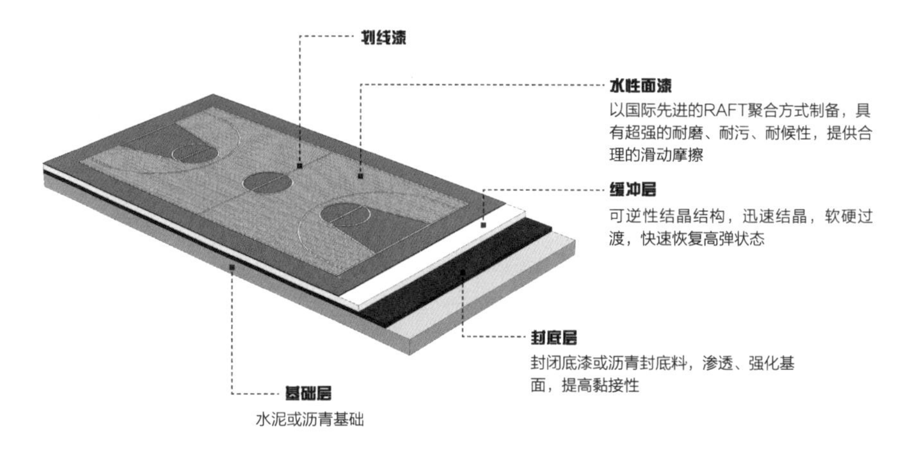

环保硅PU球场结构分层示意图

硅PU使用实景

（3）防滑垫

■ **防滑悬浮式地垫**

室外体育场防滑悬浮式地垫主要材料是聚丙烯。耐磨性、耐冲刷性较好，防虫蛀，使用寿命较长。所以，室外体育场防滑悬浮式地垫通常被运用于篮球场、网球场、乒乓球场、羽毛球场等各大运动场所。室外体育场防滑悬浮式地垫采用卡扣式设计，可以起到热胀冷缩的缓冲保护作用；大触面、倒角的设计，可以有效防止运动员摔倒滑伤；加宽棱设计，外观厚实，弹性更强。

防滑悬浮式地垫使用实景

■ **防滑橡胶地垫**

防滑橡胶地垫集多种功能于一体，抗压，耐冲击，摩擦系数大，有弹性，减震防滑，耐温，抗紫外线性能好，无毒无污染，防霉，不滋生微生物。有效防止学生在运动时滑倒受伤，保障学生安全。

防滑橡胶地垫使用实景

（4）防滑砖

防滑砖是一种陶瓷地板砖，正面有褶皱条纹或凹凸点，以增加地板砖面与人体脚底或鞋底的摩擦力，防止打滑摔倒。防滑砖是游泳馆等湿滑运动空间用于防滑的主要材料[61]。

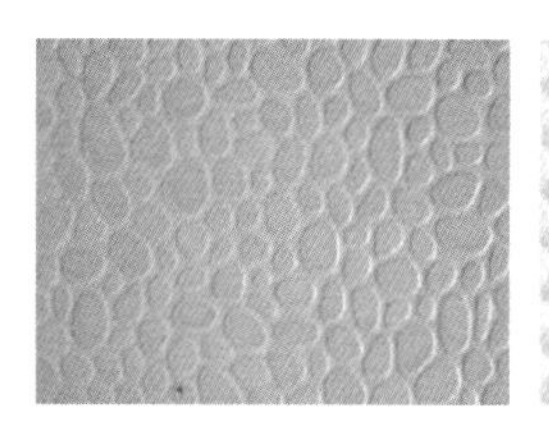

防滑砖常见纹理示意图

防滑砖使用实景

（5）人工草皮

人工草皮即“人工合成”草皮，是一种具有天然草运动性能的化工制品。在制作人工草皮时，通常将PA、PP、PE材质拉成的草丝与PP网格布通过织草机缝到一起，然后再通过丁本胶使两者复合到一起。简单说就是将仿草叶状的合成纤维植入机织的基布，然后在背面涂上起固定作用的涂层，即可制成人工草皮。人工草皮的产品规格不同，其适用的场地也有差别，不同规格人工草皮的颜色、特点以及适用场地见下表：

产品编号	适用场地	草高/mm	颜色	底布层	特点
跑20	田径场地	20±1	红	单层	PP材料，稳定度高
MP-20115	羽毛球、篮球、网球、门球、排球等球场	20±1	绿、橄榄绿	单层	PP材料，旋转性好，弹性好
MP-32121	足球场、小田径场	32±1	绿、橄榄绿	双层	PP材料，高弹性能
MP-40421	足球场、小田径场	40	翠绿、橄榄绿	三层	PE材料，弹性好，耐候性好，环保
MP-50421	标准足球场	50	翠绿、橄榄绿	三层	PE材料，耐磨，耐候性好，环保，外观自然
MP-50223	标准足球场	50	翠绿、橄榄绿	三层	—
MP-55421	标准足球场	55	翠绿、橄榄绿	三层	—
MP-40422	小田径场	40	绿色	三层	PE材料，耐候性好，环保
MP-50422	标准足球场	50	绿色	三层	PE材料，耐候性好，环保
常规型	各种运动场、休闲场地	20~60	橘红、橄榄绿、翠绿	双层至五层	PP材料，PE材料，多种性能

7.3.3 遮阳处理

遮阳处理是改善校园露天运动场运动环境的重要手段，也是体育设施必要改造的重要环节。根据中小学露天体育场现状，提出两种遮阳处理方法：一是对露天运动场的休息以及观看区进行单独遮阳处理；二是对露天运动场进行整体遮阳处理，改造为开放式风雨操场。

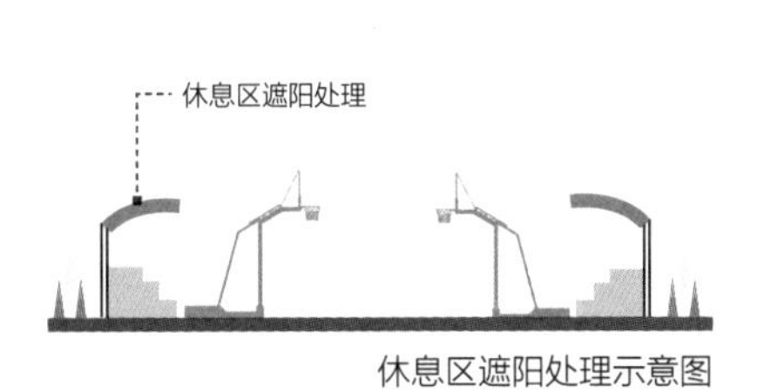

休息区遮阳处理示意图　　整体遮阳处理示意图

（1）膜结构的特点[62]

膜结构是应用较为广泛、优势较为明显的露天运动场遮阳处理结构。多种高强薄膜材料（PVC或Teflon）及加强构件（钢架、钢柱或钢索）通过一定方式使其内部产生一定的预张应力，以形成某种空间形状作为覆盖结构，并能承受一定的外荷载作用。膜结构具有的以下优势特点，使其在多数遮阳处理结构中脱颖而出：

①自重轻。膜结构一改传统建筑材料而使用膜材。膜材是一种新兴的建筑材料，其重量只有传统建筑的1/30。

②空间大。膜结构可以从根本上克服传统结构应用于大跨度（无支撑）建筑上时所遇到的困难，可创造巨大的无遮挡的可视空间。

③造型自由轻巧，制作简易，安装快捷。膜的厚度较薄，可以根据需要做成各种造型。膜结构可以构成单曲面、多曲面等不同建筑结构形式，且施工过程简单，施工速度较快，安拆快捷方便。

④节能、透光和防紫外线。在阳光的照射下，由膜覆盖的建筑物内部充满自然漫射光，无强反差的着光面与阴影的区分，室内的空间视觉环境开阔和谐。夜晚，建筑物内的灯光透过屋盖的膜照亮夜空，建筑物的形体显现梦幻般的效果。

⑤自洁功能。膜的表层光滑，具有弹性，大气中的尘埃、化学物质的微粒极难附着与渗透，经雨水冲刷，建筑膜可恢复其原有的清洁面层与透光性。

⑥保温、耐火、防火，使用安全。膜材以高强度纤维为基材，可以在其上涂刷各种功能性涂料，起保温、耐火、防火等作用，在使用过程中比较安全。

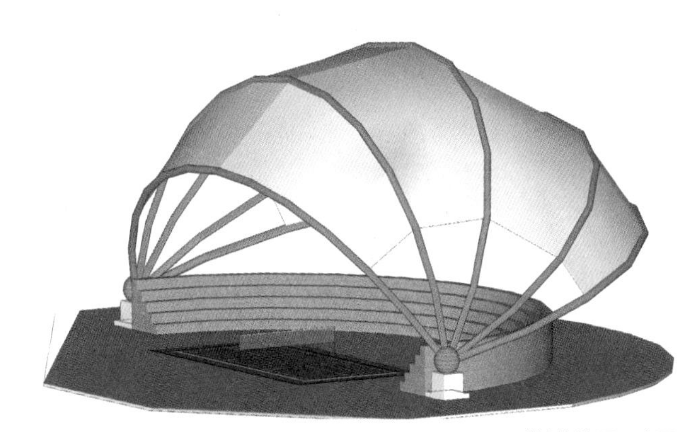

膜结构使用示意图

（2）常用的膜结构

根据中小学校园露天运动场的实际情况，提出三种遮阳处理常用的膜结构：

- **充气式膜结构**

充气式膜结构历史较长，但因在使用功能上有明显的局限性（如形象单一、空间要求气闭等），使其应用面较窄；但充气式索膜体系造价较低，施工速度快，在特定的条件下又有明显优势。通常在露天运动场改造为封闭式风雨操场时才会使用该结构[63]。

- **骨架式膜结构**

骨架式膜结构常只在某些特定的建筑中被采用，是由于其结构形式本身的局限性（骨架体系自平衡、膜体仅为辅助物、膜体强度高的特点发挥不足等）。而骨架形式与张拉形式的结合运用，常可取得更富于变化的建筑效果。骨架式索膜体系建筑表现含蓄，结构性能有一定的局限性，造价低于张拉式体系[64]。

- **张拉式膜结构**

张拉式膜结构可谓索膜建筑的精华和代表。张拉式膜结构中膜曲面通过预应力维持自身形状，膜既是建筑物的围护体又作为结构来抵抗外部荷载。由于其建筑形象的可塑性与结构形式的高度灵活性和适应性，该结构的应用极其广泛。张拉式膜结构又分为索网式、脊谷式等[64]。

骨架式膜结构实景

充气式膜结构实景

张拉式膜结构实景

7.3.4 灯光处理

灯具的布置是否合理，直接影响露天运动场地照明的效果和经济性[65]。

现在露天室外体育场地布灯的方式主要有灯杆式、四塔式、多塔式、光带式、光带与灯塔混合式。无论是何种布灯形式，其平均照度值都应当满足户外各类体育场地的最低照度要求，同时防止眩光。

下表为《中小学校体育设施技术规程》JGJ / T280-2012对中小学体育项目场地室外运动最低照度要求。

项目名称	参考平面	室外照度要求/lx
篮球、网球、排球、羽毛球	地面	200
足球	地面	150
游泳	地面	180
室外综合场地	地面	200

露天运动场灯光处理实景

7.3.5 配套基础设施

配套基础设施是指体育场所除保证体育活动正常进行之外必要的体育设施外，也必须设置的其他维持校园正常教学与生活的基础设施，主要包括休息座椅、垃圾桶等。

在运动场、游泳池周边配备休息座椅、垃圾桶，若有露天游泳池，座椅处配备太阳伞以遮阳。

不同形式的座椅实景

7.3.6 场地加盖

运用增设封闭式风雨操场或为游泳池加顶盖的方式增加室内运动场所，使学生开展体育活动不受天气限制，为学生创造“全天候”运动环境。

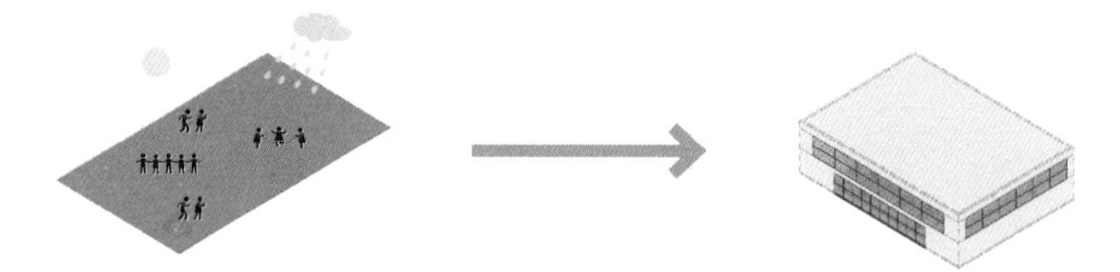

场地加盖示意图

屋顶结构按受力可分为推力结构、弯剪结构、张拉结构。三种结构体系有各自的特点，形态亦有明显区别，所创造的建筑空间与其结构有密切关联，可根据实际情况做合理的选择。以下是常用的场地加盖结构体系。

受力结构	结构类型	结构特点
推力结构	拱	线结构，受压，上拱形态
	薄壳	面结构，曲面，外凸状
弯剪结构	桁架	线结构，形态为直线形
	刚架	线结构，形态硬朗，严谨
	张弦梁	线结构，几何形态，严谨
	网架	网格结构，顶界面平整
张拉结构	悬索	线结构，帐篷形态或鞍形
	索网	面结构，帐篷形态或鞍形
	索膜	面结构，具有轻、薄、柔、透的特征

场地加盖实景

7.3.7 提升优化建设

校园露天运动场的提升优化建设可分为趣味性提升与美观性提升。

（1）趣味性提升

露天运动场趣味性提升，能有效提高运动场所的利用率，有利于增强校园活力，提高学生身体素质，是校园健康生活的有力保障。

- **运动设施趣味化**

在场地与资金情况允许的情况下，引进新型运动设备，既可以有效激发学生的运动热情，又可以使运动类型更加多元化、运动流程更加完善，为运动注入新的活力与趣味。

- **配套设施趣味化**

露天运动场所各运动区域都需要有形或无形的分隔，同时也需要一系列配套基础设施。在运动区域内增加造型有趣的座凳、垃圾桶、雕塑、体育文化墙，对铺装的图案进行趣味化设计等，是增加露天运动场趣味性的有效手段。

体育设施趣味性提升实景

案例分析：

广州番禺区实验中学趣味运动区设计

现代、科学、趣味

采用现代新型科学的运动设施，为师生提供更好的素质锻炼环境。体育设施与周边环境结合，选用有趣的造型，极具活力。

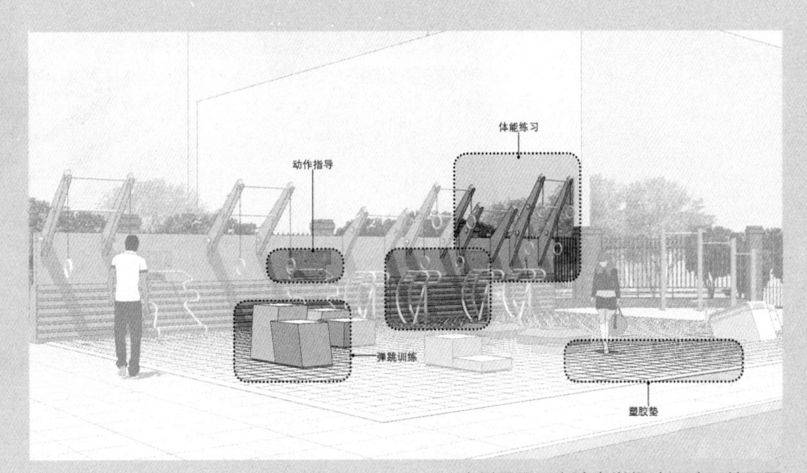

广州番禺区实验中学趣味运动区效果图

资料来源：广州市教育局番禺区实验中学微改造方案

（2）美观性提升

露天运动场是校园的重要组成部分，其美观性是影响校园环境风貌的重要因素之一。

■ 与景观紧密结合

露天运动场所与校园景观密切相关，为保证运动场地的美观性，可将景观与运动场所的功能分区、运动设施相结合，打造和谐美观的校园环境。

体育设施结合景观实景

■ 色彩衬托活跃气氛

中小学生的特点是充满活力、好奇心强。体育运动场所作为校园最活跃的区域，理应展现中小学生的这一特点，也应最大限度地彰显校园活力。活泼鲜亮的色彩搭配可以激发学生的运动兴趣，提高场地的利用率。

体育设施色彩使用实景

7.4 校园室内场馆

7.4.1 必要改造内容

校园室内场馆的必要改造主要包含防滑处理、灯光处理、内部吸声处理三项内容。

7.4.2 防滑处理

室内地板防滑处理优先选择进口UV耐磨防滑漆制作的体育地板。将防滑地板与不具备防滑功能的地板进行对比后发现，根据所承载的运动量不同，每年都要对非防滑地板进行相应的保养，运动量较大的场馆每隔几个月就要保养一次。即使选用较为便宜的保养精油，也是一笔巨大的开支。而防滑UV漆制作的体育馆地板，3年内是不需要做防滑保养的，采用进口高质量的防滑漆制作的地板，虽前期成本较高，但可以节省后期维护的开支，维持2~3年不需要再进行保养。

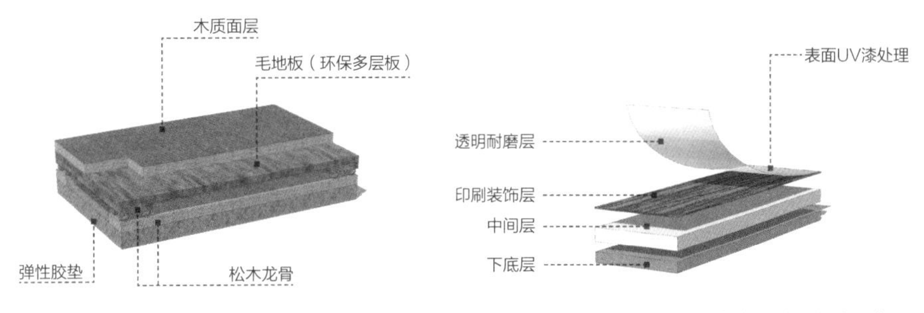

体育馆木地板构造示意图　　UV漆体育地板构造示意图

7.4.3 灯光处理

室内体育场馆常用的光源有白炽灯、卤钨灯、金属卤化物灯以及混光灯，为了使其显色指数高、照明用电经济，现代体育馆也使用混光照明方式。混光照明方式有灯内混光和馆内混光两种，为了使光色充分混合，采用灯内混光，即一个灯具内安装两种光源，充分混合后再向馆内场地照射[66]。馆内的眩光会影响运动员技能的发挥，影响观众的观看效果。选用格栅灯具可以防止眩光，无论深照型灯具还是斜照型灯具，都加有格栅，较有效地防止了眩光。混光照明灯具尤以采用镝灯与高显色性高压钠灯（DDG+NGG）混光光源为最多。混光光源光效高，寿命适中，显色指数大于80，红色光谱所占的成分提高到20%以上，颜色还原性好，照明的视觉效果极佳，满足了重要体育比赛及彩色电视转播要求；而且还可节省设备投资，节约能源和降低运行费用[67]。

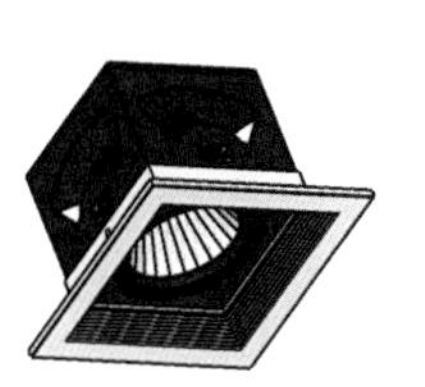

高压钠灯示意图

LED投光灯示意图

格栅灯具示意图

7.4.4 内部吸音处理

内部吸声处理主要从两方面入手，一是侧墙的吸声处理，二是顶部的吸声处理，主要体现在吸声结构与材料的运用上。

（1）侧墙的吸音处理

侧墙吸声处理通常采用全频域的强吸声结构。现在最常用的侧墙吸声材料是穿孔板+多孔吸声材料[68]。

▪ **穿孔板**

以下是两种常用穿孔板结构的吸声特性，可以根据实际情况选用：

吸声结构种类	特性	示意图
穿孔板	该种结构为目前学校体育馆最常用的墙面吸声结构，即FC穿孔板+玻璃棉板	
微穿孔板	当穿孔板的直径小于1mm（通常为0.3mm和0.5mm）、开孔率控制在1%时，微孔本身的阻尼作用就很明显，并有较宽的吸声峰，使用时可以不加多孔性吸声材料	

▪ **多孔吸声材料**

无机纤维喷涂吸声材料是室内体育场馆吸声处理较为常用的多孔吸声材料。它利用声学最新科研成果，有效削减墙体、顶棚、龙骨以及由声波引起的振动，降低声波无效反射，从而极大提高声音品质。采用优质无毒防火材料配方，有效阻燃。独特的产品配方和表面处理技术使装饰空间具有恒温功能。材质体积与重量都比传统产品轻，更加便于保存、运输和施工，同时大大降低空间占用率。产品施工安装过程中。采用半固态喷涂工艺，能适合基于任何材质的表面形状，并可根据空间要求调整表面色影，从而完整保存原有设计理念。从施工安装到使用，最快只需3天。吸声喷涂独特的配方与施工工艺，使附着力成倍增加，保证10年使用有效。

（2）顶部的吸声处理

由于体育馆需要的吸声量很大，而侧墙的吸声面积十分有限，所以校园室内场馆的顶部吸声处理十分重要[68]。目前，室内体育场馆顶部吸声处理主要有两种方式：空间吸声体和吊顶吸声处理。

■ **空间吸声体**

空间吸声体是一种分散悬挂于建筑空间上部，用以降低室内噪声或改善室内音质的吸声构件，具有用料少、重量轻、投资省、吸声效率高、布置灵活、施工方便的特点[69]。

空间吸声体根据建筑物的使用性质、面积、层高、结构形式、装饰要求和声源特性，可分为平板状空间吸声体、竖版型空间吸声体、“十”字型空间吸声体、玻璃棉套管吸声体等。其中板状的结构最简单，应用最普遍。常见空间吸声体的种类及特点总结如下：

吸声体种类	特点
平板状空间吸声体	该种吸声体施工比较简便，结构最为简单，应用范围最为广泛
竖版型空间吸声体	将吸声板按照一定的规律竖起悬吊在屋架下，就形成了竖版型空间吸声体，与吸声板实贴在屋顶时相比，其吸声系数（尤其是对于中高频）有较大的提高
十字型空间吸声体	整体呈现“十”字形，吸声性能较好
玻璃棉套管吸声体	玻璃棉套管吸声体无需骨架，包一层织物和喷涂保护层以防纤维散落即可

但是对于采用钢网架结构的体育馆来说，如果采用空间吸声体，势必会增加体育馆的容积，体积增大，必然要大量增加体育馆的吸声量。此外，这种做法较吊顶少了平顶与屋面之间的空气层，不利于隔热、隔声[68]。

不同形状的状空间吸声体实景

■ **吊顶吸声处理**

相比空间吸声体，吊顶不但装饰性强，又能减少空间容积，且保温、隔热性能好。如果背后做成大空腔，则可获得较低频的强吸声效果。所以现在一些新建的体育馆中，都全部或部分采用了该种形式[68]。以下是四种常见的吊顶吸声结构：

弧形吸声结构示意图

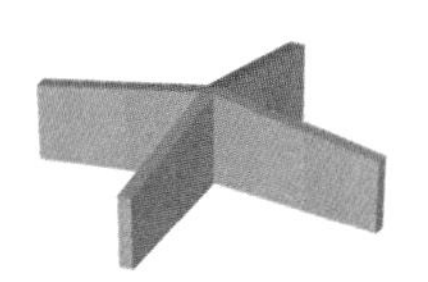

“十”字吸声结构示意图

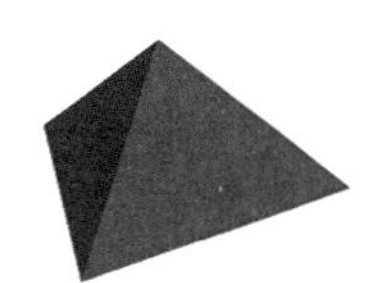

三角吸声结构示意图

多边形吸声结构示意图

7.5 校园附属设施

7.5.1 配套基础设施

①卫生间

供运动者如厕、洗浴、盥洗等的空间。

②更衣室

用于更换衣服的室内独立空间。常设置在足球场、篮球场、游泳馆等体育场馆。

③物品存放柜

用于存放运动者暂时不需要携带的物品，有利于提高运动质量。需要注意存放柜的数量设置，以及防盗功能。

④商务服务设施

用于满足在运动过程中产生的一系列购买商品的需求。商品类别主要为饮品、食品以及体育用品，形式主要有小型商店、自助售卖机、体育用品租借机等。在场地紧张的情况下，体育设施管理部门可根据需要增加简单的商业服务设施。

⑤自助直饮水

为运动者提供免费饮用纯净水的场所。特点是便捷，可降低运动成本，为学生创造舒适的运动环境。

卫生间实景

更衣室实景

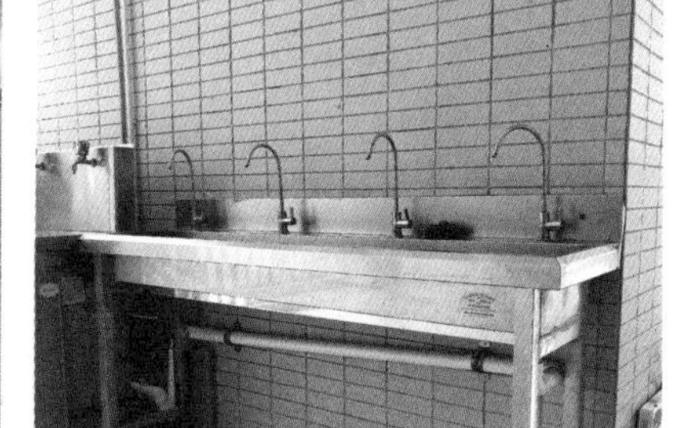

自助直饮水实景

物品存放柜实景

自助售卖机实景

7.5.2 新型体育设施

新型体育设备是指最新研究可以投入使用的体育设施，这一类型的体育设施往往采用了先进的技术，并且大部分并未大范围投入使用，甚至有些设备仍旧备受争议。本着与时俱进的原则，中小学校园在进行体育设施微改造时，可根据实际情况选用部分新型体育设施，使校园体育设施更加符合实际需要。以下简单介绍三种可供使用的新型体育设备。

（1）拆装式游泳池

拆装式游泳池又称“活动泳池”或“拼装式游泳池”，是一种新型游泳池产品。其原理是在工厂完成所有标准构件的定制生产，采用现场拼装作业的方式完成各种规格游泳池设施的组装建设。拆装式游泳池可以根据用户使用需求，快速安装于大多数符合要求的简单平整场地，具有较强的场地适应性和反复安装拆卸特性，故命名为“拆装式游泳池”。按照国家标准，拆装式游泳池应该能够满足普通游泳场馆的所有训练与比赛功能要求。拆装式游泳池的以下特点，使其备受青睐。

- **造型多样，满足个性化需求**

传统的泳池为混凝土池体，由于受制作工艺限制，池体多为长方形。拆装式泳池采用机械加工、现场组装的方式，泳池的形状可以根据现场条件进行设计，造型也可实现多样化。

- **池体坚固耐用，少量维护**

拆装式游泳池采用的是超强度的镀锌钢围板和加强型结构设计，坚固耐用，避免了传统土建泳池定期对防水结构进行维护的烦恼，这也是对泳池结构的一次技术革新。

- **安装场地适应性强，施工快捷，可尽快为经营者创造效益**

拆装式泳池采用机械加工，现场组装施工，现场适应性强，施工周期短，能尽快投入使用，创造效益。

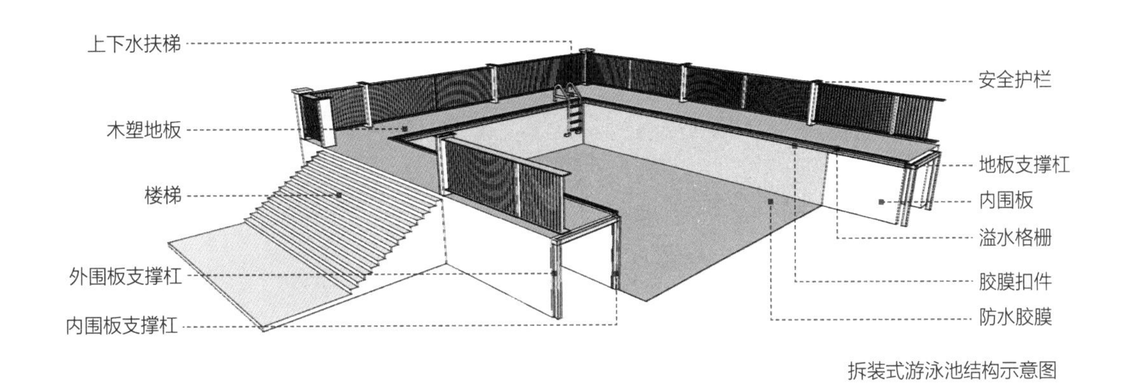

拆装式游泳池结构示意图

（2）一体化泳池设备

一体化泳池设备是目前市面上常见、热销同时又颇受争议的一种小型设备，尚无明确的为各方接受的定义，通常是指具有循环过滤、水下照明、消毒投药等功能的泳池设备。目前一体化泳池设备主要分两种，一种为壁挂式，一种为地埋式。壁挂式较为常见，主要用于小型家用游泳池，优点在于安装方便，无需建机房，对池体不会造成破坏，使用过程中可减少渗漏问题出现。地埋式则结合了传统方式和一体式过滤系统的优点，应用范围相对较广，适合中小型游泳池，安装方便快捷，过滤效果好，噪音小，安全系数高，可安放于泳池的附近。也可埋在地下，空出位置来给泳池做美化效果[71]。

（3）伸缩看台

伸缩看台可以应用在风雨操场或体育馆中，由座位、踏板、阶梯竖板、可伸缩底部支架组成。有多种不同的排距和阶高来满足空间和视线的要求，其伸缩方式分为手动、半自动和电动三种，灵活性使它有多种不同的收藏方法——贴墙式、独立式、移动式、壁纳式和倒转式。使用可伸缩的活动看台可以使体育馆的空间利用最大化，具有灵活性、安全性及高价值的特点[68]。

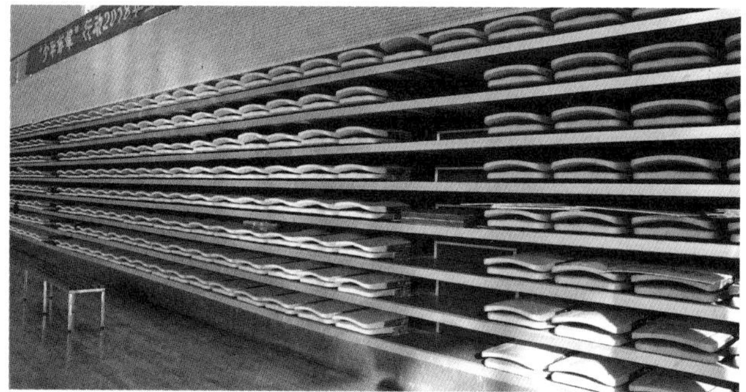

伸缩看台实景

参考文献

[1] 乔硕，张擎．广州传统风貌型社区包容性发展的环境微改造［J］．规划师，2017，33（09）：29-34.

[2] 覃剑．增强广州综合城市功能路径分析［J］．城市，2019（03）：65-73.

[3] 2018“中国非遗十大年度事件”［EB/OL］．（2019-08-22）．http：//baike.baidu.com/view/21881352.html.

[4] 夏绪键．夏热冬冷地区商业街建筑被动式节能设计研究：以株洲市松西子农特产品商贸市场为例［D］．长沙：湖南工业大学，2017.

[5] 帅佳妮．现代校园建筑设计方法分析：以蔡家坡初高级中学规划设计方案为例［J］．建筑工程技术与设计，2017（3）：339-340.

[6] 王泽金房策学习资料（一）：建筑风格[EB/OL].（2008-12-20）．http://blog.sina.com.cn/s/blog_49c310560100bofl.html.

[7] 科图文化，张洋，罗雪．古韵悠扬：古典风格现代诠释［M］．武汉：华中科技大学出版社，2012.

[8] 陆元鼎．岭南新建筑的特征及其地域风格的创造［C］// 中国民族建筑研究论文汇编．北京：中国民族建筑研究会，2008：105-109.

[9] 韩旭．“新中式”建筑设计策略在宜昌地区的运用研究［D］．重庆：三峡大学，2013.

[10] 李琳．浅谈岭南地区住宅设计［J］．建筑工程技术与设计，2015（34）：442.

[11] 现代文化品格下的生活诠释［N］．新京报，2013-01-10.

[12] 牛东伟．中小学校舍色彩研究［J］．科技情报开发与经济，2010，20（27）：220-221.

[13] 徐汉君．小学建筑色彩的设计思路研究［J］．建筑工程技术与设计，2018（35）：1109.

[14] 郭红雨，蔡云楠．城市色彩规划的广州样本研究［J］．城市观察，2010（4）：186-192.

[15] 张琳琳．基于生态导向下的旧工业建筑改造中的复合表皮设计研究［D］．西安：西安建筑科技大学，2018.

[16] 李梅红．浅谈城市文化符号在现代建筑立面设计中的应用［J］．文艺争鸣，2016（07）：218-221.

[17] 李强．浅谈建筑设计［J］．建筑工程技术与设计，2016（14）：679.

[18] 刘涤宇．建筑表皮研究［D］．上海：同济大学，2002.

[19] 刘伟．浅谈建筑节能［J］．煤矿现代化，2011（5）：69-71.

[20] 杨文文．基于触媒效应的瑞安古村落更新设计研究［D］．北京：中国矿业大学，2014.

[21] 丁宗颖．探析立面设计中建筑遮阳的应用［J］．城市建设理论研究（电子版），2015（10）：5188-5189.

[22] 罗超．街道整治中建筑立面上空调搁架的处理手法探讨［J］．城市建设理论研究（电子版），2011（27）：39.

[23] 王振华．继续建造设计观指导湖南大学附属小学改造［J］．建筑与环境，2010（3）：124-126.

[24] 吕志新．走进连廊世界［J］．中国医院建筑与装备，2011（11）：12-22，27-33.

[25] 庞晓丽．中小学校园环境中廊空间的设计和意境营造［D］．长沙：湖南大学，2007.

[26] 戈晓文．后现代风格定位与设计［J］．建筑工程技术与设计，2016（22）：964-964.

[27] 宋玉柱．自然式山地景观在居住区景观设计中的应用研究：以大连留庄居住区为例［D］．大连：大连理工大学，2019.

[28] 魏亚利，杨红伟，许洪，等．围墙透绿的作用、设计原则及技巧［J］．中国园艺文摘，2009，25（5）：84，87.

[29] 吴春洪．兰州同利达商贸有限公司的营销策略研究［D］．兰州：兰州大学，2015.

[30] 意大利式面砖［EB/OL］．（2019-08-19）．https://baike.baidu.com/item/.

[31] 李旭，张再华，贺冉．一种测试多边形建筑薄膜结构力学性能的方法：CN108956262A［P］．2018-12-07.

[32] 王晓玥．浅谈耐候钢在私家花园设计中的运用：以私家花园设计案例分析为例［J］．装饰装修天地，2019（16）：183.

[33] 清水混凝土施工工艺［EB/OL］．（2019-09-08）．https://baike.baidu.com/item/.

[34] 行业资讯［J］．混凝土，2007（12）：26，34，54，57，104，109.

[35] 肖诚，许丰．PC 技术在深圳前海企业公馆项目中的应用［J］．建筑技艺，2017（3）：36-43.

[36] 张建超．生态建筑材料在建筑表皮设计中的表达：从世博建筑看材料发展 [D]．上海：东华大学，2012.
[37] 彭宗朝．中学建筑的教育功能与建设研究 [D]．长沙：湖南师范大学，2012.
[38] 防滑砖 [EB/OL]．（2008-04-20）．https://baike.baidu.com/item/.
[39] 地面防滑处理 [EB/OL]．（1900-01-01）．https://baike.baidu.com/item/.
[40] 何瑞琪．环保小便器 不需用水冲 [N]．广州日报，2016-04-12.
[41] 冯乃曦．环境教育导向下的郑州小学校园户外公共空间设计模式研究 [D]．郑州：郑州轻工业学院，2016.
[42] 杨玉洁．The emotional relationship between the teacher and student [J]．城市建设，2011（3）：365-369.
[43] 罗卓翔．居住区架空层空间设计研究 [D]．长沙：中南林业科技大学，2016.
[44] 李文．花坛造景艺术在园林景观中的运用 [J]．城市建设理论研究（电子版），2014（23）：1234-1235.
[45] 廊 [EB/OL].（2019-09-03）．http：//baike.baidu.com/hiew/587542.html.
[46] 丘德珍．高校景观的环境文化教育功能及其利用研究 [D]．福州：福建农林大学，2009.
[47] 刘圣维．结合校园文化的中学校园室外环境设计初探 [D]．北京：北京林业大学，2013.
[48] 徐玉州，郭明春．现代园林景观中铺路设计的重要性 [J]．黑龙江科技信息，2010（36）：353.
[49] 张蕾．大学校园标识系统设计策略研究 [D]．哈尔滨：哈尔滨工业大学，2008.
[50] 刘兴．师范院校校园文化系统设计研究：以哈密师范学校校园文化建设系统工程设计为例 [D]．上海：华东理工大学，2014.
[51] 郑芳香．高校校园景观设施配置研究 [D]．福州：福建农林大学，2014.
[52] 郭雨汇．基于海绵城市理念的校园环境优化研究 [J]．现代园艺，2017（13）：82-84.
[53] 教育部体育卫生与艺术教育司，中国标准出版社．中小学体育器材和场地标准汇编 [M]．2 版 . 北京：中国标准出版社，2019.
[54] 顾婧．城市普通中小学校体育场馆设计策略研究 [D]．南京：南京工业大学，2013.
[55] 凌伟明．一种新型环保跑道：CN106189236B [P]．2016-12-07.
[56] 康新同，乔楠．国标田径 400 米透气型塑胶跑道施工技术研究 [J]．建筑工程技术与设计，2015（19）：75-75，69.
[57] 卓园娇，谷晨．形形色色的塑胶跑道 [J]．文体用品与科技，2014（5）：16-17．DOI：10.3969/j.issn.1006-8902.2014.05.005.
[58] 混合型塑胶跑道 [EB/OL].（2020-1-31）. https://baike.baidu.com/item/.
[59] 预制型塑胶跑道 [EB/OL].（2019-09-20）. https://baike.baidu.com/item/.
[60] 硅 PU [EB/OL].（2019-12-16）. https://baike.baidu.com/item/.
[61] 防滑砖 [EB/OL].（2019-08-16）. https://baike.baidu.com/item/.
[62] 建筑网 . 膜结构简介 [EB/OL].（2017-10-23）．https://www.cbi360.net/hyjd/20171023/98356.html.
[63] 廖扬 . 索膜建筑设计要素 [J]．世界建筑，2000（9）：21-24.
[64] 丁一，丁英俊，李楠 . 大空间膜结构体系在体育建筑中的应用与发展 [J]．城市建设理论研究（电子版），2015（10）：1106-1107.
[65] 黄春 . 体育照明设计标准的研究 [J]．电气应用，2005，024（011）：112-121.
[66] 陈家瑜，董迎合 . 河南大学风雨操场主场馆照明设计 [J]．河南大学学报（自然科学版），1999（1）：72-76.
[67] 郝英，王鲁明 . 枣庄市体育场混光照明的设计与分析 [J]．华章，2014（18）：385-386.
[68] 王圣涛 . 中学体育馆功能综合化及其设计对策研究 [D]．重庆：重庆大学，2008.
[69] 刘欢，周昊，孙鲜明 . 煤矿企业球磨机机房噪声分析与治理 [J]．工业安全与环保，2012，38（10）：63-65.
[70] 孙艳 . 学校体育馆的声学设计 [D]．长沙：湖南大学，2002.

[71] 一体化泳池设备 [EB/OL]. (2019-12-19). https://baike.baidu.com/item/.
[72] 全国安全防范报警系统标准化技术委员会. 安全防范工程技术标准: GB 50348-2018 [S]. 北京: 中国计划出版社, 2018.
[73] 中华人民共和国公安部, 中华人民共和国住房和城乡建设部. 建筑设计防火规范: GB 50016-2014 (2018 年版) [S]. 北京: 中国计划出版社, 2018.
[74] 中华人民共和国住房和城乡建设部. 建筑抗震设计规范: GB 50011-2010 (2016 年版) [S]. 北京: 中国建筑工业出版社, 2016.
[75] 中华人民共和国住房和城乡建设部. 中小学校设计规范: GB 50099-2011 [S]. 北京: 中国建筑工业出版社, 2012.
[76] 中华人民共和国住房和城乡建设部. 无障碍设计规范: GB 50763-2012 [S]. 北京: 中国建筑工业出版社, 2012.
[77] 中华人民共和国住房和城乡建设部. 中小学校体育设施技术规程: JGJ/T 280-2012 [S]. 北京: 中国建筑工业出版社, 2012.
[78] 全国旅游标准化技术委员会. 旅游厕所质量等级的划分与评定: GB/T 18973-2016 [S]. 北京: 中国标准出版社, 2016.
[79] 上海市绿化和市容管理局, 上海市城乡建设和交通委员会. 园林绿化植物栽植技术规程: DG/TJ 08-18-2011 [S]. 2011.
[80] 中华人民共和国建设部, 中华人民共和国民政部, 中国残疾人联合会. 城市道路和建筑物无障碍设计规范: JGJ 50-2001 [S]. 北京: 中国建筑工业出版社, 2001.
[81] 中华人民共和国建设部, 中华人民共和国国家质量监督检验检疫总局. 民用建筑设计通则: GB 50352—2005 [S]. 北京: 中国建筑工业出版社, 2005.
[82] 河南省住房和城乡建设厅, 中华人民共和国住房和城乡建设部. 民用建筑工程室内环境污染控制规范: GB 50325-2010 [S]. 2013 年修订版. 北京: 中国计划出版社, 2011.
[83] 中华人民共和国公安部, 中华人民共和国住房和城乡建设部. 建筑内部装修设计防火规范: GB 50222-2017 [S]. 北京: 中国建筑工业出版社, 2018.
[84] 全国安全生产标准化技术委员会. 安全标志及其使用导则: GB 2894-2008 [S]. 北京: 中国标准出版社, 2008.
[85] 全国交通工程设施 (公路) 标准化技术委员会. 道路交通标志和标线: GB 5768-1999 [S]. 北京: 中国标准出版社, 1994.